JN161022

波動 力学・電磁気学・量子力学

ダニエル・フライシュ
ローラ・キナマン
河辺哲次 訳

波動

力学・電磁気学・量子力学

岩波書店

A STUDENT'S GUIDE TO WAVES
by Daniel Fleisch and Laura Kinnaman

First published 2015 by Cambridge University Press, Cambridge.
This Japanese edition published 2016
by Iwanami Shoten, Publishers, Tokyo
by arrangement with Cambridge University Press, Cambridge

訳者のことば

本書は，波の物理の “斬新で面白い” 入門書です．波が関与する現象は自然界に満ちあふれています．音声を伝える音波のような力学的な波や携帯電話に不可欠な電磁気学的な波などは最も身近に感じる波動ですが，目に見えないミクロな世界にも量子力学的な波が存在します．ミクロな世界からマクロな世界までの広いスケールに存在するさまざまな波は，多様で個性的な振る舞いを示しますが，そこにはなんらかの普遍性が存在するのでしょうか．

このような多様性をもった波動現象がたった 1 つの「言葉」で理解しうることを，本書は教えてくれます．その言葉が「波動方程式」です．この言葉を構成する単語は，簡単な初等関数(三角関数，指数関数)と微分・偏微分だけです．この言葉さえわかれば，波動現象の多様性とその背後にある法則の普遍性が理解できます．

本書の “斬新さ” は，この言葉を正しく理解して自由に操れるように，基礎的な単語を徹底的にやさしく解説し，初等的なレベルの数式・演算だけで波動方程式の解法や，波動現象の普遍性などを教えてくれるところにあります．そして本書の “面白さ” は，この普遍性のおかげで，波を勉強することが波動に関わるさまざまな学問領域・分野の問題を違った角度から理解しうることに気づかせてくれるところにあります．

原題の *A Student's Guide to Waves* が示唆するように，本書は波の物理を学ぼうとする人たちに，波動方程式の美しさや波動現象を勉強することの愉しさと意義を十分に教えてくれる名ガイドです．

まえがき

本書の目的はたった１つ．あなたが波の基本的な概念と波動方程式の数学を理解できるようになるのを手助けすることです．

私たちはあなたが重要な原理を理解できるように，明解でやさしい説明をふんだんに使っていますが，物理の理解に曖昧さが生じないように，数学的な記述は一定のレベルを保つようにしています．
本書の内容を理解すれば，力学の波動や電磁気学の波動，量子力学の波動を扱った上級レベルの本を手にする準備ができたことになります．

本書は，参考書として使われるのを意図して書かれたもので，波動現象の包括的な解説を意図したものでないことを理解してください．
これは，波動のすべての問題を扱う代わりに，私たちの長年の教育経験から学生たちが最も難しく思われるトピックスだけを扱っているという意味です．

おわかりになるでしょうが，参考書として使い勝手のよい工夫が本書になされています．まず可能なかぎり，それぞれの章をどこからでも読み始められるようなモジュラー形式にしています．そのため，あなたがよく知っているところはスキップし，調べたいところだけをすぐに読むことができます．
役に立ちそうなさまざまな資料が，自由に使える形でウェブサイト(http://www.danfleisch.com/sgw/)にあります．そのなかには，章末の演習問題すべてに対して対話形式の解答があります．
解答が対話的なので，段階的にヒントを表示させ十分に考えながら正解に到達することができます．もちろん，はじめから最終の正解だけを見ることもできます．
また各章内のすべての節に登場する，重要な考え方や方程式，グラフなどの補足説明をポッドキャストで聴くこともできます(英語のみ)．
本書のなかにあるアイコン(原書のみ)は，オンラインで利用できる資料があることを教えています．双方向機能を備えた機器で原書の電子版を読めば，この便利な機能がすぐに使えます．そうでなければ，アイコンをクリックして本書のウェブサイトに接続する操作が必要ですが，簡単に使えます．

この本はあなたに適しているでしょうか．あなたが波動に関する授業を受けている学生であって，その理解が不十分であったり，また試験の準備などでもっと手助けが必要だと思っているなら，本書はぴったりです．あるいは，あなたが独習するために本を探しているのであれば，本書はよい助けになるはずです．どのような動機であれ，本書はきっとよい参考書になるでしょう．

謝　辞

本書の内容は，私たちの授業を受けてくれた学生さんたちの協力にほとんど負っています．

彼らの好奇心や知性や辛抱強さが，私たちに波の物理に対する平明で適切な説明や深い理解を追求（そして，ときどき発見）させてくれました．

私たちは学生さんたちに感謝します．

私たちは，Nick Gibbons 博士，Simon Capelin 博士，そしてケンブリッジ大学出版局の方々にも感謝します．

彼らの 2 年間にわたるサポートのおかげで本書は誕生しました．

また本書の電子版は，Claire Eudall と Catherine Flack の手助けがなければできなかったでしょう．

ローラは妹の Carrie Miller 博士から受けた，励ましやサポート，意見などに対しても感謝します．問題の微妙な点から抜け出る道を探すときに，いつも頼りになりました．

また Bennett には，私が執筆に専念しているときに示してくれた忍耐とサポートに感謝します．

そして，励ましや気晴らしを与えてくれた両親，姉妹，義兄弟，姪，甥など私の身近な人々に対して感謝します．

ダニエルは，いつものように Jill の揺るぎない支えと，John Fowler 博士の先見性と直感に対して心から感謝します．彼らのおかげでケンブリッジ大学出版局から私たちの学生ガイドシリーズの出版が可能になりました．

目　次

1
波とは何だろう？

この章では，波[*1]の基本的な概念を扱います．それぞれの節は好きな順番で読むことができます．あるいは，すでによく知っている内容であればまるごと飛ばしてもかまいません．この本の他の章もすべて同じです．また，後の章まで読み進んでよくわからなくなったら，この章の関係した節に戻るような使い方もできます．

この章の最初の 2 つの節では，波の基本的な定義と用語(1.1 節)，そして波のパラメータの間の関係(1.2 節)を復習します．その後の節では，あなたが波を理解する基礎として役立つ 5 つのトピックス，ベクトル(1.3 節)，複素数(1.4 節)，オイラーの公式(1.5 節)，波動関数(1.6 節)，位相ベクトル[*2](1.7 節)を扱います．

1.1 定義

新しいテーマを学び始めるときには，そのテーマを議論する人たちが使う専門用語を，きちんと理解しておくのが重要です．本書は波に関する本なので，「波の厳密な定義とは？」という問いから出発するのが自然です．

---

*1 ［∗は訳者による注］ 英語 wave は物理用語として，**波**あるいは**波動**と訳されます．そのため本書では，波と波動の両方を適宜使用します．波を簡単に表現すれば，空間的にも時間的にも変動する**場**の運動です．本書はさまざまな波動をやさしく，詳しく説明します．
*2 phasor の訳語で**フェーズ**あるいは**フェザー**ともいいます．

この問いに対して，あなたが出会う回答は次のようなものでしょう．

「古典的な進行波とは媒質(ばいしつ)の持続的な変動であり，エネルギーと運動量を運びながら空間を動くもの」[6]．

「波と呼ばれる物理的状況は数学的に表現され，ある特別な偏微分方程式になる．これは**波動方程式**として知られている」[9]．

「[波動の本質的な特徴は]ある状態が1つの場所から別の場所に，媒質によって伝わっていくことである．ただし，媒質自身は移動しない」[4]．

「[波は]配置の乱れと回復のリズミカルな繰り返しである」[†1]．

波に対するこれらの定義に，あまり多くの共通点はありませんが，それぞれの定義には重要な要素が含まれていて，ある現象を波とよべるか(あるいは，よぶべきか)を判断するときに非常に役立ちます．

共通する最大の特徴は，波とはある種の**変動**である，つまり，平衡(変動のない)状態からの変化であるということです．弦の波は弦の微小部分の位置の変動です．音の波は大気の圧力の変動です．電磁波は電場と磁場の変動です．そして，物質波は粒子がその近傍に存在する確率の変動です．

進行波とは，波の変動がそれと一緒にエネルギーを運びながら移動していく波です．しかし，進行波を組み合わせると，定在波のような進行しない波を生み出すこともあるので注意してください(詳しくは3.2節)．

周期的な波は，波の変動が時間的にも空間的にも繰り返すものです．そのため，ある場所に止まって十分に長い時間待っていれば，あなたは以前に見たのと同じ変動を見ることができます．しかし，周期的な波の組み合わせによって，パルスのような非周期的な変動を作ることもできます(詳しくは3.3節)．

そして**調和的な波**では，波形は正弦的(sinusoidal)，つまりサイン関数やコサイン関数で表される**正弦波**です．図1.1にその例を示しています．

要するに，波は変動ですが，進行するものもあれば，しないものもあります．また，周期的なものもあれば，そうでないものもあります．さらに，調和

[†1]　オックスフォード英語辞典．

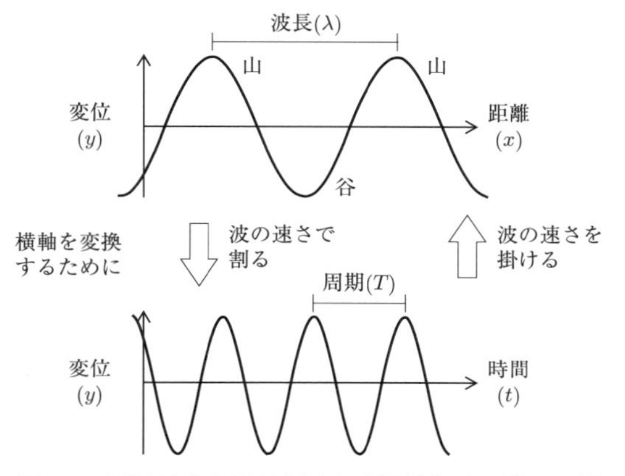

図 1.1　正弦波を空間軸（上）と時間軸（下）に描いた例

的なものもあれば，そうでないものもあります．しかし，どのような波であれ，いくつかの基礎的なパラメータがあります．それらはしっかりと理解しておかなければなりません．そこで，役立ちそうな Q & A を少しばかり，以下に示しておきます．

Q: 波の山から次の山までの距離を表すものは何ですか？

A: **波長**(はちょう) λ（ギリシャ文字でラムダ）です．波長は 1 サイクルあたりの距離で，SI 単位[†2]では長さの次元をもち，単位はメートル(m)です．

Q: 単位は，厳密にいえば「メートル/サイクル」とすべきでしょうか？

A: たしかにそうです．でもあなたが波長に言及するとき，波動について述べていることは誰にもわかるので，「/サイクル」は自明です．そのため，単位の中には明示しないことになっています．

Q: 波の山から次の山までの時間を表すものは何ですか？

A: **周期** T（P と書くこともある）です．周期は 1 サイクルあたりの時間です．SI 単位では時間の次元をもち，単位は秒(s)です．これも厳密にいえば，単位は「秒/サイクル」ですが，「/サイクル」は自明として普通は省略しま

[†2]　SI は国際単位系で，標準的な MKS 系の単位です．

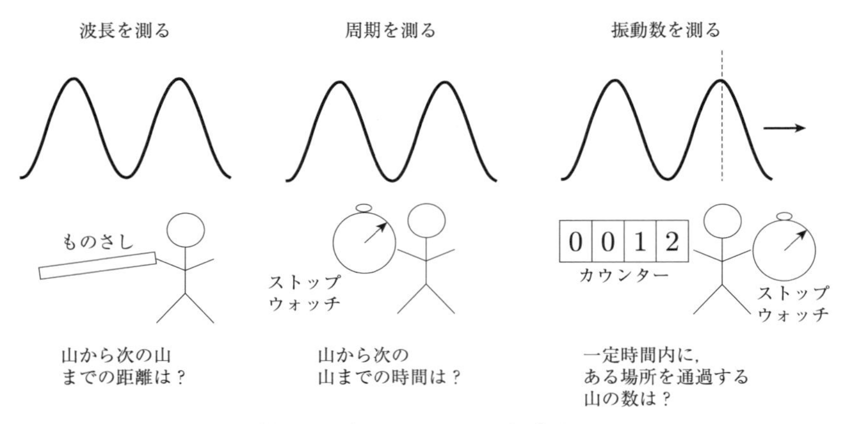

図 1.2　波のパラメータを測定する

す．

Q: 通過する波の山の数を教えてくれるものは何ですか？

A: 振動数 f *3 です．もし，ある場所を一定時間内に通過する山の数を数えれば，あなたは f を測定していることになります．したがって，振動数は時間あたりのサイクル数で，「1÷ 時間」の単位をもっています(厳密には単位時間あたりのサイクルですが，「サイクル」は仮定されているので，ここでも省略します)．SI 単位では，振動数の単位はサイクル/秒あるいは 1/s になり，**ヘルツ**(Hz)ともよびます．波の振動数は波の周期(T)の逆数です．

図 1.2 に，3 つのパラメータ(波長，周期，振動数)の意味を説明しています．

Q: 任意の場所や時間で，波の大きさを表すものは何ですか？

A: 変位 y です．波によって生じた，平衡位置からの変動の大きさが変位です．この値は，波を測定する場所と時間に依存します(x 軸に沿った方向に動く波の場合，x と t の関数です)．変位の単位は，波の種類に厳密に依存します．弦を伝わる波の変位は，長さの単位をもっています(第 4 章を参照)．電

*3　frequency のことで，**周波数**ともいいます．

磁波の変位は，電場と磁場の強さの単位をもっています(第 5 章を参照)．そして，1 次元の量子力学的な物質波の変位は，単位が長さの平方根の逆数です(第 6 章を参照)．

Q: 波の最大の高さを表すものは何ですか？

A: **振幅** A です．振幅は，波の山で生じる変位に関係した特別な値です．関係したといった理由は，振幅にはいくつかの異なったタイプがあるからです．**ピーク振幅**は平衡位置からの最大変位です．これは，平衡値から最大の山の高さか谷の深さを測った値です．**ピーク・トゥー・ピーク振幅**[*4]は正のピークと負のピークとの差で，山頂から谷底までを測った値です．そして，**rms 振幅**は 1 サイクルにわたる変位の 2 乗平均の平方根の値[*5]です．正弦波の場合，ピーク・トゥー・ピーク振幅はピーク振幅の 2 倍で，rms 振幅はピーク振幅の 0.707 倍です[*6]．振幅は変位と同じ単位をもっています．

Q: 波の動く速さを表すものは何ですか？

A: **波の速さ** v です．ふつう，波の速さといわれるときは，**位相速度**[*7]のことです．つまり，波の上の 1 点がどれくらい速く動いているかを考えています．たとえば，波の 1 つの山がある距離を動くのにどれくらい時間がかかるかを測るなら，波の位相速度を測定していることになります．これとは別の**群速度**[*8]は，波束とよばれる波の集団を考えるときに重要です．波束の形は時間が経つと変わることがあります．これについては 3.4 節でさらに説明します．

Q: ある時間でのある場所で，波のどの部分が現れるかを決めるものは何で

---

*4　peak-to-peak amplitude の訳です．

*5　rms は root-mean-square の略で，この量をふつう**実効値**とよびます．

*6　たとえば，交流電流 i のピーク振幅を $I_{\text{ピーク}}$ とすると，$i=I_{\text{ピーク}}\sin\omega t$ の rms 振幅(実効値) $I_{\text{実効}}$ は $I_{\text{実効}}=\sqrt{(i^2)_{\text{平均}}}=\sqrt{I^2_{\text{ピーク}}(\sin^2\omega t)_{\text{平均}}}=\sqrt{\frac{1}{2}I^2_{\text{ピーク}}}=\frac{I_{\text{ピーク}}}{\sqrt{2}}=0.707I_{\text{ピーク}}$ です．なお，$(\sin^2\omega t)_{\text{平均}}=\frac{1}{2}$ であることは，$(\sin^2\omega t)_{\text{平均}}=(\cos^2\omega t)_{\text{平均}}$ ($\cos^2\omega t$ のグラフは時間軸に沿ってずらせば $\sin^2\omega t$ と同じだから，1 サイクルで平均したものも等しい)と $(\sin^2\omega t)_{\text{平均}}+(\cos^2\omega t)_{\text{平均}}=1$ (三角関数の恒等式 $\sin^2\theta+\cos^2\theta=1$)からわかります．

*7　簡単にいえば，位相速度は「波形の伝わる速さ」のことで，**波速**(はそく)ともいいます．

*8　簡単にいえば，群速度は「エネルギーの伝わる速さ」のことです．

すか？

A: 位相 ϕ（ギリシャ文字のファイ）です．あなたが場所と時間を指定すれば，山か谷か，あるいはその間のものが，その場所と時間に現れることを教えてくれるのが波の位相です．いい換えれば，位相は関数の引数（ひきすう）です（引数とは，たとえば $\sin\phi$ や $\cos\phi$ の ϕ のこと）．位相の SI 単位はラジアンで，位相の値は 1 サイクルの間に 0 から $\pm 2\pi$ までの値をとります（位相を度で表すこともあります．この場合，1 サイクル$=360^\circ=2\pi$ ラジアン）．

Q: 波の出発点は何が決めますか？

A: 位相定数 ε（ギリシャ文字のイプシロン）や ϕ_0（ファイ・ゼロ）です．時刻 $t=0$ と場所 $x=0$ で，位相定数 ε や ϕ_0 は波の位相を教えてくれます．もし，同じ波長，振動数，速さをもっているにもかかわらず，互いにオフセットである[*9] 2 つの波（つまり，両者は同じ場所または同じ時刻でピークにならない波）をあなたが見かけたら，それらの波は異なった位相定数をもっていることになります[*10]．たとえば，コサイン波はまさに $\pi/2$，あるいは 90° の位相定数の差をもったサイン波です．

Q: もしかして位相は，角度に関係しているのですか？

A: その通りです．そのために位相は**位相角**とよばれることがあります．次の 2 つの定義がそれを理解するのに役立つでしょう．

Q: 波の振動数や周期を角度に関係づけるものは何ですか？

A: 角振動数 ω（ギリシャ文字のオメガ）です．角振動数は，波の位相が特定の時間内に進む角度を教えてくれます．そのため，角振動数の SI 単位は「ラジアン/秒」です．角振動数は振動数と $\omega=2\pi f$ のように関係します．

Q: 波の波長を角度に関係づけるものは何ですか？

A: 波数 k です．波数は，波の位相が特定の距離内に進む角度を教えてくれます．そのため，波数の SI 単位は「ラジアン/メートル」です．波数は波長と $k=2\pi/\lambda$ のように関係します．

[*9] offset のことで，「ずれている」あるいは「片寄りのある」という意味です．

[*10] 要するに，位相定数とは座標 x と時間 t に関係する定数のことです．

1.2　基本的な関係

前節で定義した波動の基礎的なパラメータは，簡単な式で互いに関係しています．たとえば，振動数(f)と周期(T)は

$$f = \frac{1}{T} \tag{1.1}$$

のように関係します．この式は，振動数と周期が**反比例する**ことを教えています．つまり，周期が長いほど振動数は低くなり，周期が短いほど振動数は高くなります．

(1.1) は次元的にも正しいことを確認しておきましょう．1.1 節で述べたように，振動数の単位は「サイクル/秒」(簡単に 1/s とも書く)で，周期の単位はその逆数，「秒/サイクル」(ふつうは s と書く)であることを思い出してください．そのため，(1.1) の次元は SI 単位で

$$\left[\frac{\text{サイクル}}{\text{秒}}\right] = \left[\frac{1}{\text{秒/サイクル}}\right]$$

となります．

波長(λ)と振動数(f)を，その波の速さ(v)に結びつける，簡単ながらも強力な式があります．それは

$$\lambda f = v \tag{1.2}$$

です．この式は，速さとは距離を時間で割ったものであること，そして 1 つの波は 1 周期の時間に 1 波長の距離だけ進むことを考えれば，理解できます．つまり，$v = \lambda / T$ であり，$T = 1 / f$ なので，これは $v = \lambda f$ と同じものになります．この式の物理的な意味は，長い波長と高い振動数をもった波を考えてもわかります．この場合，波の速さは大きいはずです．そうでなければ，遠く離れた山(長い波長)が頻繁に通過する(高い振動数である)ことはできないでしょう．また，波長と振動数がともに小さい波を考えてみましょう．これらの空間的に接近している山(短い波長)はまれにしかやってきません(低い振動数であ

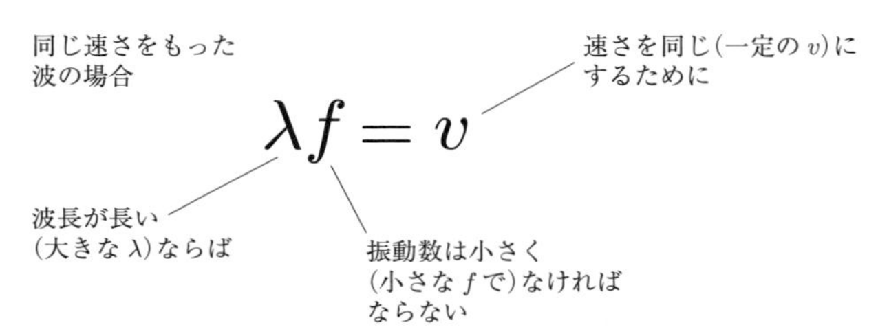

図 1.3　同じ速さの波に対する振動数と波長の関係

る）から，波はゆっくり動いているはずです．

(1.2) の両辺で次元が等しいことを確かめるには，次式のように波長の単位と振動数の単位との積を考えるのがよいでしょう．

$$\left[\frac{\text{メートル}}{\text{サイクル}}\right]\left[\frac{\text{サイクル}}{\text{秒}}\right] = \left[\frac{\text{メートル}}{\text{秒}}\right]$$

たしかに，右辺は速さの単位になることがわかります．

したがって，波の波長と振動数がわかれば，(1.2) から波の速さを求めることができます．しかし，波の勉強を進めるうちに，常に同じ速さ（たとえば，真空中の電磁波はいつも光速）で伝播（でんぱ）する，同じタイプの波を扱うような状況に何度も出会うでしょう．そのような場合，波の波長（λ）と振動数（f）は異なっているかもしれませんが，波長と振動数の**積**はその波の速さに等しいはずです．

これは，波の速さ（v）が一定であれば，より長い波長（大きな λ）の波はより低い振動数（小さな f）をもたねばならないことを意味します．同様に，同じ速さをもっている波に対して，波長が短ければ（小さな λ），振動数は高く（大きな f）なければなりません．この概念は非常に重要なので，図 1.3 に拡大した式として書いておきます．

音波（ある条件下では速さが一定）の場合，振動数はピッチに対応します．そのため，低いピッチの音（チューバの低音や通過するトラックのガタガタ音）は長い波長をもっています．一方，高いピッチの音（ピッコロのさえずりやネズミの鳴き声）は短い波長をもっています．

電磁波の場合，スペクトルの可視光部分では，振動数は色に対応します．そのため，波長と振動数と速さとの関係から，低い振動数の光(赤)は高い振動数の光(青)よりも長い波長をもっていることになります．

このほかにも，波動の問題を解くときに非常に役立つ 2 つの式があります．1 つ目の式は振動数(f)と周期(T)と角振動数(ω)との関係で

$$\omega = \frac{2\pi}{T} = 2\pi f \tag{1.3}$$

のように与えられます．この式から，角振動数は「角度 ÷ 時間」の次元(SI 単位で rad/s)をもっていることがわかります．これは 1.1 節の定義と一致しています．そのため，振動数(f)は「秒あたりのサイクル数」を教えてくれ，角振動数(ω)は「秒あたりのラジアン数」を教えてくれます．

波の角振動数(ω)が有力なパラメータである理由を次に述べましょう．ある時間間隔(Δt)に波の位相がどれくらい変化するかを，ある決まった位置において知りたいとします．このとき，角振動数(ω)に時間間隔(Δt)を掛けるだけで，位相変化($\Delta\phi$)は

$$(\Delta\phi)_{一定の\ x} = \omega\,\Delta t = \left(\frac{2\pi}{T}\right)\Delta t = 2\pi\left(\frac{\Delta t}{T}\right) \tag{1.4}$$

のように求めることができます．添字「一定の x」がついているのは，この位相変化が時間経過だけで生じていることを忘れないようにするためです．もし位置を変えれば，あとで述べるような別の位相変化が現れます[*11]が，いまは 1 つの決まった位置(一定の x)での位相変化だけを考えています．

ここで，(1.4) から一歩下がって，$\Delta t\,/\,T$ 項について考えてみましょう．この $\Delta t\,/\,T$ は，1 周期(T)に対する時間間隔(Δt)の比です．1 周期の間の位相変化は 2π ラジアンなので，2π にこの比($\Delta t\,/\,T$)を掛ければ，波の位相が時間間隔 Δt の間に進むラジアン数になります．

---

*11　(1.6) を指します．

例題 1.1　**20 秒の周期をもっている波の位相は，5 秒間でどれくらい変化するでしょうか．**

波の周期 T は 20 秒なので，5 秒の時間間隔 Δt との比 $\Delta t\,/\,T$ は 1/4 周期です($\Delta t\,/\,T$=5/20=1/4)．この比を 2π に掛ければ $\pi/2$ となります．したがって，波の位相は 5 秒ごとに $\pi/2$ だけ進みます． ■

この例題から，角振動数(ω)が時間を位相に変換するツールと考えられる理由がわかります．つまり，時間 t が与えられれば，積 $\omega\,t$ によって位相の変化に変換できます．

2 つ目の式としてこの節の最後に登場する重要なものは，波数(k)と波長(λ)の間で成り立つ

$$k = \frac{2\pi}{\lambda} \tag{1.5}$$

という関係式です．この式は，波数が「角度 ÷ 距離」の次元をもっていることを示しています(SI 単位で rad/m)．また，波数は距離を位相変化に変換するのにも使われます．これは，角振動数が時間を位相変化に変換するのと同じ関係です．

波がある距離だけ進む間に生じる位相変化 $\Delta\phi$ を，ある決まった時刻で知りたい場合は，波数 k に区間距離 Δx を掛けて

$$(\Delta\phi)_{\text{一定の }t} = k\,\Delta x = \left(\frac{2\pi}{\lambda}\right)\Delta x = 2\pi\left(\frac{\Delta x}{\lambda}\right) \tag{1.6}$$

とします．添字「一定の t」がついているのは，この位相変化が位置の変化だけで生じていることを忘れないようにするためです(さきほど述べたように，時間経過による別の位相変化があります*12)．

$\Delta t\,/\,T$ 項が時間間隔 Δt と 1 サイクルとの比を与えているように，$\Delta x\,/\,\lambda$ 項は区間距離 Δx と 1 サイクルとの比を与えています．したがって，波数(k)

*12　(1.4) を指します．

は距離を位相に変換するツールの役割をします．どんな距離 x でも積 kx を作れば，それに対応する位相変化に変換できます．

この節と前の節で述べた波のパラメータや関係式の意味を理解すれば，波動関数の説明に入る準備はほぼ済みました．しかし，その説明に入る前に，ベクトルと複素数，オイラーの公式などに関する基礎を理解しておいたほうが，議論がもっと深まるでしょう．次の 3 つの節でこれらを扱います．

1.3 ベクトル

複素数とオイラーの公式に入る前に，ベクトルの基本的な概念を話しておくほうがよいでしょう．なぜならば，この節の後半で述べるように，すべての複素数はベクトル加法の結果であると考えられるからです．さらに，波動の中にはベクトル量に関係するもの(たとえば電磁場)があるので，ベクトルの基礎をざっと復習しておけば，このような波を理解しやすくなります．

ところで，ベクトルの正確な定義は何でしょう？　物理学の多くの応用では，ベクトルは単純に大きさと向きをもった量であると考えることができます．たとえば，速さはベクトルではありません．これは**スカラー量**です．なぜなら，大きさ(物体がどれくらい速く動いているか)だけで向きをもたないからです．しかし，速度はベクトルです．なぜなら，速さと向き(物体はどれくらい速く，どの向きに動いているか)の両方をもった量だからです．

ベクトルで表される量は他にもたくさんあります．たとえば，加速度，力，運動量，角運動量，電場，磁場などです．ベクトル量は，図形的に矢を使って表すことがあります．矢の長さがベクトルの大きさに比例し，矢の向きがベクトルの向きを表します．文字では普通，ベクトル量を太字(たとえば $\boldsymbol{A}$)，または変数の上に矢を置いた記号($\vec{A}$)で表します．

スカラー量に対して足し算，引き算，掛け算をするように，ベクトル量に対しても同様な計算ができます．複素数を理解するためにベクトルを使うとき最も役立つ 2 つの計算は，**ベクトル加法**と**ベクトルのスカラー乗法**(ベクトルに

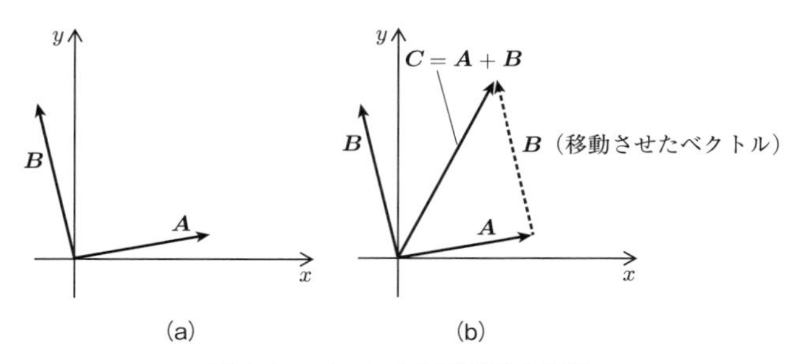

(a)　　(b)

図 1.4　ベクトルの図形的な加法

スカラーを掛ける計算)です．

ベクトル加法の最も簡単な方法は，あるベクトルの長さや向きを変えずに，その矢の尾(テール；矢先のない端)が別のベクトルの矢の頭(ヘッド；矢先のある端)になるように移動させることです．このとき，1 つ目のベクトルの尾を出発して，2 つ目のベクトルの頭が終点になるように新しいベクトルを作ることによって，ベクトルの和が決定されます．このような図形的な**ヘッド・テール法**は，どのような向きのベクトルに対しても，また 3 つ以上のベクトルに対しても使えます．

図 1.4(a)の 2 つのベクトル $\boldsymbol{A}$ と $\boldsymbol{B}$ を図形的に加えるために，ベクトル $\boldsymbol{B}$ の長さと向きを変えないでその尾がベクトル $\boldsymbol{A}$ の頭の位置になるよう，図 1.4(b)のように動かすことを想像しましょう．このような 2 つのベクトルの和を**合成**ベクトル $\boldsymbol{C}=\boldsymbol{A}+\boldsymbol{B}$ とよびます．$\boldsymbol{C}$ は $\boldsymbol{A}$ の尾から $\boldsymbol{B}$ の頭に伸びていることに注意してください．ベクトル $\boldsymbol{A}$ の尾をベクトル $\boldsymbol{B}$ の頭まで，$\boldsymbol{A}$ の向きを変えずに動かしても結果は同じです．

非常に重要なことは，合成ベクトルの長さはベクトル $\boldsymbol{A}$ の長さにベクトル $\boldsymbol{B}$ の長さを足したものでは**ない**ということです($\boldsymbol{A}$ と $\boldsymbol{B}$ がたまたま同じ向きでない限り)．つまり，ベクトル加法はスカラー加法とは同じ操作ではなく，ベクトルをスカラーと同じように足してはいけないことをしっかり覚えておいてください．

ベクトルのスカラー乗法も，とてもわかりやすいものです．というのも，ベ

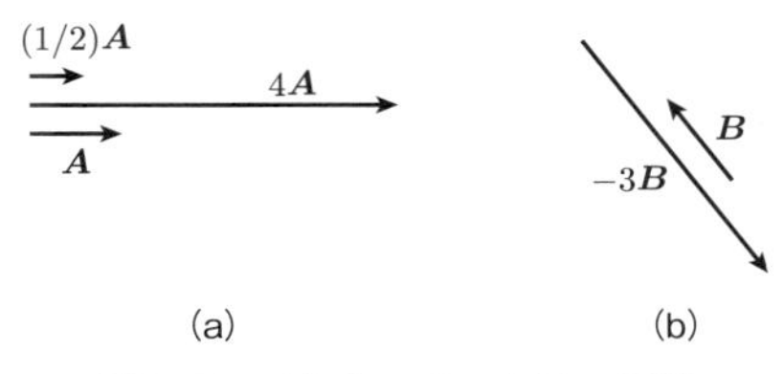

図 1.5　ベクトルのスカラー乗法

クトルに任意の正のスカラー数を掛けることは，ベクトルの向きを変えないで，単にベクトルの長さを変えるだけだからです．したがって，$4\boldsymbol{A}$ は図 1.5(a)のように，$\boldsymbol{A}$ と厳密に同じ向きで，ただ長さが $\boldsymbol{A}$ の 4 倍になっているだけです．もしスカラー数が 1 よりも小さければ，結果のベクトルは元のベクトルよりも小さくなります．そのため，$\boldsymbol{A}$ に $1/2$ を掛ければ，$\boldsymbol{A}$ の半分の長さをもち，$\boldsymbol{A}$ と同じ向きを指すベクトルになります．

もし，スカラー数が負であれば，結果のベクトルは長さが変わるだけでなく，向きも逆転します．そのため，ベクトル $\boldsymbol{B}$ に -3 を掛ければ，図 1.5(b)のように，そのベクトルは $\boldsymbol{B}$ の 3 倍の長さをもち，$\boldsymbol{B}$ とは逆の向きを指します．

ベクトル加法とベクトルのスカラー乗法がわかれば，ベクトルを操作したり表現するもう 1 つの方法を理解できるところまで来たことになります．そのアプローチは，成分と単位ベクトルを使うもので，複素数の計算や表現に密接に関係しています．

2 次元のデカルト座標系で成分と単位ベクトルを理解するために，図 1.6 のように矢で表したベクトル $\boldsymbol{A}$ を考えましょう．図 1.6(a)からわかるように，x 成分(A_x)はベクトル $\boldsymbol{A}$ の x 軸上への射影です(これを想像する 1 つの方法は，x 軸に垂直で y 軸に対して平行な下向きに照らした光をイメージし，ベクトル $\boldsymbol{A}$ が x 軸上に落とす影を思い描くことです)．同様に，y 成分(A_y)はベクトル $\boldsymbol{A}$ の y 軸上への射影です(この場合は，x 軸に平行で y 軸には垂直な左向きの光をベクトル $\boldsymbol{A}$ に当てて，y 軸上にその影を作ることです)．

さて，図 1.6(b)を見てみましょう．x 軸と y 軸の上にある小さな 2 つの矢

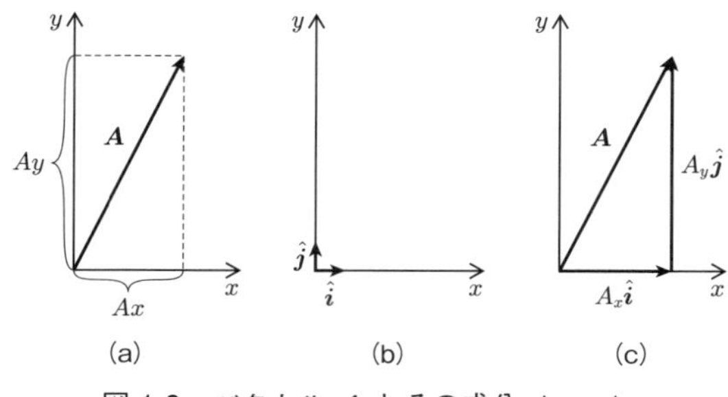

図 1.6　ベクトル $\boldsymbol{A}$ とその成分 A_x，A_y

は**基底ベクトル**あるいは**単位ベクトル**とよばれるものです．なぜなら，単位長さ(1 単位の長さ)をもったベクトルだからです．これらの単位は，x 軸と y 軸がもっている単位であれば，何でもかまいません．単位ベクトル $\hat{\boldsymbol{i}}$ (i ハットと読む)は x 軸に沿った向きで，1 単位の長さをもっています．そして，単位ベクトル $\hat{\boldsymbol{j}}$ (j ハットと読む)は y 軸に沿った向きで，1 単位の長さをもっています．注意してほしいことは，$\hat{\boldsymbol{i}}$ と i を混同しないことです．ハットのない i は $\sqrt{-1}$ を表します*[13]．

単位ベクトルの価値は，単位ベクトルを A_x と A_y のようなベクトル成分に掛ければ，明らかになります．A_x と A_y はスカラーなので，これらに単位ベクトルを掛けると，図 1.6(c)のように，単位ベクトルの長さを変えたものが作られます．図からわかるように，$A_x\hat{\boldsymbol{i}}$ は単位ベクトル $\hat{\boldsymbol{i}}$ の向きをもち，A_x の長さをもったベクトルです(つまり，x 軸に沿っています)．同様に，$A_y\hat{\boldsymbol{j}}$ は単位ベクトル $\hat{\boldsymbol{j}}$ の向きをもち，A_y の長さをもったベクトルです(つまり，y 軸に沿っています)．

そうすると，いいことがあります．ベクトル加法を使って，ベクトル $\boldsymbol{A}$ を $A_x\hat{\boldsymbol{i}}$ と $A_y\hat{\boldsymbol{j}}$ のベクトル和として定義できるのです．つまり，ベクトル $\boldsymbol{A}$ を書くきわめて妥当な(かつ実用的な)方法は

*13　i は虚数単位です．1.4 節を参照してください．

$$\boldsymbol{A} = A_x \hat{\boldsymbol{i}} + A_y \hat{\boldsymbol{j}} \tag{1.7}$$

です．(1.7) の内容を言葉で表現すれば，「ベクトル $\boldsymbol{A}$ の始点から終点まで行く 1 つの道は，x 軸方向に A_x ステップ進み，それから y 軸方向に A_y ステップ進むこと」です．

ベクトルの x 成分と y 成分がわかれば，**ベクトルの大きさ**(長さ)と**ベクトルの向き**(角度)を見つけることは簡単です．大きさは，x 成分と y 成分の平方をとり，それらを足し合わせてから平方根を求めるだけです(ちょうど，直角三角形の斜辺の長さをピタゴラスの定理を使って求めるときと同じ)．ベクトルの大きさはベクトルの名前の両側に縦線を置いて($|\boldsymbol{A}|$ のように)書くので

$$|\boldsymbol{A}| = \sqrt{A_x^2 + A_y^2} \tag{1.8}$$

となります．そして，$\boldsymbol{A}$ が正の x 軸となす角度(反時計回りに測る)は

$$\theta = \arctan\left(\frac{A_y}{A_x}\right) \tag{1.9}$$

で与えられます[†3]．

成分と基底ベクトルを使ってベクトルを表せば，ベクトル加法は前述の図形的な方法よりも簡単になります．もしベクトル $\boldsymbol{C}$ が 2 つのベクトル $\boldsymbol{A}$ と $\boldsymbol{B}$ の和であれば，$\boldsymbol{C}$ の x 成分(C_x)はベクトル $\boldsymbol{A}$ と $\boldsymbol{B}$ の x 成分の和($A_x + B_x$)になります．そして，$\boldsymbol{C}$ の y 成分(C_y)はベクトル $\boldsymbol{A}$ と $\boldsymbol{B}$ の y 成分の和($A_y + B_y$)になります．したがって

$$\begin{aligned} C_x &= A_x + B_x \\ C_y &= A_y + B_y \end{aligned} \tag{1.10}$$

です．これが正しいことは図 1.7 を見ればわかるでしょう．

[†3] 注意してほしいことは，ほとんどの計算機は「第 2 象限」のアークタンジェント(arctan)関数をもっていることです．そのため，分母(いまの場合，A_x)が負の場合は，出力結果に 180° を加えなければなりません．

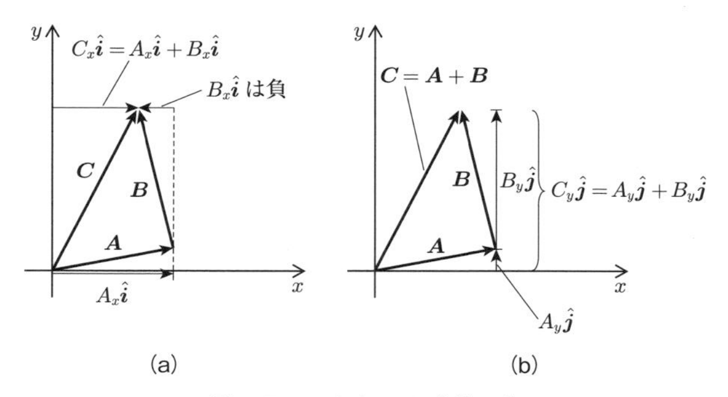

図 1.7　ベクトルの成分の和

ベクトル $\boldsymbol{A}$ の x 成分と $\boldsymbol{B}$ の x 成分が足せることに注目してください．その理由は，これらのベクトル成分はともに，$\hat{\boldsymbol{i}}$ を掛けると（x 軸に沿った）同じ向きを指すベクトルになるからです．同様に，ベクトル $\boldsymbol{A}$ の y 成分と $\boldsymbol{B}$ の y 成分を加えることもできます．なぜなら，これらのベクトル成分はともに，$\hat{\boldsymbol{j}}$ を掛けると（y 軸に沿った）同じ向きを指すベクトルになるからです．しかし，あるベクトルの x 成分をそのベクトルの y 成分に（あるいは別のベクトルの y 成分に）加えることはできません．

例題 1.2　ベクトル $\boldsymbol{F}=\hat{\boldsymbol{i}}+4\hat{\boldsymbol{j}}$ とベクトル $\boldsymbol{G}=-7\hat{\boldsymbol{i}}-2\hat{\boldsymbol{j}}$ があるとき，$\boldsymbol{F}$ と $\boldsymbol{G}$ の和によって得られるベクトル $\boldsymbol{H}$ の大きさと向きを求めなさい．

ベクトル成分の方法を使えば，ベクトル $\boldsymbol{H}$ の x 成分と y 成分は

$$H_x = F_x+G_x = 1-7 = -6$$

$$H_y = F_y+G_y = 4-2 = 2$$

です．その結果，$\boldsymbol{H}=-6\hat{\boldsymbol{i}}+2\hat{\boldsymbol{j}}$ となります．したがって，$\boldsymbol{H}$ の大きさは

$$|\boldsymbol{H}| = \sqrt{H_x^2+H_y^2} = \sqrt{(-6)^2+(2)^2} = 6.32$$

であり，$\boldsymbol{H}$ の方向は

$$\theta = \arctan\left(\frac{H_y}{H_x}\right) = \arctan\left(\frac{2}{-6}\right) = -18.4^\circ$$

です．しかし，アークタンジェントの分母が負なので，正の x 軸から反時計回りに測ったベクトル $\boldsymbol{H}$ の角度は $-18.4^\circ+180^\circ=161.6^\circ$ になります． ■

ベクトル成分とベクトル加法が，複素数を扱ううえでどのように有効なのか，あなたは疑問に思っているかもしれません．次の節で，その疑問は氷解するでしょう．

1.4 複素数

複素数を理解すれば，波動の勉強はかなり見通しがよくなります．おそらく，あなたはすでに複素数が**実部**と**虚部**[*14]をもった数であることを知っているでしょう．不幸なことに，**虚**という語はしばしば複素数の本質と実用性について混乱のもとになります．この節では波動関数を記述するのに必要な複素数の復習をしてから，次節で登場するオイラーの公式に関する議論の基礎を与えます．

複素数の幾何学的な基礎と $\sqrt{-1}$（物理学や数学では i，工学では j と記されるのが一般的[*15]）が，古代の数学者ではなく，18 世紀の測量技師であり地図製作者でもあったノルウェー系デンマーク人，カスパー・ベッセルによって初めて与えられたことを学ぶと，多くの学生は驚きます．

彼の職業を考えれば，ベッセルが有向線分（**ベクトル**という言葉はまだ一般的ではありませんでした）の数学について深く思考したことは理解できます．具体的にいえば，1.3 節で述べたベクトル加法に対するヘッド・テール法を考案したのがベッセルでした．そして，2 つの有向線分を掛け合わせる方法を想像するうちに，$\sqrt{-1}$ の意味の幾何学的な解釈を思いつきました．それは，複

[*14] それぞれを**実数部分**と**虚数部分**といいます．
[*15] 電流を表す i と混同しないためです．

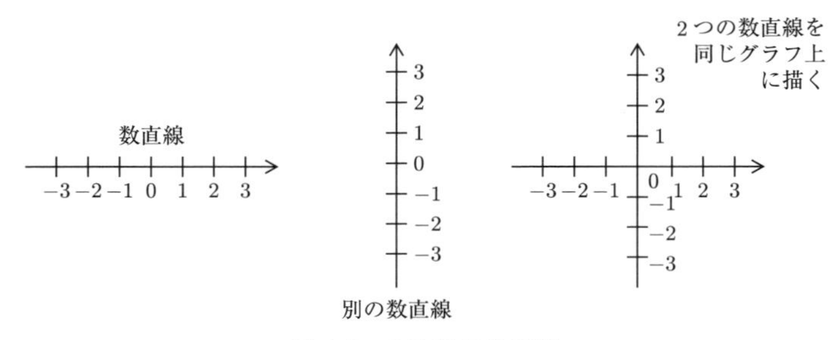

図 1.8　2 次元の数直線

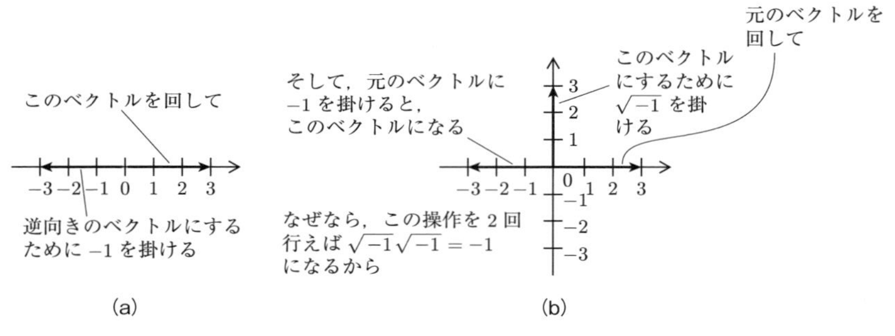

図 1.9　90° 回転させる演算子としての $\sqrt{-1}$

素平面の概念の基礎を与えるものでした．

複素平面を理解するために，図 1.8 の左側に描かれた数直線を考えましょう．無数にある実数のいくつかが，この数直線に描かれています．このような数直線は数千年前から使われていましたが，ベッセルは（測量技師であり地図製作者だったので）これを 2 次元的に考えました．彼は元の数直線に対して 90° 傾いたもう 1 本の数直線を想像しました．そして，図 1.8 の右側のように，両方の数直線を同じグラフ上に描きました．

図 1.9(a) の右を向いた矢のような有向線分，あるいはベクトルについて考えてみましょう．ベクトルのスカラー乗法によって元のベクトルの向きを逆にする方法は，すでに 1.3 節で学んでいます．図 1.9(a) に示すように，単に −1 を掛けるだけです．

ここで，図 1.9(b)を見てみましょう．2 本の直交する数直線があります．そして，右を向いたベクトルを 90° 回して，水平な数直線から鉛直な数直線に沿うようにベクトルを動かすことを想像してみましょう．これに引き続いて，同じ操作を(いまは鉛直になっている)ベクトルに行えば，さらに 90° 回転するでしょう．このときベクトルは，水平な数直線に沿って左を指しています．

しかし，ベクトルの向きを逆転させるためにはベクトルに -1 を掛ければよいはずです．そのため，もし 180° 回転が -1 の掛け算によってなされるのであれば，図に示された 2 つの 90° 回転は，それぞれ $\sqrt{-1}$ の掛け算に対応していなければなりません．

そこで，$i\,(=\sqrt{-1})$を，任意のベクトルに作用して 90° 回転させる**オペレーター**だと考えると便利です．つまり，この 2 本の直交した数直線の作る平面は，**複素平面**として今日知られているものに他なりません．

不幸にも，$\sqrt{-1}$ の乗法のために水平な数直線から鉛直な数直線を想像したので，鉛直な数直線に沿った数は**想像上の数**とよばれました．不幸にもといったのは，このような想像上の数も水平な数直線に沿った数とまったく同じように実数であるためです．しかし，この用語は広く普及したので，複素数を初めて学ぶとき，**実部**と**虚部**で構成されていると習います．

ふつう，これは

$$z = \mathrm{Re}(z) + i[\mathrm{Im}(z)] \tag{1.11}$$

のように書きます．ここで，複素数 z は実部($\mathrm{Re}(z)$)と虚部($\mathrm{Im}(z)$)から成り立っています．そして虚部には，鉛直な数直線に沿った方向であることを明示するために i が付けられています．

(1.11) を 1.3 節の (1.7) 式

$$\boldsymbol{A} = A_x\hat{\boldsymbol{i}} + A_y\hat{\boldsymbol{j}} \tag{1.7}$$

と比べれば，これらの表現の類似性に気づくでしょう．両者とも，式の左辺にある量(z か $\boldsymbol{A}$)は右辺にある 2 つの項の和に等しいことを示しています．そして，ちょうど (1.7) のベクトル表現の 2 つの項が**異なる向き**のため代数的な足し算ができないのと同じように，(1.11) の複素数表示の 2 つの項も異なる数直線に関係しているので，代数的な足し算はできません．

幸いにも，ベクトルに対して定義された数学的操作をあなたが理解していれば，その中には複素数にも適用できるものがあります．そのコツは，複素数の実部をベクトルの x 成分，複素数の虚部をベクトルの y 成分として扱うことです．つまり，複素数の大きさを求めたければ

$$|z| = \sqrt{[\mathrm{Re}(z)]^2+[\mathrm{Im}(z)]^2} \tag{1.12}$$

のように，そして複素数の実軸からの角度を求めたければ

$$\theta = \arctan\left(\frac{\mathrm{Im}(z)}{\mathrm{Re}(z)}\right) \tag{1.13}$$

とすればよいのです．

複素数の大きさを見つける別の方法は，**複素共役**(きょうやく)を使うことです．複素数の複素共役は(z^* のように)上付きのアスタリスクをつけて書きます．そして，複素共役は複素数の虚部の符号を逆にすれば得られます．したがって，z とその複素共役 z^* は

$$\begin{aligned} z &= \mathrm{Re}(z)+i[\mathrm{Im}(z)] \\ z^* &= \mathrm{Re}(z)-i[\mathrm{Im}(z)] \end{aligned} \tag{1.14}$$

です．

複素数の大きさを求めるには，複素数にその複素共役を掛けて，その結果の平方根をとります．つまり

$$|z| = \sqrt{z^*z} \tag{1.15}$$

とします．

この方法が (1.12) と一致していることを見るには，次のように実部と虚部

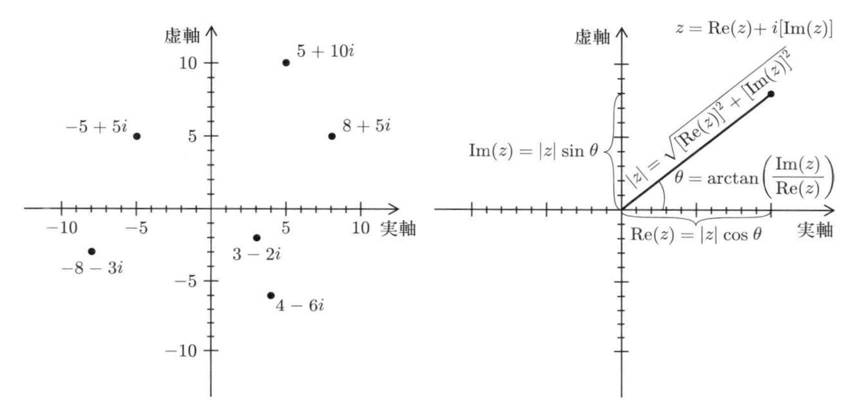

図 1.10　複素平面上の直交形式による複素数表示

図 1.11　直交形式から極形式への変換

を項ごとに掛けてみればわかります．つまり

$$
\begin{aligned}
|z| = \sqrt{z^* z} &= \sqrt{[\mathrm{Re}(z) - i[\mathrm{Im}(z)]][\mathrm{Re}(z) + i[\mathrm{Im}(z)]]} \\
&= \sqrt{[\mathrm{Re}(z)][\mathrm{Re}(z)] - i^2[\mathrm{Im}(z)][\mathrm{Im}(z)] + i[\mathrm{Re}(z)][\mathrm{Im}(z)] - i[\mathrm{Re}(z)][\mathrm{Im}(z)]} \\
&= \sqrt{[\mathrm{Re}(z)][\mathrm{Re}(z)] + [\mathrm{Im}(z)][\mathrm{Im}(z)]} = \sqrt{[\mathrm{Re(z)}]^2 + [\mathrm{Im(z)}]^2}
\end{aligned}
$$

となるので，確かに (1.12) と同じ結果になります．

複素数の実部と虚部は 2 つの異なる数直線に関係した情報を与えますから，複素数を図に描くためには，図 1.10 にいくつかの例を示しているように，両方の数直線を描かなければなりません．

このような描き方は**複素数の直交形式**とよばれますが，図 1.11 のように，(1.12) と (1.13) を使って，複素数の実部と虚部をその大きさと角度に変換することもできます．

あるいは，もし複素数 z の大きさ($|z|$)と位相(θ)を知っていれば，図 1.11 の幾何学から，z の実部(Re)と虚部(Im)は

$$\begin{aligned} \mathrm{Re}(z) &= |z|\cos\theta \\ \mathrm{Im}(z) &= |z|\sin\theta \end{aligned} \tag{1.16}$$

のように求めることができます．

複素数の極形式は

$$複素数 = 大きさ\angle角度$$

あるいは

$$z = |z|\angle\theta \tag{1.17}$$

のように書かれます．

例題 1.3　図 1.10 に示されている複素数の大きさと角度を求めなさい．

直交形式から極形式への変換式((1.12) と (1.13))を図 1.10 の複素数に適用すれば，それぞれの複素数の大きさと角度が求まります．複素数 z=5+10i の場合，Re(z)=5 と Im(z)=10 なので，大きさは

$$|z| = \sqrt{[\mathrm{Re}(z)]^2+[\mathrm{Im}(z)]^2} = \sqrt{(5)^2+(10)^2} = 11.18$$

であり，角度は

$$\theta = \arctan\left(\frac{\mathrm{Im}(z)}{\mathrm{Re}(z)}\right) = \arctan\left(\frac{10}{5}\right) = 63.4^\circ$$

です．同様に，複素数 z=−5+5i の場合，Re(z)=−5 と Im(z)=5 より，大きさは

$$|z| = \sqrt{[\mathrm{Re}(z)]^2+[\mathrm{Im}(z)]^2} = \sqrt{(-5)^2+(5)^2} = 7.07$$

で，実軸からの角度は

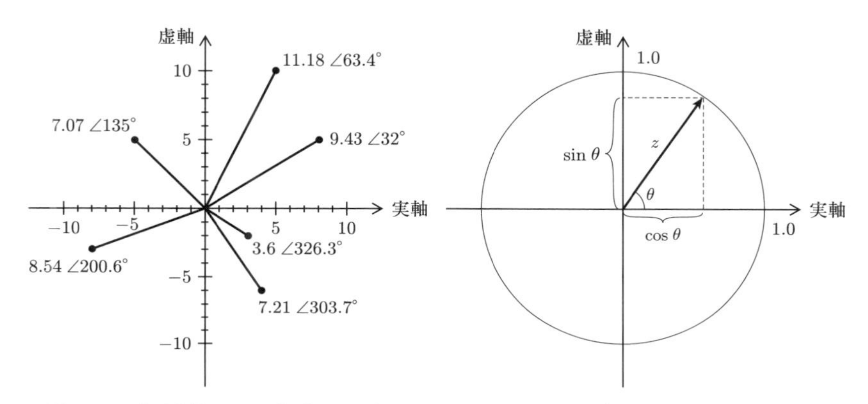

図 1.12　極形式による複素平面上の複素数

図 1.13　複素平面上の単位円

$$\theta = \arctan\left(\frac{\mathrm{Im}(z)}{\mathrm{Re}(z)}\right) = \arctan\left(\frac{5}{-5}\right) = -45^\circ$$

です．ここで，アークタンジェントの分母が負の数であることに注意すれば，正の実軸から反時計回りに測った角度は $-45^\circ+180^\circ=135^\circ$ となります．

図 1.10 の 6 つの複素数に対する大きさと角度は，すべて図 1.12 に示されています．■

複素数と複素平面との関係を理解できれば，複素平面上の無数の点から特別な部分集合を考えるのが非常に役立ちます．その部分集合とは，原点を中心とした半径が 1 単位の円を形成するすべての点です．その円を**単位円**とよびます．なぜなら，単位長さを半径にもつ円だからです．

単位円の有用性を知るために，図 1.13 を考えてみましょう．単位円上にあるどのような複素数 z も，長さ(大きさ) 1 で角度 θ をもったベクトルで描くことができます．(1.16) を使えば，単位円上のどんな数の実部と虚部も

$$\begin{aligned}\mathrm{Re}(z) &= |z|\cos\theta = 1\cos\theta \\ \mathrm{Im}(z) &= |z|\sin\theta = 1\sin\theta\end{aligned} \tag{1.18}$$

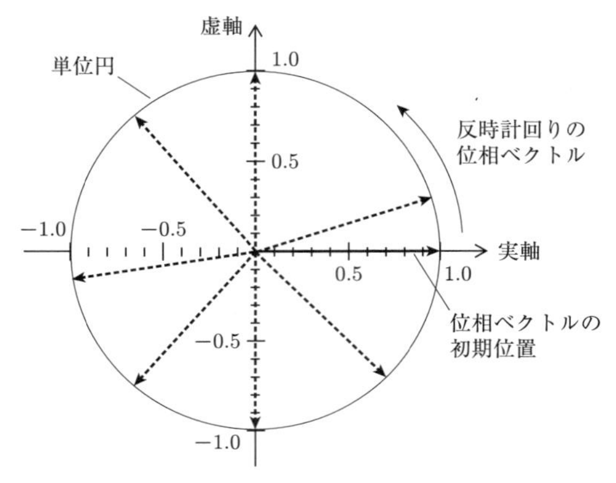

図 1.14　回転する位相ベクトル

になるので，単位円上の任意の複素数は

$$z = \cos\theta + i\sin\theta \tag{1.19}$$

のように表せます．z が本当に正しい大きさをもっているのか確信がもてないなら，(1.15) を使ってください．そうすれば

$$\begin{aligned}|z| &= \sqrt{z^* z}\\ &= \sqrt{(\cos\theta - i\sin\theta)(\cos\theta + i\sin\theta)}\\ &= \sqrt{\cos^2\theta + \sin^2\theta + i\sin\theta\cos\theta - i\sin\theta\cos\theta}\\ &= \sqrt{\cos^2\theta + \sin^2\theta} = \sqrt{1} = 1\end{aligned}$$

となり，たしかに単位円上の点になっていることがわかります．

複素平面の単位円は，**位相ベクトル**とよばれるベクトルを理解するうえで，特に有用です．位相ベクトルに対して別の定義をする人もいますが，多くの教科書では，ベクトルの終点が複素平面上の単位円に沿って回転するベクトルとして，位相ベクトルは記述されています．そのような位相ベクトルが図 1.14 に描かれています．

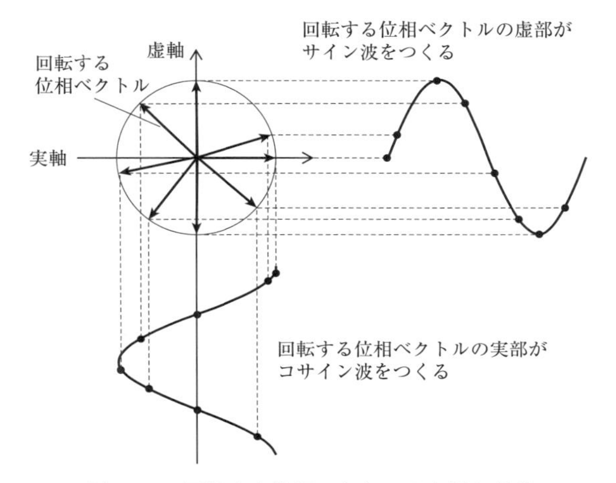

図 1.15　回転する位相ベクトルの実部と虚部

この図で，位相ベクトルは原点から単位円まで伸びていることに注意してください．初めに実軸の正方向を向いていた位相ベクトルが，θ が増えるとともに，1 単位の長さを保ったまま反時計回りに回転します．1 周期後は，位相ベクトルは実軸の正方向を向いた元の位置に戻ってきます[†4]．もし θ が減少すれば，位相ベクトルは時計回りに回転します．

位相ベクトルが，波動を解析するうえでとりわけ有用になる理由の 1 つが，図 1.15 に示されています．この図の右側のように，位相ベクトルを虚軸上に投影すると，その射影は θ の増加とともにサイン波を描きます．そして，同じ図の下側に示したように，位相ベクトルを実軸上に投影すると，その射影は θ の増加とともにコサイン波を描きます．

このように回転する位相ベクトルは，波の進行する位相を表現する便利な方法を与えてくれます．そして，次の節で扱うオイラーの公式がこの位相ベクトルを使って数学的操作を行う方法を教えてくれます．

[†4] 状況に応じて，別の場所が原点や**基準**点に選ばれることがあります．

1.5 オイラーの公式

前節で説明した複素数 z に対する概念は，実部と虚部の成分に分ける必要があるときには有用ですが，z を含む代数計算や微積分の計算を始めると，すぐに面倒になります．そのため，使いやすい θ の関数で z を定義して，必要なすべての情報をまとめると便利です．まず z を「z=大きさ$\angle\theta$」のように書くことが，正しい方向への第一歩です．しかし，そのような表現でどのように数学的操作(別の複素数を掛けたり，あるいは，微分したりするような操作)を施せばよいのでしょうか．そのためには，大きさと位相をもち，かつ $z=\cos\theta+i\sin\theta$ と等価な関数で z を表す必要があります．

このような関数を見つけるための 1 つのアプローチは，この導関数の振る舞いを見てみることです．サイン関数とコサイン関数を含む形の z の 1 階導関数は

$$\frac{dz}{d\theta}=-\sin\theta+i\cos\theta=i(\cos\theta+i\sin\theta)=iz \tag{1.20}$$

です(i と i の積 i^2 は -1 になることを思い出してください)．2 階導関数は

$$\frac{d^2z}{d\theta^2}=-\cos\theta-i\sin\theta=i^2(\cos\theta+i\sin\theta)=i^2z=-z \tag{1.21}$$

です．したがって，微分するたびに i が 1 つ増えるだけで，それ以外は関数に何の変化も起きません．

ここで，z を見つけるために微分方程式 $dz/d\theta=iz$ を解いてみましょう．あるいは，解を推測してみましょう(これは物理学者に人気のある微分方程式の解法です)．章末の演習問題でこの微分方程式の解き方を，巻末および原書のウェブサイトでその解を見ることができますが，山勘(やまかん)でやるアプローチの背後には理論的な根拠があります．

(1.20) から，θ を変えたときの関数 z の変化(傾き $dz/d\theta$)がその関数(z)に定数(i)を掛けたものに等しくなることがわかります．θ に関する微分をとるたびに別の i が現れるということは，関数内で因子 i が θ に掛かっていること

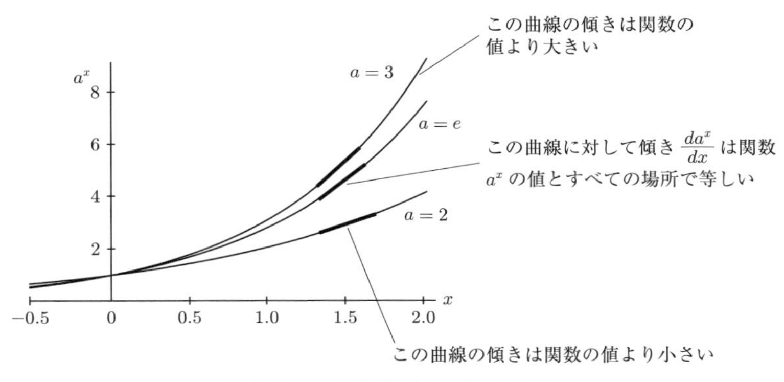

図 1.16　e が特別である理由の説明

を意味します．まず最初に推測できる関数 z は，$i\theta$ のような簡単なものでしょう．しかしこの場合，θ は 1 回目の微分のあとに消えてしまいます．そこで次の推測は，$i\theta$ のべきに関係した何かだということです．この何か――これを a としましょう――は，導関数($da^{i\theta}/d\theta$)が因子 i をもたらすだけで，それ以外は関数に変化を与えないという，特別な値でなければなりません．

$i\theta$ を x と書いて，$da^x/dx=a^x$ であるような a の値を探してみましょう．これは，x のすべての値に対して，関数の傾きがその関数の値に等しくなければならないことを意味しています．a の値の例をいくつか図 1.16 に示しています．この図は，x に対する a^x の値をプロットしたものです．a が 2 であれば，$x=1$ での a^x の値は $2^1=2$ で，その傾き，つまり $x=1$ で計算した導関数 $d(2^x)/dx$ は 1.39 です(小さすぎる)*16．もし a が 3 であれば，$x=1$ での a^x の値は $3^1=3$ で，傾きは 3.30 です(大きすぎる)．しかし，もし a が 2 と 3 の間の適切な位置，2.72 くらいであれば，そのとき $x=1$ での a^x の値は $2.72^1=2.72$ で，傾きは 2.722 です．これはかなり近い値です．そして，関数とその

*16　この計算は a^x の微分公式 $da^x/dx=a^x \ln a$ を使ってできます．たとえば，$a=2$ の場合，$\ln a=\ln 2=0.693$ なので，$x=1$ に対して $a^x \ln a=2^1 \ln 2=2\times 0.693=1.386$ となります．$a=2.718\cdots$ は $e=2.718\cdots$ を意味し，$\ln e=1$ です．ここの議論は，微分公式の右辺 $a^x \ln a$ が a^x になることを要求しているので，要は $\ln a=1$ となる a を定義する話と等価です．

傾きの値が厳密に同じになるためには，a=2.718 の後ろに無限に続く小数を付け加えたものを使わねばなりません．ちょうど円周率 π のように，この無理数を e で表し，これを**オイラーの数**と呼びます．

いま，$z=e^{i\theta}$ という形の関数で複素数を構築するために必要なものがすべて整いました．z の θ に関する 1 階導関数は

$$\frac{dz}{d\theta} = i(e^{i\theta}) = iz \tag{1.22}$$

で，2 階導関数は

$$\frac{d^2 z}{d\theta^2} = i^2(e^{i\theta}) = i^2 z \tag{1.23}$$

です．これらは $z=\cos\theta+i\sin\theta$ を使って (1.20) と (1.21) で得られた結果と同じものです．z に対するこれら 2 つの形を等しいと置けば，**オイラーの公式**

$$e^{\pm i\theta} = \cos\theta \pm i\sin\theta \tag{1.24}$$

になります．この式は，これまでに考案された最も重要な式であると，多くの物理学者や数学者は考えています*17．

オイラーの公式において，式の両辺はともに単位円上の複素数に対する表現です．左辺は複素平面(θ)での大きさと向き(1 を掛けた $e^{i\theta}$)を強調しています．一方，右辺は実部成分($\cos\theta$)と虚部成分($\sin\theta$)を強調しています．オイラーの公式の両辺が等しいことを示す別の方法は，両辺をそれぞれべき展開して書き下すことです．これがうまくいくことは，章末の演習問題でたしかめてください．

波動関数について議論するために，この節と前の節で説明した概念を使いますが，その前に少しだけ時間を割いて，表式 e^{ix} の**べき**にある i の重要性を理

---

*17 オイラーの公式はさまざまな自然現象を記述する公式で，これがもつ内容は深く，その意義は大きい．特に $e^{i\pi}=-1$ という関係式は，数学的な構造も美しく，かつ深遠なため「オイラーの公式はもっとも美しい公式である」といわれています．ちなみに，オイラーの数 e を**ネイピア数**(ネピア数)ともいいます．

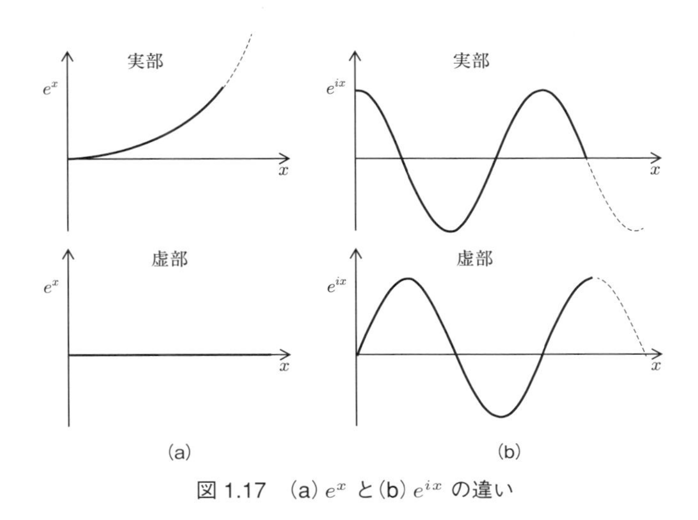

図 1.17　(a) e^x と (b) e^{ix} の違い

解しておくことは重要です．もし i がなければ，図 1.17(a)のように，表式 e^x は単に x の増加とともに指数関数的に増大する実数になります．しかし，指数にある $\sqrt{-1}$（複素平面での，直交する 2 本の数直線の間の回転操作）の存在は，表式 e^{ix} を実数の数直線から虚数の数直線まで動かします．その結果，図 1.17(b)のように，実部と虚部は正弦的に振動します．そのため，e^{ix} の実部と虚部は，図 1.15 の「回転する位相ベクトル」の実数成分と虚数成分と厳密に同じ振動を示します．

1.6　波動関数

波動関数の概念は波動理論のさまざまな応用で役立つものですが，波動関数の性質と数学的な表現がわかりにくいと口にする学生がかなりいます．そのわかりにくさは波動関数の議論で一般的に使われる用語のせいかもしれません．そこで，この節では波動関数に対するわかりやすい用語と数学的な定義を与え，そして，波動の問題を解くときにそれらをどのように使うかを説明することにします．

簡単にいえば，任意の波の波動関数は，すべての場所と時間における波の変動の値を定義する関数です．波動関数に関するものを読むと，あなたは次のような冗長(じょうちょう)に見える表式に，よく出会うでしょう．例えば

$$y(x,t) = f(x,t) \tag{1.25}$$

または

$$y = f(x,t) \tag{1.26}$$

あるいは

$$\psi = f(x,t) \tag{1.27}$$

などの表式です．

このような式において，y と ψ は波の変位[†5]を表しています．そして，f は振動数ではなく位置(x)と時間(t)の関数であることを表す文字です．では，この関数とは厳密には何でしょうか．それは，時空間のなかで**波の形**を表す何らかの関数です．

これを理解するために，まず「x と t の関数」とは「x と t に依存する」という意味であることを思い出しましょう．つまり，関数 $y{=}f(x,t)$ は，変位(y)の値が波を測定するあなたの位置(x)と時間(t)の両方に依存していることを意味します[†6]．そのため，もし f が x と t とともに非常にゆっくり変化している場合，波によって生じた変動の大きな違いを知ろうとすれば，非常に離れた 2 つの場所で波を見るか，大きく異なる 2 つの時刻で見なければなりません．

そして，関数 f の選択は波の形を決めるので，(1.25) から (1.27) までの式

[†5] **変位**は必ずしも物理的なずれを表すわけでないことを覚えておいてください．つまり，変位は波によって生じる変動であれば，なんであってもよいのです．

[†6] この節では，x 軸に沿って動く波だけを考えるので，どのような場所も x の値だけで決まります．この制限を外して，他の方向に動く波に一般化することは可能です．

から，任意の場所や時間での波の変位は，波の形とその位置に依存することがわかります．

波の形について考える最も簡単な方法は，ある瞬間の波のスナップショット撮影を想像することです．記号を簡単にしたいので，スナップショットを撮る時刻を $t=0$ とします．その後のスナップショットの時刻は，この初めの 1 枚を撮ったときを基準にします．最初のスナップショットを撮る時刻 $t=0$ のとき，(1.26) は

$$y = f(x, 0) \tag{1.28}$$

のように書けます．

波動の多くは時間が経っても同じ形を保ちます．つまり，波は伝播方向に進みますが，すべての山と谷は調和しながら動きます．そのため，形は波が動いても変化しません．このような**非分散的な波**のとき，$f(x, 0)$ は $f(x)$ と書くことができます[*18]．なぜなら，波の形はあなたがスナップショットを撮る時刻には依存しないからです．関数 $f(x)$ を**波のプロフィール**とよびます．プロフィールの例を少し挙げておきます．

$$\begin{aligned} y &= f(x,0) = A\sin(kx) \\ y &= f(x,0) = A[\cos(kx)]^2 \\ y &= f(x,0) = \frac{1}{ax^4+b} \end{aligned} \tag{1.29}$$

図 1.18 に，これらの波のプロフィールを図示しています．図 1.1 の波の図にとてもよく似ていますが，この本のような静止した環境で，時間と空間に依存した関数の振る舞いを描くのは，これが限界です．そこで，波のプロフィー

[*18] この $f(x)$ は「x だけの関数」という意味で，1 変数関数です．そのため，2 変数関数 $f(x, 0)$ と同じものではないので $f(x)=f(x, 0)$ と書くと誤解を与えます．したがって，$f(x)$ の代わりに別の文字，例えば $g(x)$ を使って $g(x)=f(x, 0)$ と書けば，誤解は生じないでしょう．

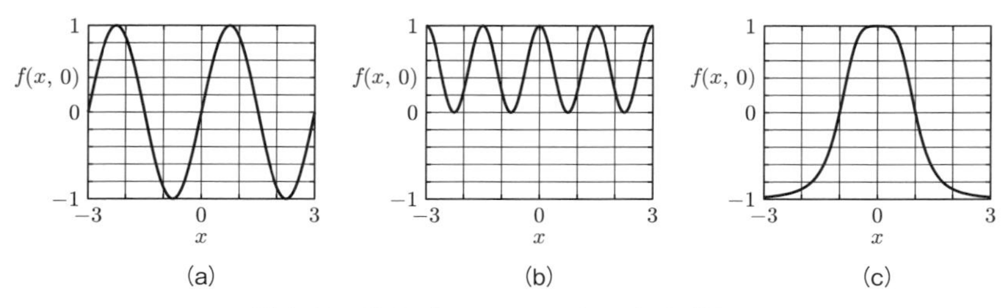

(a)　(b)　(c)

図 1.18　波のプロフィール (1.29) のグラフ

ルの動きを見るために，図 1.18(a)のサイン波を数周期ほど描くことを想像しましょう．波のプロフィールを左か右に少しずつずらしながら紙に描けば，パラパラブックができます．各ページはある瞬間における波のプロフィールを示していますが，このブックをパラパラとめくれば波が時間とともに動くのがわかります．

波のプロフィール $f(x)$ がわかれば，波動関数 $y(x,t)$ まではあと一歩です．歩を進めるためには，波によって生じる変動が空間と時間の両方に依存しているという事実を，関数の表現に取り込む方法について考えなければなりません．この章の最初の節で与えた定義が，この方法を考えるヒントになります．変位は「任意の場所と時刻で，波がどれくらいの大きさか」という問いに答えてくれること，そして位相は「この場所と時刻で，波のどの部分(波の山か谷)が現れるのか」という問いに答えてくれることを思い出してください．そうすれば，関数の変位依存性が波の位相に関係していることがわかります．

これを具体的に表すために，1.2 節から波の位相が空間に依存すること($\Delta\phi_{\text{一定の }t}=k\,\Delta x$)と，時間に依存すること($\Delta\phi_{\text{一定の }x}=\omega\,\Delta t$)を思い出せば，空間と時間の両方にわたる位相の全変化量は

$$\Delta\phi = \phi-\phi_0 = k\,\Delta x \pm \omega\,\Delta t \tag{1.30}$$

で与えられることがわかります[19]．ここで $\pm$ は，この節の後のほうで説明

*19　$\phi(t)=\phi=kx\pm\omega t$, $\phi_0(t_0)=\phi_0=kx_0\pm\omega t_0$ なので，$\Delta\phi=\phi-\phi_0=k(x-x_0)\pm\omega(t-t_0)$ $=k\,\Delta x\pm\omega\,\Delta t$ となります．

するように，波がどちらの向きにも伝播できることを表しています．位置の変化は $\Delta x = x - x_0$，時間の変化は $\Delta t = t - t_0$ と書けるので，いま $x_0 = 0$ と $t_0 = 0$ に選べば，$\Delta x = x$ と $\Delta t = t$ となり出発時の位相 ϕ_0 もゼロとなるので，任意の場所 (x) と時刻 (t) での位相は

$$\phi = kx \pm \omega t \tag{1.31}$$

で与えられます．

したがって，変位の関数形は

$$y(x,t) = f(kx \pm \omega t) \tag{1.32}$$

となります．ここで，f は波の形を決める関数で，その引数（つまり，$kx \pm \omega t$）は各場所 (x) と時刻 (t) での波の位相です．

この (1.32) 式は波のさまざまな問題を解くときに非常に役立ちます．そして，実はこの式には波の速さが組み込まれています．このような波の速さや伝播方向の求め方を説明する前に，波動関数の具体例を用いて，ある場所と時刻で波の変動を決めるために，この波動関数をどのように使うかを見ておきましょう．

例題 1.4　**次の波動関数で記述される波を考えましょう．**

$$y(x,t) = A\sin(kx + \omega t) \tag{1.33}$$

ここで，波の振幅 (A) は 3 m，波長 (λ) は 1 m，そして，波の周期 (T) は 5 秒です．場所 $x = 0.6$ m と時刻 $t = 3$ 秒での変位 $y(x,t)$ の値を求めなさい．

1 つのアプローチは，この波のパラパラブックを作ることです．波の振幅は，この波の山がどれくらいの大きさかを示しています．波長は，各ページの中で山がどれくらい離れているかを教えてくれます．そして波の周期は，あなたのパラパラブックを 1 ページめくるたびに波がどれくらい動くかを教えて

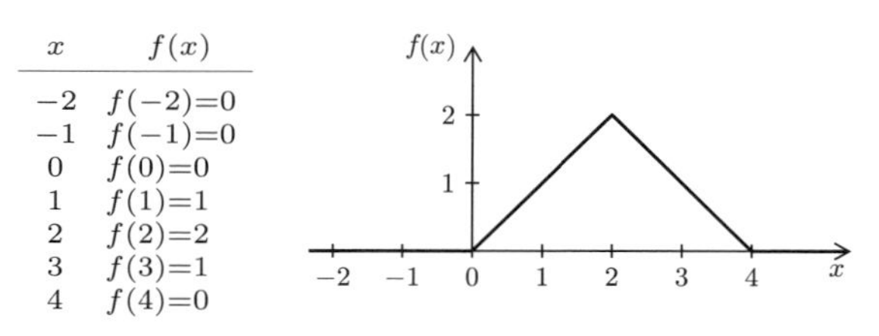

x	$f(x)$
-2	$f(-2)=0$
-1	$f(-1)=0$
0	$f(0)=0$
1	$f(1)=1$
2	$f(2)=2$
3	$f(3)=1$
4	$f(4)=0$

図 1.19　三角パルス波の $f(x)$ と x の関係

くれます(なぜなら，各ページごとに波は伝播方向に 1 波長の距離だけ動かなければならないからです)．そうすれば，3 秒間に対応するパラパラブックのページをめくってから，x 軸に沿って 0.6 m の距離での波の y 値(変位)を測ることができます．

別の方法は，(1.33) にそれぞれの変数を代入することです．1 m の波長は波数が $k=2\pi/1=2\pi$ rad/m であること，5 秒の波の周期は振動数が $f=1/5=0.2$ Hz(角振動数は $\omega=2\pi f=0.4\pi$ rad/s)であることを示しています．これらの値を代入すれば

$$
\begin{aligned}
y(x,t) &= A\sin(kx+\omega t)\\
&= (3\text{ m})\sin[(2\pi\text{ rad/m})(0.6\text{ m})+(0.4\pi\text{ rad/s})(3\text{ s})]\\
&= (3\text{ m})\sin(2.4\pi\text{ rad}) = 2.85\text{ m}
\end{aligned}
$$

となります．■

波の速さと方向が (1.32) にどのように組み込まれているかを理解するためには，$f(x+1)$ や $f(x-1)$ のように引数に別の項を加えたり引いたりしたとき，$f(x)$ のような関数に何が起こるかを考えるとよいでしょう．図 1.19 のような三角パルス波のグラフと表の値を見てみましょう．

ここで，同様なグラフと表を関数 $f(x+1)$ に対して作ったら，何が起こるかを想像してみましょう．多くの学生は，このとき関数が右方向にシフトするだろうと考えます(つまり，正の x 方向に)．というのも，なんとなく「x に 1 を足した」からです．しかし，図 1.20 を見ればわかるように，逆のことが起こ

x	$f(x)$	$f(x+1)$
-2	$f(-2)=0$	$f(-2+1)=f(-1)=0$
-1	$f(-1)=0$	$f(-1+1)=f(0)=0$
0	$f(0)=0$	$f(0+1)=f(1)=1$
1	$f(1)=1$	$f(1+1)=f(2)=2$
2	$f(2)=2$	$f(2+1)=f(3)=1$
3	$f(3)=1$	$f(3+1)=f(4)=0$
4	$f(4)=0$	$f(4+1)=f(5)=0$

図 1.20　三角パルス波の $f(x+1)$ と x の関係

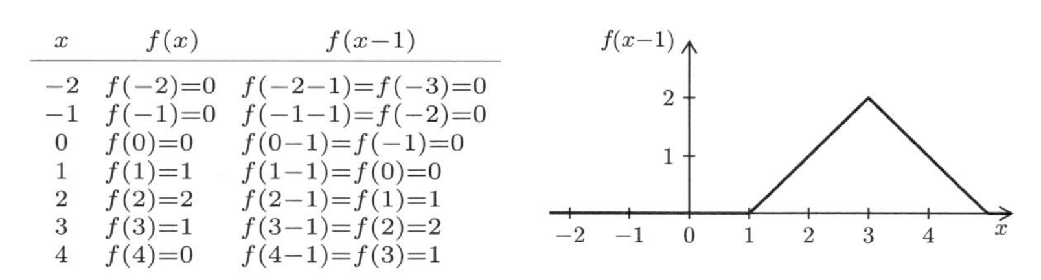

x	$f(x)$	$f(x-1)$
-2	$f(-2)=0$	$f(-2-1)=f(-3)=0$
-1	$f(-1)=0$	$f(-1-1)=f(-2)=0$
0	$f(0)=0$	$f(0-1)=f(-1)=0$
1	$f(1)=1$	$f(1-1)=f(0)=0$
2	$f(2)=2$	$f(2-1)=f(1)=1$
3	$f(3)=1$	$f(3-1)=f(2)=2$
4	$f(4)=0$	$f(4-1)=f(3)=1$

図 1.21　三角パルス波の $f(x-1)$ と x の関係

っています．引数の中で x 項と同じ符号をもった定数を足すこと（この場合，x 項と定数(1)の前には **＋ 符号**がある）は，その関数を左方向（負の x 方向）にシフトさせます．

なぜこのようなことになるのかは，図 1.20 の表の値を見れば納得できます．関数の引数の x に $+1$ を足しているので，関数 $f(x+1)$ は x の**より小さな値**で $f(x)$ の特定の値に到達します．したがって右側ではなく，左側にシフトします．

同じ論理を使えば，図 1.21 のように，関数 $f(x-1)$ が右方向（つまり，正の x 方向）にシフトする理由も理解できるはずです．

それでは，正の定数を足せば関数は常に負の x 方向にシフトするのでしょうか？　そうではありません．もし関数が $f(-x+1)$ であれば，関数は $f(-x)$ に相対的に正の x 方向にシフトします．なぜなら，x 項の符号は負で定数(1)は正だからです．同様に，$f(-x-1)$ は負の x 方向にシフトします（これがなぜだかわからなければ，章末の演習問題をみてください）．

このことからわかるように，関数が左右どちらにシフトするかは引数内の付加項の符号だけを見ても決めることはできません．決めるには，x の符号と付加項の符号を比べなければなりません．もし同符号であれば関数は負の x 方向にシフトし，異符号であれば正の x 方向にシフトします．

このようなことがわかれば，次の関数

$$y(x,t) = f(kx+\omega t) \tag{1.34}$$

が，負の x 方向に進む波を表しているのがわかるでしょう(x 項の符号と時間項の符号が同じだから)．一方

$$y(x,t) = f(kx-\omega t) \tag{1.35}$$

は正の x 方向に進む波を表しているのがわかるでしょう(x 項の符号と時間項の符号が逆だから)[†7]．

波の方向を知ることは有用ですが，(1.32) はさらに別の情報も含んでいます．具体的にいえば，波の 1 点が動く速さ(v)(1.1 節で述べた，波の**位相速度**)がこの式から直接求められるのです．

(1.32) から波の位相速度(v)を取り出すために，速さの定義は「ある距離を進むのにかかった時間で，その距離を割ったもの」であることを思い出しましょう．波の 1 サイクルに対するこのような量(距離と時間)をあなたは知っています．なぜなら波は 1 周期に等しい時間(T)で，1 波長の距離(λ)だけ進むからです．この距離を時間で割れば，$v=\lambda/T$ となります．1.2 節から，あなたは $\lambda=2\pi/k$ と $T=2\pi/\omega$ であることも知っています．これら 3 つの式を組み合わせると

$$v = \frac{\lambda}{T} = \frac{2\pi/k}{2\pi/\omega} = \frac{2\pi}{k}\frac{\omega}{2\pi}$$

より，位相速度は

---

†7　x と t の値は正も負もありえますが，この議論で重要なのは，これらの項の前にある符号だけであることを忘れないでください．

$$v = \frac{\omega}{k} \tag{1.36}$$

で与えられます．

これは非常に役立つ結果です．もしあなたが角振動数(ω)と波数(k)を知っていたら，ω を k で割れば波の位相速度がわかるのです．そして，もし (1.32) に示したような関数が与えられて，その波の速さを知る必要があるならば，時間の項(t)に掛けられている量を取り出し，それを場所の項(x)に掛けられている量で割るだけで求められるのです．

いつものように，単位が正しいかを自分でチェックすることが役立ちます．SI 単位で (1.36) を書き換えれば*[20]

$$\left[\frac{\text{メートル}}{\text{秒}}\right] = \left[\frac{\cancel{\text{ラジアン}}}{\text{秒}} \times \frac{\text{メートル}}{\cancel{\text{ラジアン}}}\right] \tag{1.37}$$

となり，両辺はメートル/秒(m/s)だけが残ります．

波の位相速度で表された，(1.32) の別の形を目にすることがあるかもしれません．そのような形にするには，角振動数(ω)が $2\pi f$ に等しいことと，$f = v/\lambda$ であることを思い出してください．これらから $\omega = 2\pi v/\lambda = kv$ となるので，(1.32) は

$$\begin{aligned} y(x,t) &= f(kx \pm \omega t) \\ &= f(kx \pm kvt) = f(k(x \pm vt)) \end{aligned}$$

と書けます．これをふつう

$$y(x,t) = f(x \pm vt) \tag{1.38}$$

のように表します*[21]．

---

*[20]　$[\omega t]$=ラジアンより，$[\omega]$=ラジアン/$[t]$=ラジアン/秒です．一方，$[kx]$=ラジアンより，$[k]$=ラジアン/$[x]$=ラジアン/メートルなので，$1/[k]$=メートル/ラジアンです．

*[21]　この関数の引数は長さの次元をもつことになります．そのため，引数が無次元になる (1.32) の形のほうが，一般性があるといえるでしょう．

(1.38) において，f の引数がもはや位相ではないことに気づいたかもしれません．たしかに x と vt はともに距離の単位であり，ラジアンではありません．その理由は，このように式を表現する目的が変位(f)の x と t に対する関数的な依存性を示すことだけで，波数のファクター(k)をあからさまに表す必要はないからです．もし，引数($x{\pm}vt$)の距離を(ラジアンの単位をもった)位相に変えたければ，波数(k)を掛ければよいだけです．

1.7　波動関数の位相表現

複素平面，オイラーの公式，そして位相ベクトルの概念を合わせると，波動関数の分析に非常に有力なツールになります．それを理解するために，次の波動関数で表される 2 つの波を考えましょう．

$$
\begin{aligned}
y_1(x,t) &= A_1 \sin(k_1 x + \omega_1 t + \varepsilon_1) \\
y_2(x,t) &= A_2 \sin(k_2 x + \omega_2 t + \varepsilon_2)
\end{aligned}
\tag{1.39}
$$

2 つの波の振幅が等しい($A_1{=}A_2{=}A$)ならば，そして波が同じ波長(したがって，同じ波数 $k_1{=}k_2{=}k$)と同じ振動数(したがって，同じ角振動数 $\omega_1{=}\omega_2{=}\omega$)をもっているとすれば，2 つの波の間の唯一の差は両者の位相定数(ε_1 と ε_2)によるものだけです．ε_1 を 0，ε_2 を $\pi/2$ にすれば，波動関数は

$$
\begin{aligned}
y_1(x,t) &= A \sin(kx + \omega t) \\
y_2(x,t) &= A \sin(kx + \omega t + \pi/2)
\end{aligned}
\tag{1.40}
$$

となります．

このような波を 2 次元のグラフにプロットするために，波動関数が距離(x)の関数としてどのように振る舞うか，あるいは時間(t)の関数としてどのように振る舞うか，そのどちらを見たいかを決めなければなりません．もし，距離との関係をプロットしたければ，その関数を見たい時刻の値を選ばなければなりません．時刻 $t{=}0$ で，波動関数は

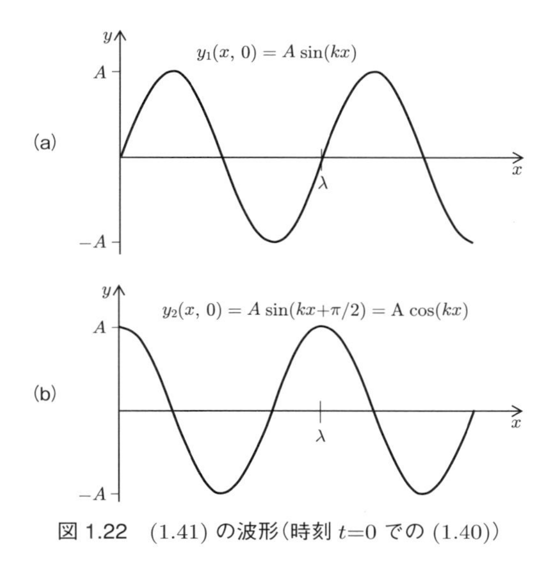

図 1.22　(1.41) の波形(時刻 $t=0$ での (1.40))

$$
\begin{aligned}
y_1(x,0) &= A\sin(kx) \\
y_2(x,0) &= A\sin(kx+\pi/2)
\end{aligned}
\tag{1.41}
$$

となり，その形は図 1.22 に示されています．

位相定数($\varepsilon=\pi/2$)が，2 番目の波動関数(y_2)を左にシフトさせる効果をもっていることにも注意してください．なぜなら，位相定数と x 項は同じ符号(2 つとも正の値)だからです．また，$\pi/2$ ラジアン($90°$)の正の位相シフトは，サイン関数をコサイン関数に変える効果があることに注意してください．なぜならば，$\cos(\theta)=\sin(\theta+\pi/2)$ だからです．

つぎに，距離(x)ではなく時間(t)の関数としてこのような波をプロットするときに，何が起こるかを考えましょう．距離でプロットしたときに特別の時刻を選ばなければならなかったように，時間でプロットするときにも x の特別の値を選ばなければなりません．$x=0$ と置くと，波動関数は

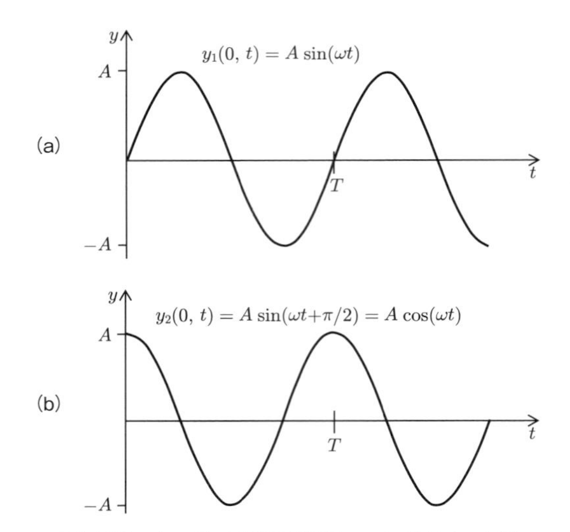

図 1.23 (1.42) の波形(距離 $x=0$ での (1.40))

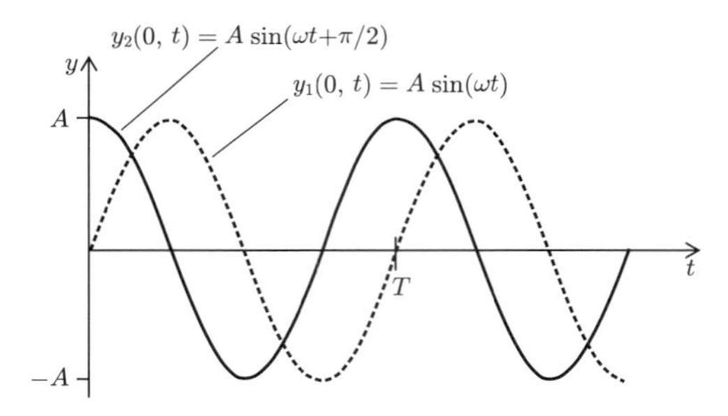

図 1.24 時間の進みと時間の遅れ

$$
\begin{aligned}
y_1(0,t) &= A\sin(\omega t) \\
y_2(0,t) &= A\sin(\omega t+\pi/2)
\end{aligned}
\tag{1.42}
$$

となります.これらの関数はそれぞれ図 1.23 にプロットされています.しかし,図 1.24 のように同じグラフに描くと,2 つの波を比較するのが簡単になります.この図では,1 番目の波動関数(y_1)を破線で描き,2 番目の波動関数(y_2)と区別できるようにしています.

図 1.24 のような時間領域での波動関数のプロットを比べるとき，「y_2 は y_1 より進んでいる」とか「y_1 は y_2 より遅れている」というような表現に出会うでしょう．多くの学生はこれに困惑します．というのも，図を見れば y_1 はなんとなく y_2 より先(y_1 の山が y_2 の山の右)にあるように見えるからです．この論理の欠陥を知るために，このプロットでは時間が右に向かって増加することを思い出してください．そうすれば，y_2 の山のほうが y_1 の山の**前に**(左側に)現れます．したがって，時間が右側に増加するプロットでは，**進んでいる波**は**遅れている波**の左側にあります[†8]．

位相ベクトル図は y_1 と y_2 のような波動関数を解析するときに非常に役立ちます．しかし，これらの波動関数 y_1，y_2 はサイン波やコサイン波で書かれ，一方，1.4 節で登場した位相ベクトルは e^{ix} で表されていたので，y_1 と y_2 を位相ベクトルで表す方法は明らかではないかもしれません．それを知るヒントは，オイラーの公式

$$e^{\pm i\theta} = \cos\theta \pm i\sin\theta \tag{1.24}$$

にあります．ここで，$e^{i\theta}$ と $e^{-i\theta}$ を足し合わせると何が起こるかを見てみると

$$\begin{aligned} e^{i\theta}+e^{-i\theta} &= (\cos\theta+i\sin\theta)+(\cos\theta-i\sin\theta) \\ &= \cos\theta+\cos\theta+i\sin\theta-i\sin\theta = 2\cos\theta \end{aligned}$$

より

$$\cos\theta = \frac{e^{i\theta}+e^{-i\theta}}{2} \tag{1.43}$$

という関係式が現れます．

これは役に立ちます．この式は，コサイン関数が互いに逆向きに回転する 2 つの位相ベクトルで表せることを示しています．なぜなら，図 1.25 のように，θ が増加すれば $e^{i\theta}$ は反時計回りに，$e^{-i\theta}$ は時計回りに回転するからで

[†8] もし y_2 の山として，y_1 の山の右側にある y_2 の山を考えているならば，あなたは常に**近接した**山の位置を比較すべきであることを忘れてはいけません．

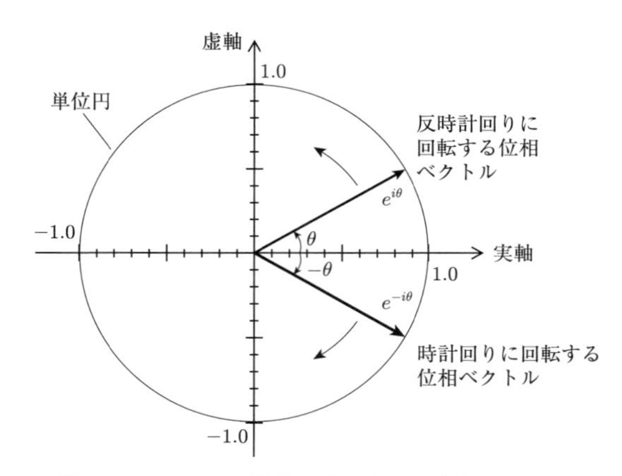

図 1.25　コサイン関数の逆回転する位相ベクトル

す．

逆回転する位相ベクトル $e^{i\theta}$ と $e^{-i\theta}$ が，θ のさまざまな値に対してどのように足し合わされるかを理解するために，図 1.26 を見てみましょう．$\theta=0°$ の場合，両方の位相ベクトルの向きは複素平面の正の水平軸(実軸)に沿っています(明瞭にするために，位相ベクトル $e^{i\theta}$ と $e^{-i\theta}$ は少しだけ離れた破線で描いています)．これら 2 つの同じ向きの位相ベクトルを加えると，合成された位相ベクトル(これを $e^{i\theta}+e^{-i\theta}$ で表す)が作られます．この合成された位相ベクトルも正の実軸に沿っており，大きさ(長さ)は 2 です($e^{i\theta}$ と $e^{-i\theta}$ の大きさはそれぞれ 1 だから)．したがって，$(e^{i\theta}+e^{-i\theta})/2$ は大きさ 1 になりますが，これは $\cos\theta$ の $\theta=0$ での値です．

次に，$\theta=30°$ の場合の位相ベクトル $e^{i\theta}$ と $e^{-i\theta}$ を見てみましょう．位相ベクトル $e^{i\theta}$ は実軸から 30° 上側を指しています．そして，位相ベクトル $e^{-i\theta}$ は実軸から 30° 下側を指しています．そのため，$e^{i\theta}$ の正の垂直成分(虚部)は $e^{-i\theta}$ の負の垂直成分と打ち消し合って，$e^{i\theta}$ の正の水平成分(実部)が $e^{-i\theta}$ の正の水平成分(実部)と足し合わさり，大きさ 1.73 の大きさをもった実軸に沿う位相ベクトルになります．それを 2 で割ると 0.866 になりますが，これは $\cos\theta$ の $\theta=30°$ での値です．

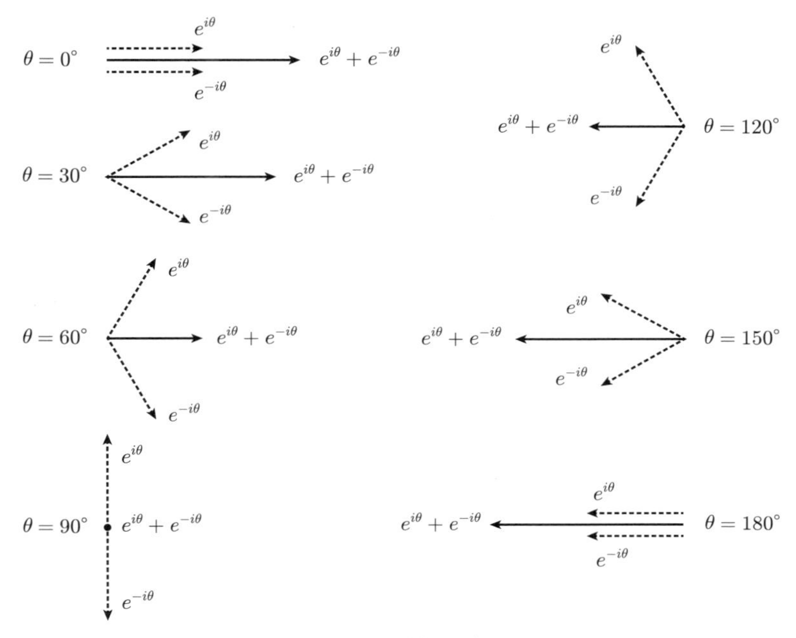

図 1.26　コサイン関数に対する位相ベクトルの和

θ を 60° まで増加させると，$e^{i\theta}$ と $e^{-i\theta}$ の垂直成分(虚部)は打ち消し合い，水平成分(実部)は足し合わさって 1.0 の値になります．それを 2 で割れば 0.5 です．これは $\cos\theta$ の $\theta{=}60^\circ$ での値です．

$\theta{=}90^\circ$ の場合，$e^{i\theta}$ と $e^{-i\theta}$ の水平成分(実部)はともに 0 になり，そして，垂直成分(虚部)のほうは依然として打ち消し合います．そのため，合成された位相ベクトル $e^{i\theta}{+}e^{-i\theta}$ は 0 になりますが，これは $\cos\theta$ の $\theta{=}90^\circ$ での値です．

同様の考察は，90° から 180° までの θ でも行えます．その場合には，図 1.26 の右側にあるように，合成された位相ベクトル $e^{i\theta}{+}e^{-i\theta}$ は負の実軸の向きになり，θ が 180° から 360° まで増加すれば，位相ベクトル $e^{i\theta}$ と $e^{-i\theta}$ は回転を続け，合成された位相ベクトル $e^{i\theta}{+}e^{-i\theta}$ は 0 に戻ったあと 2 になりますが，それを 2 で割れば 1 になります．これは，この区間でコサイン関数に期待される振る舞いです．

したがって，コサイン関数は 2 つの逆回転する位相ベクトル $e^{i\theta}$ と $e^{-i\theta}$ で表すことができます．そして，任意の角度で 2 つの位相ベクトルを足し合わせ，それを 2 で割れば，その角度のコサイン関数の値になります．

では，サイン関数も同様な表現ができるのでしょうか？　もちろん，できます．それを知るために，$e^{i\theta}$ から $e^{-i\theta}$ を引いたら何が起こるかを見てみると

$$
\begin{aligned}
e^{i\theta}-e^{-i\theta} &= (\cos\theta+i\sin\theta)-(\cos\theta-i\sin\theta) \\
&= \cos\theta-\cos\theta+i\sin\theta-(-i\sin\theta) = 2i\sin\theta
\end{aligned}
$$

より

$$
\sin\theta = \frac{e^{i\theta}-e^{-i\theta}}{2i} \tag{1.44}
$$

という関係式が現れます．

この結果は，サイン関数も 2 つの逆回転する位相ベクトルで表せることを示しています．なぜなら，図 1.27 のように，θ の増加とともに $e^{i\theta}$ は反時計回りに，$-e^{-i\theta}$ は時計回りに回転するからです．この図で，位相ベクトル $e^{i\theta}$ と $e^{-i\theta}$ に加えて，位相ベクトル $-e^{-i\theta}$ も示されていることに注意してください．$e^{i\theta}$ から $e^{-i\theta}$ を引くことは，$e^{i\theta}$ と $-e^{-i\theta}$ を足すことと等価です．

逆回転する位相ベクトル $e^{i\theta}$ と $-e^{-i\theta}$ の和が θ のさまざまな値に対してどうなるかが，図 1.28 に示されています．$\theta=0°$ の場合，両方の位相ベクトルの向きは複素平面の水平軸(実軸)に沿っています．しかし，位相ベクトル $-e^{-i\theta}$ は**負の実軸**に沿い，位相ベクトル $e^{i\theta}$ の向きは正の実軸に沿っています．図に $e^{i\theta}+(-e^{-i\theta})$ で示しているように，この 2 つの位相ベクトルを加えるとゼロの位相ベクトルになります．したがって，$(e^{i\theta}-e^{-i\theta})/(2i)$ は大きさ 0 になりますが，これは $\sin\theta$ の $\theta=0$ での値です．

さて，$\theta=30°$ の場合の位相ベクトル $e^{i\theta}$ と $-e^{-i\theta}$ を見てみましょう．位相ベクトル $e^{i\theta}$ は実軸から $30°$ 上側を指しています．そして，位相ベクトル $-e^{-i\theta}$ は負の実軸から $30°$ 上側を指しています．そのため，$e^{i\theta}$ の正の水平成

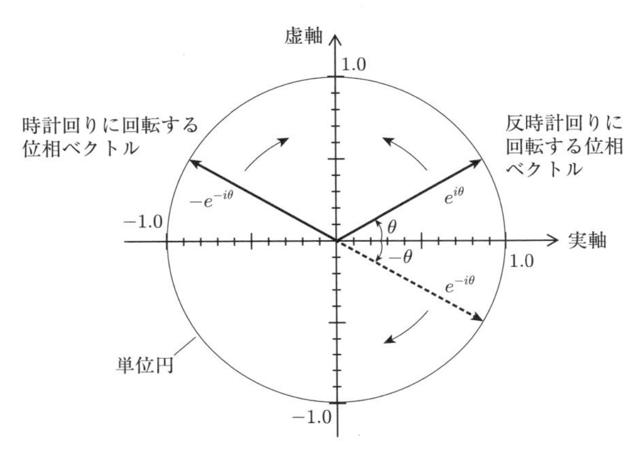

図 1.27　サイン関数の逆回転する位相ベクトル

分(実部)は $-e^{-i\theta}$ の負の水平成分と打ち消し合って，$e^{i\theta}$ の正の垂直成分(虚部)が $-e^{-i\theta}$ の正の垂直成分(虚部)と足し合わさり，$1.0i$ の値をもった正の虚軸に沿う位相ベクトルになります．それを $2i$ で割ると 0.5 になりますが，これは $\sin\theta$ の $\theta=30°$ での値です．

θ を $60°$ まで増加させると，$e^{i\theta}$ と $-e^{-i\theta}$ の水平成分(実部)は打ち消し合いますが，垂直成分(虚部)は足し合わさって，1.73 と大きめの値になります．それを 2 で割れば 0.866 です．これは $\sin\theta$ の $\theta=60°$ での値です．

$\theta=90°$ の場合，$e^{i\theta}$ と $-e^{-i\theta}$ の垂直成分(虚部)はともに 1 になり，そして，水平成分(実部)のほうはともに 0 です．そのため，合成された位相ベクトル $e^{i\theta}-e^{-i\theta}$ は $2i$ になりますが，$2i$ で割れば 1 になります．これは $\sin\theta$ の $\theta=90°$ での値です．

同様の考察は，$90°$ から $180°$ までの θ でも行えます．その場合には，図 1.28 の右側にあるように，合成された位相ベクトル $e^{i\theta}-e^{-i\theta}$ は 0 に戻ります．θ が $180°$ から $360°$ まで増加すれば，位相ベクトル $e^{i\theta}$ と $-e^{-i\theta}$ は回転を続け，合成された位相ベクトル $e^{i\theta}-e^{-i\theta}$ は負の垂直軸(虚軸)に沿った向きを指します．これはこの区間でサイン関数に期待される振る舞いです．

したがって，サイン関数は 2 つの逆回転する位相ベクトル $e^{i\theta}$ と $-e^{-i\theta}$ で

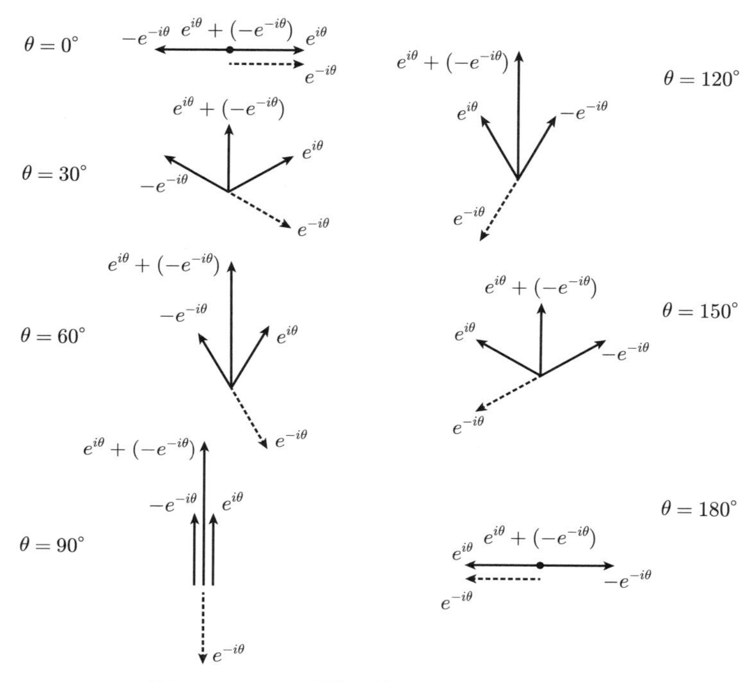

図 1.28　サイン関数に対する位相ベクトルの和

表されることになります．そして，任意の角度で 2 つの位相ベクトルを足し合わせ，それを $2i$ で割れば，その角度のサイン関数の値になります．

教科書によっては，サイン関数の位相ベクトル表現を簡略にしたバージョンが使われます．そのような簡略化バージョンでは，複素平面は単にペアになった直交軸（典型的には**実**と**虚**の記号をつけずに）で表されます．そして「長さ A の位相ベクトル」の垂直軸上への射影が，関数の値になります．正の水平軸に対する位相ベクトルの θ は ϕ で表されることがあります．そして，$\phi = \omega t + \varepsilon$ です．図 1.29 にこの例を示しています．

この図 1.29 で，位相ベクトルは $e^{i\phi}$ と同一視されていないことに注意してください．また，軸も実軸や虚軸と同一視されていません．そして，互いに逆向きに回転する位相ベクトル $e^{i\phi}$ と $e^{-i\phi}$ も，この図には示されていませ

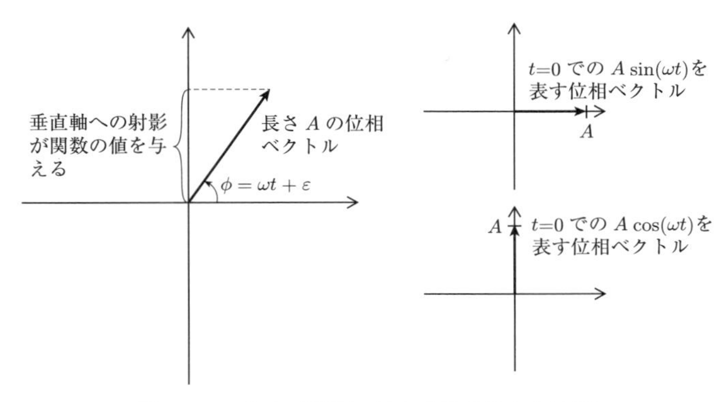

図 1.29　サイン関数に対する簡略化した表現

ん．しかし，任意の角度 ϕ で，垂直軸への射影は複素位相ベクトルの加法アプローチと同じ値を与えます．

これがなぜうまくいくのかを見るために，サイン関数を考えましょう．この場合，互いに逆向きに回転する位相ベクトルの成分の引き算は，2 つの効果をもっています．それは，合成された位相ベクトルの水平成分(実部)を打ち消すことと，垂直成分(虚部)の長さを 2 倍にすることです．そのため，逆向きに回転する位相ベクトルを加えてから $2i$ で割るという操作は，1 つの位相ベクトルの垂直軸への射影を求めるのと厳密に同じ結果になります．

コサイン関数の場合，$\cos\phi = \sin(\phi + \pi/2)$ であることと，時刻 $t=0$ で垂直軸に沿ったコサイン関数の位相ベクトルを描くかぎり，同じ分析が適用できます．

この簡単なアプローチを使えば，図 1.23 と図 1.24 の 2 つの波動関数(y_1 と y_2)は図 1.30 のような 2 つの位相ベクトルで表すことができます．

注意してほしいのは，これら 2 つの位相ベクトルは同じ割合(2 つとも同じ ω をもつ)で反時計回りに回っているので，両者の位相差(この場合は $\pi/2$)は変わらないということです．もし，これら 2 つの位相ベクトルを足し合わせれば，同じ振動数をもち，一定の長さをもった別の位相ベクトルになります．しかし，その位相ベクトルの垂直軸への射影は y_1 と y_2 の回転にともなって，

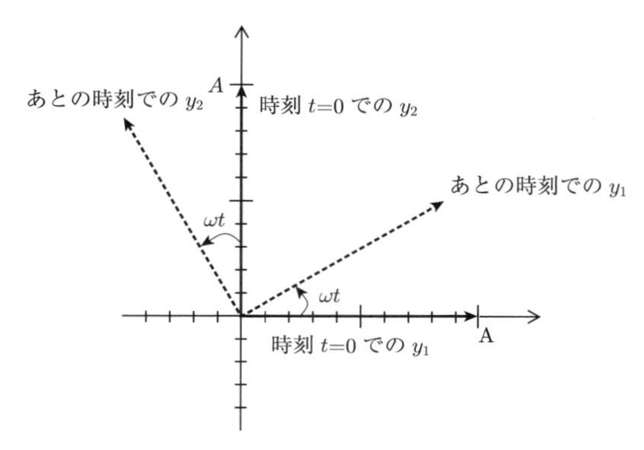

図 1.30　2 つの波動関数 y_1 と y_2 に対する簡略化した位相ベクトル図

より大きくなったり，より小さくなったりするでしょう(そして，負にもなるでしょう)．2 つのサイン波のこのような和は，波の重ね合わせを考えるときに重要な概念になります．このことは，次章の 2.3 節で登場します．

もう 1 つの重要な概念として**負の振動数**があります．その意味についても，学生たちは困惑を感じることがあるようです．この困惑はおそらく，振動数が周期に反比例し，周期は常に正の数だということから生じているようです．それでは，振動数は負になるのでしょうか．

振動数の負の値は，反時計回りの位相ベクトルを正と定義した後にのみ意味をもつというのが，その答えです(ちょうど，負の速度が正の速度の向きを定義した後に意味をもつのと同じように)．もし反時計回りの角度を ωt で表せば，そのとき，時計回りは負の角振動数 ω に対応しなければなりません．

そのため，サイン関数とコサイン関数を作る逆向きに回転する 2 つの位相ベクトルは，正の振動数(反時計回りに回転している)をもった 1 つの位相ベクトルと負の振動数(時計回りに回転している)をもったもう 1 つの位相ベクトルであると考えるべきです．これは難解な概念に見えますが，フーリエ解析を勉強するときが来れば，これが非常に役立つことがわかるでしょう．

演習問題

1.1　次の波の振動数 f と角振動数 ω を求めなさい.

(a) 周期 0.02 s の弦の波

(b) 周期 1.5 ns の電磁波

(c) 周期 1/3 ms の音波

1.2　次の波の周期 T を求めなさい.

(a) 振動数 500 Hz の力学的な波

(b) 振動数 5.09×10^{14} Hz の光波

(c) 角振動数 0.1 rad/s の海の波

1.3

(a) 波長 2 m，振動数 150 MHz の電磁波の速さ v を求めなさい.

(b) 音速を 340 m/s として，振動数 9.5 kHz の音波の波長 λ を求めなさい.

1.4

(a) 一定の場所で，1.5 μs の間に生じる振動数 100 kHz の電磁波の位相変化 $\Delta\phi$ を求めなさい.

(b) 一定の時間に，4 m 離れた 2 つの場所での力学的な波(速さ 15 m/s，周期 2 s)の位相変化 $\Delta\phi$ を求めなさい.

1.5　ベクトル $\boldsymbol{D}=-5\hat{\boldsymbol{i}}-2\hat{\boldsymbol{j}}$ と $\boldsymbol{E}=4\hat{\boldsymbol{j}}$ に対して，ベクトル $\boldsymbol{F}=\boldsymbol{D}+\boldsymbol{E}$ の大きさと向きを図形を使って求めなさい．また，代数的な方法を使って求めなさい.

1.6　図 1.10 の複素数が図 1.12 の極形式をもっていることを示しなさい.

1.7　z に対する微分方程式 $\dfrac{dz}{d\theta}=iz$ を解きなさい.

1.8　$\sin\theta\,,\cos\theta\,,e^{i\theta}$ に対する級数展開を使って，オイラーの公式 $e^{i\theta}=\cos\theta+i\sin\theta$ を導きなさい.

1.9　波動関数 $f(-x-1)$ は波動関数 $f(-x)$ に対して，負の x 方向にシフトしていることを示しなさい.

1.10　次の波の位相速度と伝播方向を求めなさい（単位はすべて SI 単位）．

(a)　$f(x,t)=5\sin\left(3x-\frac{t}{2}\right)$

(b)　$\psi(x,t)=g-4x-20t$

(c)　$h(x,t)=\frac{1}{2(2t+x)}+10$

2 波動方程式

波の振る舞いやパラメータ間の関係を記述する方程式はたくさんあります．あなたはそのような方程式の 1 つ，**波動方程式**に出会うでしょう．この章では，波動方程式の最も一般的な形について学びます．それは，線形で，2 階で，同次の偏微分方程式です（これらの形容詞の意味は 2.3 節で説明します）．この方程式は，波の速度を介して波動関数の空間的な変動（距離を基準にした変動）と時間的な変動（時間を基準にした変動）を関係づけます．これは 2.2 節で示します．波動方程式に関係したその他の偏微分方程式については，2.4 節でお話しします．

波動方程式（と，他の偏微分方程式）を理解したいなら，偏微分をしっかり理解することが最良のスタートになります．それを手助けするために，2.1 節で 1 次偏微分と 2 次偏微分の復習をします．しかし，すでに偏微分について十分理解しているならば，2.1 節を飛ばして 2.2 節から始めてもよいでしょう．

2.1 偏微分

あなたがすでに大学レベルの物理学や微積分学を学んでいれば，常微分には出会っているでしょう．曲線 $y(x)$ の傾き（$m=dy/dx$）を見つけるときや，ある位置 $x(t)$ における物体の速さ（$v_x=dx/dt$）を決めるときがそうです．おそらくこれも学んでいると思いますが，物理学や数学には，1 個の変数だけに依存する関数がたくさんあります．そして，まさに常微分がそのような関数の変化

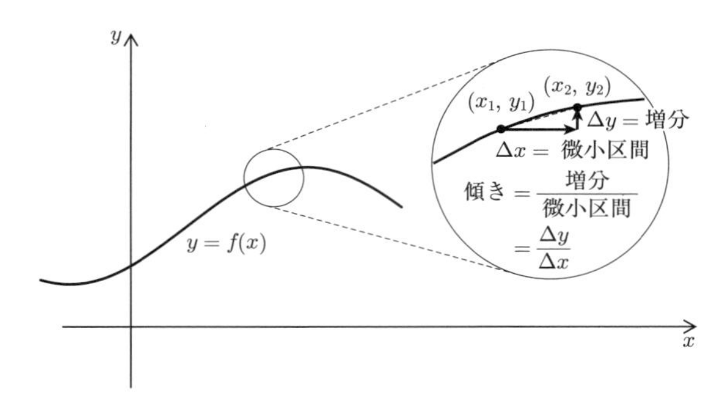

図 2.1　曲線 $y=f(x)$ の傾き

を調べるときに必要になる数学ツールです．

しかし，1.6 節で述べたように，波動関数(y)は一般に 2 個以上の独立変数に依存します．たとえば，距離(x)と時間(t)を変数とする $y=f(x,t)$ です．1 変数の関数の場合と同じように，微分のプロセスは多変数関数の**変化**を調べるときに役立ちます．偏微分が力を発揮するのはまさにここであり，それは常微分の概念を多変数に拡張したものです．常微分と偏微分を区別するために，常微分は d/dx や d/dt のように書き，偏微分は $\partial/\partial x$ や $\partial/\partial t$ のように書きます[*1]．

常微分は，ある変数が別の変数に対して**どのように変化するか**を決めるものであることを思い出してください．たとえば，$y=f(x)$ という関数で x に関する y の常微分(dy/dx)は，変数 x の微小な変化に対して y の値がどれくらい変化するかを教えてくれます．図 2.1 のように縦軸に y，横軸に x をもったグラフを描けば，グラフ上の任意の 2 点 (x_1, y_1) と (x_2, y_2) の間の直線の傾きは簡単で

$$\frac{y_2-y_1}{x_2-x_1} = \frac{\Delta y}{\Delta x}$$

となります．このように，傾きは微小区間あたりの増分として定義され，微小

[*1] ∂ は d の丸くなった(round)形なのでラウンド・ディーと読みます．

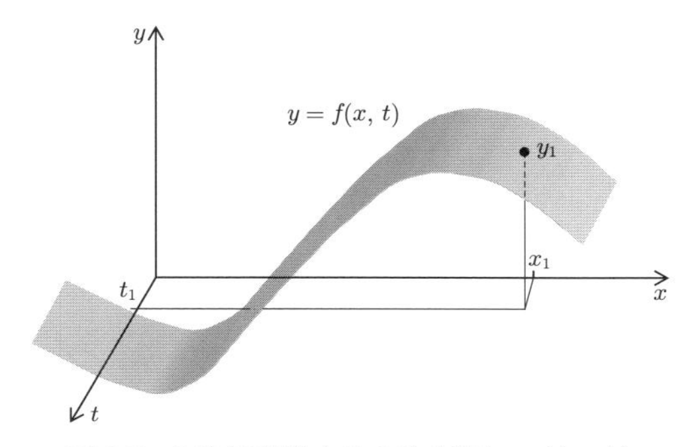

図 2.2　3 次元空間内にある曲面($y=f(x,t)$)

区間 Δx あたりの増分は Δy なので，任意の 2 点間の直線の傾きは $\Delta y/\Delta x$ となるのです．

曲線上のある点での傾きを正確に表すには，微小区間 Δx を非常に小さくしなければなりません．もし無限小の区間を dx とし(同様に無限小の)増分を dy とすると，線上の任意の点での傾きは dy/dx と書くことができます．このため，関数の微分と関数のグラフの傾きは等しいと考えてもよいのです．

関数の傾きを微分で求める方法を，$y=f(x,t)$ のような関数まで拡張するために，y を x と t に対して描いた図 2.2 のような 3 次元グラフを考えましょう．このグラフで関数 $y=f(x,t)$ は，傾斜した曲面として描かれています．そして，(x,t) 平面から曲面までの高さが関数 y の値になります．y は x と t の両方に依存するので，表面の高さは x や t の変化とともに増加したり減少したりします．そして，高さ y は異なる方向には異なる割合で変わるので，ある点から別の点に移動するときの高さの変化を調べるのに 1 個の微分係数だけでは十分ではありません．

図 2.3 に示した場所で，x の増加する方向に(t の値を固定したまま)動くとき面の傾斜はかなり急であること，そして，t の増加する方向に(x の値を固定したまま)動くとき面の傾斜はほとんどゼロであることに注目してください．

この図 2.3 のように，異なる方向における傾斜がちがう場合に，**偏微分**の有用性が明らかになります．なぜなら，偏微分では微分をとりたい独立変数(図

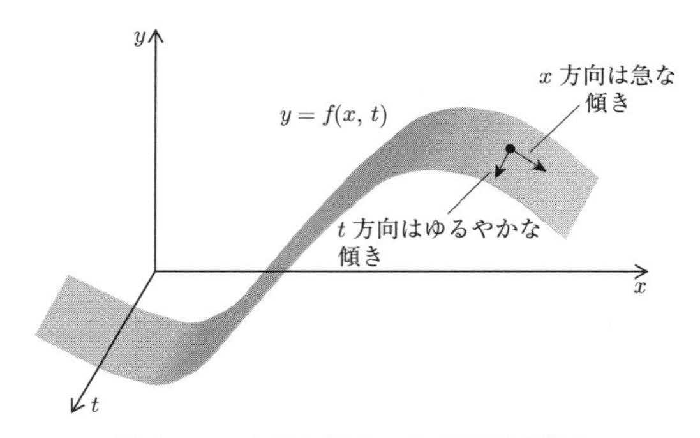

図 2.3　3 次元空間内にある曲面の傾き

2.3 の x や t)だけを動かして，それ以外の変数は固定したままにしておくからです．したがって偏微分 $\partial y/\partial x$ は，ある場所から **x 方向だけ**に動くときの，その場所における面の傾きを表します．また，偏微分 $\partial y/\partial t$ は，ある場所から **t 方向だけ**に動くときの，その場所における面の傾きを表します．この偏微分は $\partial y/\partial x|_t$ や $\partial y/\partial t|_x$ のように書くこともあります．縦線の右下の添字は固定する変数を表します．

幸いなことに，もしあなたが常微分の計算方法を知っているなら，偏微分の方法もすでに知っていることになります．単純に(微分したい変数以外の)すべての変数を一定にして，常微分と同じ方法で微分すればよいのです．次の例でこの意味がわかります．

例題 2.1　**関数 $y(x,t)=3x^2-5t$ で，x に対する y の偏微分と，t に対する y の偏微分を求めなさい．**

y を x で偏微分するために，t を定数と見なして計算すると

$$\frac{\partial y}{\partial x} = \frac{\partial(3x^2-5t)}{\partial x} = \frac{\partial(3x^2)}{\partial x} - \frac{\partial(5t)}{\partial x}$$
$$= 3\frac{\partial(x^2)}{\partial x} - 0 = 6x$$

となります．同様に，y を t で偏微分するために，x を定数と見なして計算す

ると

$$\frac{\partial y}{\partial t} = \frac{\partial(3x^2-5t)}{\partial t} = \frac{\partial(3x^2)}{\partial t} - \frac{\partial(5t)}{\partial t}$$
$$= 0-5\frac{\partial t}{\partial t} = -5$$

となります．■

また，次のような高い階数の常微分

$$\frac{d}{dx}\left(\frac{dy}{dx}\right) = \frac{d^2y}{dx^2}$$

や

$$\frac{d}{dt}\left(\frac{dy}{dt}\right) = \frac{d^2y}{dt^2}$$

があるように，高い階数の偏微分もあります．たとえば

$$\frac{\partial}{\partial x}\left(\frac{\partial y}{\partial x}\right) = \frac{\partial^2 y}{\partial x^2}$$

は，x 方向に動くときに，y の x 方向の傾き $\left(\frac{\partial y}{\partial x}\right)$ がどれだけ**変化**するかを教えてくれます．同様に

$$\frac{\partial}{\partial t}\left(\frac{\partial y}{\partial t}\right) = \frac{\partial^2 y}{\partial t^2}$$

は，t 方向に動くときに，y の t 方向の傾き $\left(\frac{\partial y}{\partial t}\right)$ がどれだけ**変化**するかを教えてくれます．

ここで覚えておくべき重要なことは，$\partial^2 y/\partial x^2$ のような式は「微分の微分」であり，「1 階微分の 2 乗」$(\partial y/\partial x)^2$ と**同じではない**ということです（1 番目の式は傾きの変化で，2 番目の式は傾きの 2 乗です）．慣習として，微分の階数は d や ∂ などの記号と関数の間に，d^2y や $\partial^2 y$ のように書きます．そのため，微分を扱うときは上付きの添字の位置にいつも気をつけなければなりません．

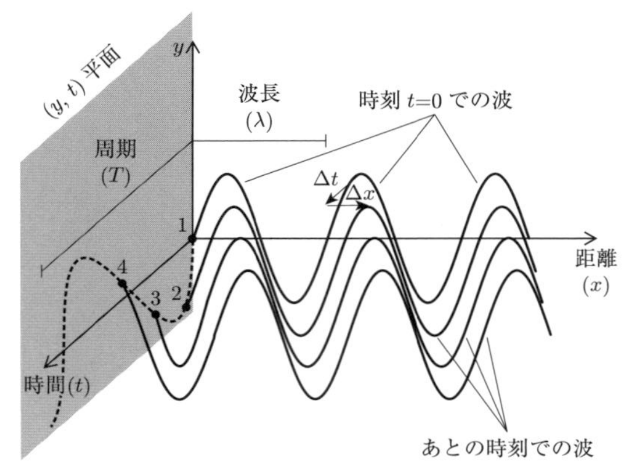

図 2.4　サイン波 $y(x,t)=A\sin(kx-\omega t)$ の 3 次元プロット

$y(x,t)$ のような波動関数の 3 次元プロットは，図 2.2 や図 2.3 に示した簡単な関数よりもかなり複雑になります．たとえば，図 2.4 に描かれた波動関数 $y(x,t)=A\sin(kx-\omega t)$ を考えてみましょう．

このプロットで波動関数 y の距離に対する振る舞いは，正の x 軸に沿って(右方向に)見ればわかります．そして時間に対する y の振る舞いは，正の t 軸に沿って(紙面から手前に飛び出す方向に)見ればわかります．x 項と t 項は符号が異なるので，この波は正の x 方向に伝わっていきます．つまり，時間が経つにつれて右に移動する波形を見ることができます(図には，時刻 $t=0$ の波とその後の 3 つの時刻での波が描かれています)．

波の時間的変動をわかりやすくするために，1 から 4 までの黒点は位置 $x=0$ における，異なる 4 つの時刻での波動関数の値を示しています(4 つの点はすべて，図 2.4 で陰をつけた (y,t) 平面にあります)．$t=0$ 以降(つまり，t 軸に沿った方向)の波動関数の形が負のサイン波であることに注目してください．$x=0$ で関数 $y(x,t)=A\sin(kx-\omega t)$ は $A\sin(-\omega t)=-A\sin(\omega t)$ となるので，これは予想通りの結果です．

次節でお話しする波動方程式は，波動関数の偏微分を含んでいます．ここで波数 k と角振動数 ω が定数の場合の $y(x,t)=A\sin(kx-\omega t)$ の偏微分を考えて

おくと役に立つでしょう．x による y の 1 階偏微分は

$$\begin{aligned}\frac{\partial y}{\partial x} &= \frac{\partial[A\sin(kx-\omega t)]}{\partial x}\\ &= A\frac{\partial[\sin(kx-\omega t)]}{\partial x} = A\cos(kx-\omega t)\frac{\partial(kx-\omega t)}{\partial x}\\ &= A\cos(kx-\omega t)\left[\frac{\partial(kx)}{\partial x}-\frac{\partial(\omega t)}{\partial x}\right] = A\cos(kx-\omega t)\left(k\frac{\partial x}{\partial x}-0\right)\end{aligned}$$

より

$$\frac{\partial y}{\partial x} = Ak\cos(kx-\omega t) \tag{2.1}$$

となります．

x による y の 2 階偏微分は

$$\begin{aligned}\frac{\partial^2 y}{\partial x^2} &= \frac{\partial[Ak\cos(kx-\omega t)]}{\partial x}\\ &= Ak\frac{\partial[\cos(kx-\omega t)]}{\partial x} = -Ak\sin(kx-\omega t)\frac{\partial(kx-\omega t)}{\partial x}\\ &= -Ak\sin(kx-\omega t)\left[\frac{\partial(kx)}{\partial x}-\frac{\partial(\omega t)}{\partial x}\right]\\ &= -Ak\sin(kx-\omega t)\left(k\frac{\partial x}{\partial x}-0\right)\end{aligned}$$

より

$$\frac{\partial^2 y}{\partial x^2} = -Ak^2\sin(kx-\omega t) \tag{2.2}$$

となります．

$t=0$ での，この波動関数と x による 1 階偏微分と 2 階偏微分は，図 2.5 に示されています．(2.1) と (2.2) から予想されるように，x による 1 階偏微分はコサイン関数の形になり，2 階偏微分は負のサイン関数の形になります．

$y(x,t)$ の 1 階偏微分のコサイン形が，波動関数の傾きとどのように関係するのか疑問に思うなら，図 2.6 を見てください．x の各値での関数 y の傾きは，x のその値に対応する $\partial y/\partial x$ グラフ上にプロットされた値になります．

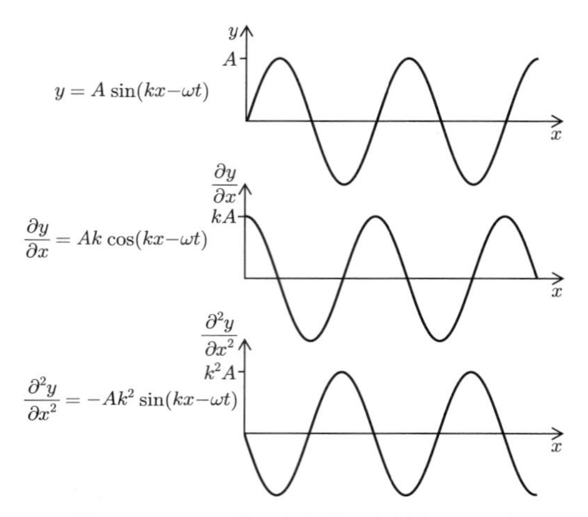

図 2.5　サイン波の空間微分（時刻 $t=0$ で）

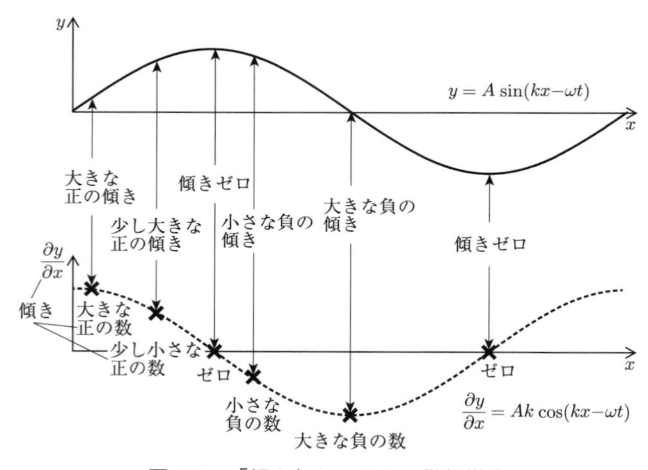

図 2.6　「傾き」としての 1 階偏微分

また，$y(x,t)$ の 2 階偏微分の負のサイン形が，波動関数の傾きの変化とどのように関係するかを知りたいなら，図 2.7 を見てください．y の傾きの変化を見積もるとき，傾きがより小さな正の値になるときや，より大きな負の値になるときは，傾きの変化は常に負になることを思い出してください．同様に，傾

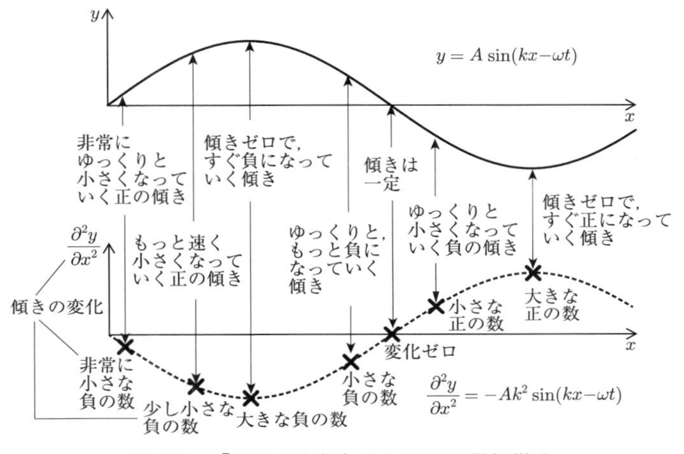

図 2.7　「傾きの変化」としての 2 階偏微分

きがより大きな正の値になるときや，より小さな負の値になるときは，傾きの変化は常に正になります．

次に，この波動関数の時間に関する振る舞いについて考えます．t による y の 1 階偏微分を計算すると

$$\begin{aligned}\frac{\partial y}{\partial t} &= \frac{\partial[A\sin(kx-\omega t)]}{\partial t}\\ &= A\frac{\partial[\sin(kx-\omega t)]}{\partial t} = A\cos(kx-\omega t)\frac{\partial(kx-\omega t)}{\partial t}\\ &= A\cos(kx-\omega t)\left[\frac{\partial(kx)}{\partial t}-\frac{\partial(\omega t)}{\partial t}\right]\\ &= A\cos(kx-\omega t)\left(0-\omega\frac{\partial t}{\partial t}\right)\end{aligned}$$

となります．したがって

$$\frac{\partial y}{\partial t} = -A\omega\cos(kx-\omega t) \tag{2.3}$$

です．

さらに，t による y の 2 階偏微分を計算すると

$$\begin{aligned}\frac{\partial^2 y}{\partial t^2} &= \frac{\partial[-A\omega\cos(kx-\omega t)]}{\partial t}\\ &= -A\omega\frac{\partial[\cos(kx-\omega t)]}{\partial t} = A\omega\sin(kx-\omega t)\frac{\partial(kx-\omega t)}{\partial t}\\ &= A\omega\sin(kx-\omega t)\left[\frac{\partial(kx)}{\partial t}-\frac{\partial(\omega t)}{\partial t}\right]\\ &= A\omega\sin(kx-\omega t)\left(0-\omega\frac{\partial t}{\partial t}\right)\end{aligned}$$

なので

$$\frac{\partial^2 y}{\partial t^2} = -A\omega^2\sin(kx-\omega t) \tag{2.4}$$

となります．

それでは，このような偏微分の話はこの章の内容（つまり，波動方程式）とどう関係するのでしょうか．次の節でわかるように，あなたが最もよく目にする波動方程式（「古典的な波動方程式」）の形は，波動関数の時間に関する 2 階偏微分（(2.4)）と距離に関する 2 階偏微分（(2.2)）の関係に基づいているのです．

2.2　古典的な波動方程式

この章の初めに，波動方程式の最も一般的な形は，線形で，2 階で，同次の偏微分方程式であると書きました．これが「古典的な」波動方程式とよばれているもので，具体的な形は

$$\frac{\partial^2 y}{\partial x^2} = \frac{1}{v^2}\frac{\partial^2 y}{\partial t^2} \tag{2.5}$$

です．

この方程式を導く方法は何通りかあります．多くの場合，ニュートンの運動方程式を弦に適用するアプローチが使われます．このことは第 4 章で説明しますが，(2.5) の両辺に現れる偏微分の意味を注意深く考えると，波動方程式に対して物理的に納得のいく理解が得られます．

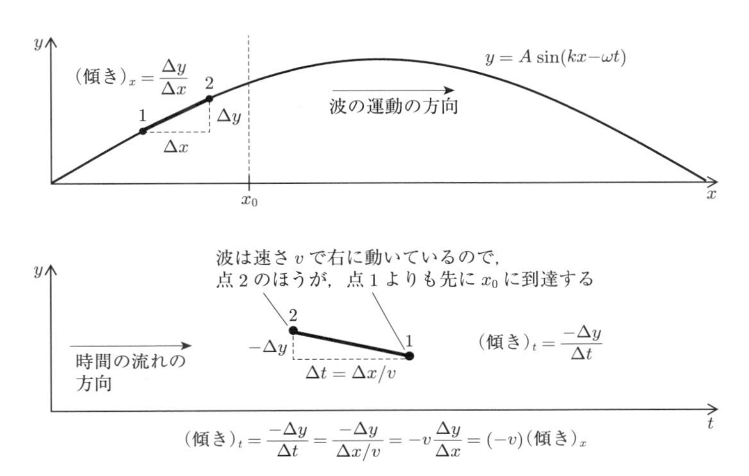

図 2.8　正の x 方向に伝播する波の「距離に対する傾き」と「時間に対する傾き」

このような 2 階偏微分は波動関数 $y(x,t)$ の傾きの変化を含んでいるので，波動関数の「距離に対する傾き」が「時間に対する傾き」とどのように関係しているのかを，さまざまな状況下で考えるのに役に立ちます．具体的に，正の x 方向に伝播する正弦波を表す波動関数 $y(x,t){=}A\sin(kx{-}\omega t)$ を考えましょう．この波動関数の時刻 $t{=}0$ での距離に関するプロットは，図 2.8 の上側に示されています．そして，点 1 と点 2 の間の $y(x,t)$ の傾きは微小区間に対する増分$(\Delta y/\Delta x)$として示されています．

あなたが x_0 の場所に座って，時間とともに y の値(波によって生じる変動)を測定していると想像してみましょう．波は正の x 方向(右側)に動いているので，点 2 の波の部分のほうが点 1 よりも**先に**あなたの位置 x_0 に到達します．そのため，波が位置 x_0 を通過するときに，y の値を図 2.8 の下側の図のようにプロットすれば，y の値は点 2 の値から点 1 の値に減少します．したがって，あなたが測定する(特定の場所での)時間に対する傾きとあなたが測定する(特定の時刻での)距離に対する傾きとの間には 2 つの違いがあります．1 つ目の違いは，傾きの大きさが異なることです(なぜなら，距離の微小区間 Δx と時間の微小区間 Δt は同じ大きさではないからです)．2 つ目の違いは傾きの符号で，距離に対する傾きの符号は正，時間に対する傾きの符号は負になります．

距離の傾きを時間の傾きと比較することは，演習問題のようですが，この比較が古典的な波動方程式 (2.5) にかなり近い波動方程式にあなたを導いてくれます．それを理解するために，距離の増分 Δx と時間の増分 Δt と波の速さ v の間に成り立つ関係式

$$\Delta x = v\ \Delta t \tag{2.6}$$

を使います．

Δx と Δt との間のこの関係式が意味することは，時間に対する傾き $(-\Delta y/\Delta t)$が $-\Delta y/(\Delta x/v){=}-v\ \Delta y/\Delta x$ のように書けるということです．距離と時間の増分をゼロに近づけると，Δ は偏微分になるので，2 つの傾きをつなぐ関係式は

$$\frac{\partial y}{\partial t} = -v\frac{\partial y}{\partial x} \qquad \text{または} \qquad \frac{\partial y}{\partial x} = -\frac{1}{v}\frac{\partial y}{\partial t} \tag{2.7}$$

となります[*2]．

この式は，非常に役に立つ 1 階の波動方程式ですが，正の x 方向に伝播する波だけに適用される式です．なぜそうなのかを見るために，負の x 方向(図 2.9 の上側の図で左向き)に伝播する波における，距離の傾きと時間の傾きと

[*2] (2.7) を導くこの議論はとても直観的で優れていますが，Δy の定義が明示されていないため導出過程が多少わかりにくくなっています．そのため少し補足説明します．図 2.8 の上側の図 ($t{=}0$ でのスナップショットであることに注意)より y の x に関する傾き S_x は $S_x{=}\dfrac{y(x_2,0){-}y(x_1,0)}{x_2{-}x_1}\equiv\dfrac{(\Delta y)_{t=0}}{\Delta x}$ で定義されます(x_1, x_2 は点 1，2 の x 座標の値)．同様に図 2.8 の下側の図 ($x{=}x_0$ でのスナップショットであることに注意)より t に対する傾き S_t は $S_t{=}\dfrac{y(x_0,t_1){-}y(x_0,t_2)}{t_1{-}t_2}\equiv\dfrac{(\Delta y)_{x=x_0}}{\Delta t}$ で定義されます (t_1, t_2 は点 1，2 の t 座標の値)．S_t と S_x を結びつけるために $\Delta x{=}v\Delta t$ を使って，$S_t{=}\dfrac{(\Delta y)_{x=x_0}}{\Delta t}{=}v\dfrac{(\Delta y)_{x=x_0}}{\Delta x}{=}v\dfrac{(\Delta y)_{x=x_0}}{\Delta x}\dfrac{(\Delta y)_{t=0}}{(\Delta y)_{t=0}}{=}v\dfrac{(\Delta y)_{t=0}}{\Delta x}\dfrac{(\Delta y)_{x=x_0}}{(\Delta y)_{t=0}}$ のように書き換えます．ここで $(\Delta y)_{t=0}{=}{-}(\Delta y)_{x=x_0}$ であること(図 2.8 からもわかること)に注意すれば，$S_t{=}{-}vS_x$ となることがわかります．さらに $\Delta t{\to}0$, $\Delta x{\to}0$ の極限を考えれば $\dfrac{(\Delta y)_{x=x_0}}{\Delta t}\to\dfrac{\partial y}{\partial t}$，$\dfrac{(\Delta y)_{t=0}}{\Delta x}\to\dfrac{\partial y}{\partial x}$ と置けるので，(2.7) になります．

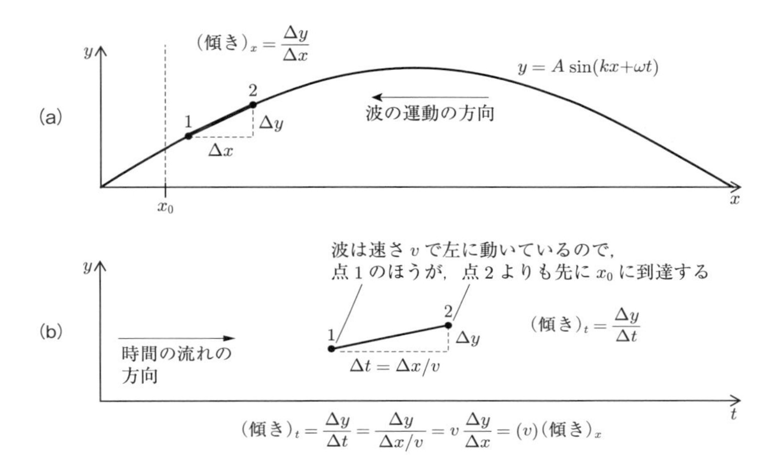

図 2.9　負の x 方向に伝播する波の「距離に対する傾き」と「時間に対する傾き」

を考えてみましょう．

この場合，左に伝播する波が x_0 の位置にいる観測者を過ぎていくので，点 1 の波の部分のほうが点 2 よりも先に x_0 に到達します．そのため，波動関数の値はこの区間で増大します．これは，y 対 t のグラフが正の傾き(y 対 x のグラフのように)をもつことを意味します．したがって，時間に対する傾き($\Delta y/\Delta t$)は $\Delta y/(\Delta x/v)=v\ \Delta y/\Delta x$ のように書けるので，「時間に対する傾き」は「距離に対する傾き」に v を掛けたものになります．再び，距離と時間の増分をゼロに近づけると，傾きの間の関係式は

$$\frac{\partial y}{\partial t} = v\frac{\partial y}{\partial x} \qquad \text{または} \qquad \frac{\partial y}{\partial x} = \frac{1}{v}\frac{\partial y}{\partial t} \tag{2.8}$$

となります．

そのため，負の x 方向に伝播する波の 1 階波動方程式 (2.8) は，正の x 方向に伝播する波の 1 階波動方程式 (2.7) と符号だけが異なります．

もっと便利な波動方程式の形は，どちらの方向に伝播する波にも適用できるものでしょう．そして，それこそが 2 階の古典的な波動方程式の大きな利点の 1 つなのです．その方程式に到達するためには，傾きだけではなく，時間

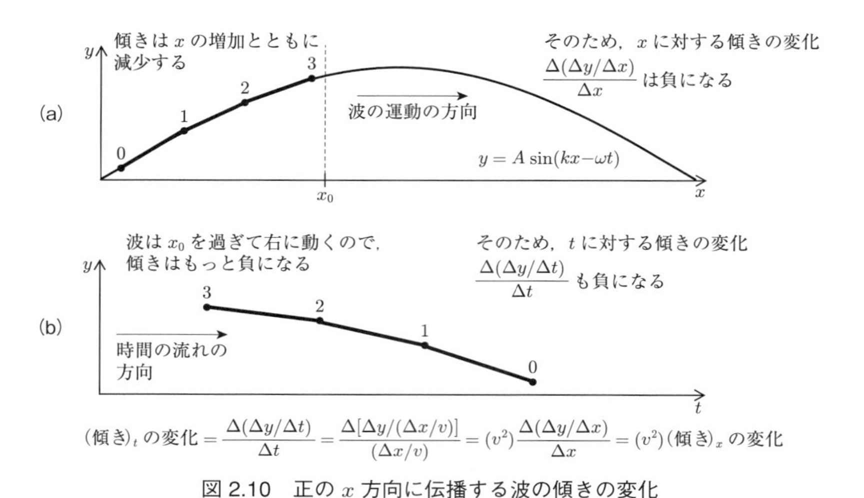

図 2.10　正の x 方向に伝播する波の傾きの変化

と距離に対する波動関数の傾きの**変化**も考えなければなりません．

正の x 方向に伝播する波の傾きの変化が，図 2.10 に示されています．上述のように，距離に対するこの波の傾きは正で，時間に対する傾きは負です．

しかし，いまは距離と時間に対する傾きの**変化**に着目しましょう．この区間では，距離 x の増加にともなって波動関数の傾きはより小さな正の値になります．そのため，傾きの変化は負です．一方，波が x_0 にいる観測者を通り過ぎるとき，波動関数の時間に対する傾きも負になります．そして，この区間にわたって**より大きな負の値**になります．傾きの値がより大きな負になれば，傾きの変化も負になります．そのため，この波の「距離に対する傾き」と「時間に対する傾き」は逆の符号でしたが，「傾きの**変化**」の符号は時間と距離の両方に対して同じでともに負になります．この場合には，距離の増分と時間の増分を (2.6) で関係づけると，v の 2 つのファクター(傾きに対するものと傾きの変化に対するもの)がわかります．再び，距離と時間の増分をゼロに近づけると，古典的な **2 階の波動方程式**

$$\frac{\partial^2 y}{\partial x^2} = \frac{1}{v^2}\frac{\partial^2 y}{\partial t^2} \tag{2.5}$$

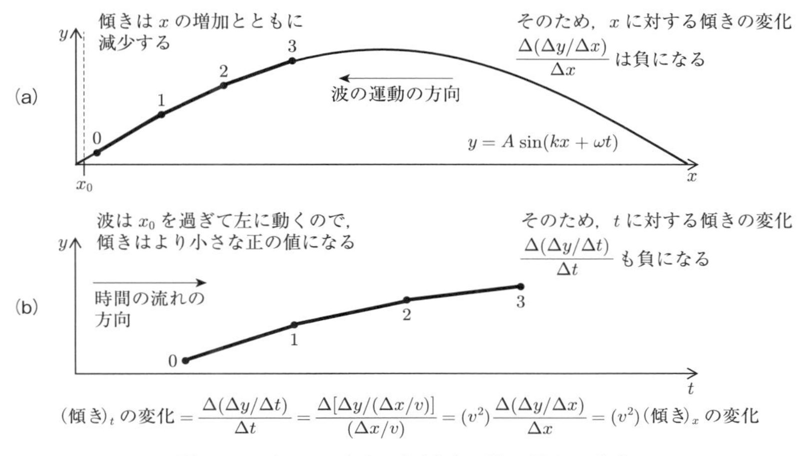

図 2.11　負の x 方向に伝播する波の傾きの変化

を得ます．

この方程式は逆方向(つまり，負の x 方向)に伝播する波にも使えるでしょうか．それをたしかめるために，図 2.11 の距離と時間に対する傾きの変化を考えてみましょう．この場合，距離に対する傾きと時間に対する傾きはともに正で，傾きは距離と時間に対してともに，より小さな正の値になります．そのため，傾きの変化は両方とも再び負になります．したがって，距離と時間に対する傾きの変化は，同じファクター(正の v^2)で関係づけられます．そして，傾きの変化を関係づける式は再び (2.5) となります．

このように，1 階の波動方程式は 1 方向に伝播する波だけに適用されますが，2 階の波動方程式は正の x 方向と負の x 方向に伝播する波で同じ形をとります．この概念を説明するために正弦波を使ってきましたが，この結果は一般的なもので，どのような形の波に対しても適用できます．

このような方法で波動方程式を導く幾何学的なアプローチが好みでない人もいるでしょう．そのような人には，$y(x,t){=}A\sin(kx{-}\omega t)$ のような波動関数の微分を使って，正弦波の 1 階と 2 階の波動方程式を利用するストレートなアプローチのほうがよいかもしれません．次の 4 つの式

$$\frac{\partial y}{\partial x} = Ak\cos(kx-\omega t) \tag{2.1}$$

$$\frac{\partial^2 y}{\partial x^2} = -Ak^2\sin(kx-\omega t) \tag{2.2}$$

$$\frac{\partial y}{\partial t} = -A\omega\cos(kx-\omega t) \tag{2.3}$$

$$\frac{\partial^2 y}{\partial t^2} = -A\omega^2\sin(kx-\omega t) \tag{2.4}$$

から 1 階の波動方程式を得るために，まず (2.3) を

$$A\cos(kx-\omega t) = -\frac{1}{\omega}\frac{\partial y}{\partial t}$$

と書き換え，(2.1) に代入します．その結果

$$\frac{\partial y}{\partial x} = Ak\cos(kx-\omega t) = -\frac{k}{\omega}\frac{\partial y}{\partial t}$$

となるので，これに $v=\omega/k$ ((1.36))を使って

$$\frac{\partial y}{\partial x} = -\frac{1}{v}\frac{\partial y}{\partial t}$$

のように書きます．これは (2.7) と同じもので，正の x 方向に伝播する波の 1 階波動方程式です．もし，波動関数 $y(x,t)=A\sin(kx+\omega t)$ から出発すれば，負の x 方向に伝播する波の 1 階波動方程式 (2.8) に到達します．

2 階微分方程式((2.2) と (2.4))に同様な計算を行えば，2 階の古典的な波動方程式が得られます．最初のステップは，(2.4) を

$$A\sin(kx-\omega t) = -\frac{1}{\omega^2}\frac{\partial^2 y}{\partial t^2}$$

と書き換えます．これを (2.2) に代入すれば

$$\frac{\partial^2 y}{\partial x^2} = -Ak^2\sin(kx-\omega t) = \frac{k^2}{\omega^2}\frac{\partial^2 y}{\partial t^2}$$

となるので，これに再び $v=\omega/k$ ((1.36))を使えば

$$\frac{\partial^2 y}{\partial x^2} = \frac{1}{v^2}\frac{\partial^2 y}{\partial t^2}$$

となります．これは古典的な 2 階波動方程式 (2.5) と同じものです．波動関数 $y(x,t){=}A\sin(kx{+}\omega t)$ から始めても，同じ結果になります．

繰り返しておきます．このアプローチを説明するために調和的な(正弦的な)関数を使いましたが，一般的な波動関数 $f(kx{-}\omega t)$ や $f(kx{+}\omega t)$ でも同様の結果に行き着きます．

波動関数の性質を議論する前に，この節で示した形とはまったく異なって見える波動方程式の書き方を紹介しておきます．まず，調和的な波に対する (2.2) を書く一般的な方法の 1 つは

$$\frac{\partial^2 y}{\partial x^2} = -Ak^2\sin(kx{-}\omega t) = -k^2 y \tag{2.9}$$

です．なぜなら，この場合 $y{=}A\sin(kx{-}\omega t)$ だからです．

同じ理由で，(2.4) は

$$\frac{\partial^2 y}{\partial t^2} = -A\omega^2\sin(kx{-}\omega t) = -\omega^2 y \tag{2.10}$$

と書けます．

あるいは，**ドット**と**ダブルドット**の記号に出会うことがあるかもしれません．時間に関する 1 階の微分は，$dx/dt{=}\dot{x}$ や $\partial y/\partial t{=}\dot{y}$ のように，変数の上にドットを付けて表します．また，時間に関する 2 階の微分は $\partial^2 y/\partial t^2{=}\ddot{y}$ のように，変数の上に 2 個のドットで表します．この記号を使うと，(2.10) は

$$\ddot{y} = -\omega^2 y$$

となり，古典的な波動方程式は

$$\frac{\partial^2 y}{\partial x^2} = \frac{1}{v^2}\ddot{y}$$

となります．

微分を表す別の一般的な記法は，微分をとる変数を表す添字を付ける方法です．たとえば，x に関する y の 1 階偏微分は

$$\frac{\partial y}{\partial x} \equiv y_x$$

のように書きます．ここで，記号 $\equiv$ は「のように定義する」という意味です．この記法を使うと，t に関する 2 階偏微分は

$$\frac{\partial^2 y}{\partial t^2} \equiv y_{tt}$$

です．そのため，古典的な波動方程式は

$$y_{xx} = \frac{1}{v^2} y_{tt}$$

のように書けます．

古典的な波動方程式は，他の方向の偏微分を加えることによって，次元を拡張できます．たとえば，3 次元の波動関数 $\Psi(x, y, z, t)$ に対して，古典的な波動方程式は

$$\frac{\partial^2 \Psi}{\partial x^2} + \frac{\partial^2 \Psi}{\partial y^2} + \frac{\partial^2 \Psi}{\partial z^2} = \frac{1}{v^2} \frac{\partial^2 \Psi}{\partial t^2} \tag{2.11}$$

となります．これを

$$\nabla^2 \Psi = \frac{1}{v^2} \frac{\partial^2 \Psi}{\partial t^2} \tag{2.12}$$

のように書くこともあります．記号 ∇^2 は**ラプラシアン**という微分演算子を表しますが，その説明は第 5 章でします．

どのような形の波動関数に出会っても，波動方程式が教えてくれるのは，「距離に対する波動関数の傾きの変化は時間に対する傾きの変化に $1/v^2$ を掛けたものに等しい」ということです．

2.3　波動方程式の性質

あなたが古典的な波動方程式に出会うとき，**線形**，**同次**，**2 階偏微分方程式**などの言葉も一緒についてくるでしょう．あるいは，**楕円型**という言葉も含

まれるかもしれません．これらの用語は，非常に明確な数学的意味をもっていて，古典的な波動方程式の重要な性質を表しています．しかし，これらの用語が使えない波動方程式の形もあるので，これらの意味を理解するために時間を割くのは有意義でしょう．

古典的な波動方程式の**線形**という性質は，おそらく最も重要なものです．そして，線形性とその含意の説明は他の性質の説明よりも長くなります．そこで，議論が一番短くすむ**偏**から始めることにして，線形性は最後に回すことにしましょう．

偏　古典的な波動方程式は**偏微分**方程式(PDE)*3です．なぜなら，方程式は(xとtのような)2変数か，それよりも多くの変数に対する波動関数の変化に依存するからです．一方，**常微分**方程式(ODE)*4は，ただ1つの変数に関する変化に依存します．ニュートンの運動法則は常微分方程式の一例です．ニュートンの運動法則は，物体の加速度(物体の位置を時間に関して2階微分した量)が物体にはたらく外力の総和($\sum F_{\text{外力}}$)をその物体の質量(m)で割ったものに等しいことを述べています．1次元運動の場合

$$\frac{d^2x}{dt^2} = \frac{\sum F_{\text{外力}}}{m} \tag{2.13}$$

となります．

2.1節で述べたように，(d/dtの)文字dの代わりに記号∂が($\partial/\partial t$の形で)使われていれば偏微分方程式だと認識できます．常微分方程式は偏微分方程式よりも一般に解きやすいので，ある種の偏微分方程式を常微分方程式に変換して解くという方法があります．この章の2.4節でこの解法を説明します．

同次　古典的な波動方程式は**同次**です．なぜなら，従属変数(この場合，変位

*3　partial differential equation の略です．
*4　ordinary differential equation の略です．

y)[*5]とその導関数($\partial y/\partial x$ や $\partial^2 y/\partial t^2$)を含む項だけでできているからです．数学的には，古典的な(同次)波動方程式が

$$\frac{\partial^2 y}{\partial x^2} - \frac{1}{v^2}\frac{\partial^2 y}{\partial t^2} = 0 \tag{2.14}$$

の形をとることを意味します．これは，**非同次**な場合の波動方程式

$$\frac{\partial^2 y}{\partial x^2} - \frac{1}{v^2}\frac{\partial^2 y}{\partial t^2} = F(x,t) \tag{2.15}$$

とは形が異なります．ここで，$F(x,t)$ は独立変数 x と t の関数です(y の関数ではありません)．

微分方程式が同次であるか否かを決めるためには，従属変数 $y(x,t)$ を含むすべての項を等号の左側に集め，右側に $y(x,t)$ を含まない項をすべて集めることです．もし，右辺に項がなければ(つまり，右辺が (2.14) のように 0 ならば)，その微分方程式は同次です．しかし，右辺に項があれば(つまり，変数 y を含まない (2.15) の $F(x,t)$ のような項があれば)，その方程式は非同次です(**非斉次**(せいじ)方程式ともよばれます)．

微分方程式の右辺が 0 であるかをチェックするときに，罠に陥らないようにしましょう．なぜなら，どのような方程式でも，すべての項を(独立変数を含んでいても，いなくても)等号の左側に移すことは，いつも可能だからです．このため，方程式が同次であるかをテストするとき，各項の中身を注意して見なければなりません．そして，従属変数 $y(x,t)$ を含まない項だけを方程式の右側に移さなければなりません．

余分な関数 $F(x,t)$[*6]は，いったい何を意味するのだろうと思うかもしれません．扱う問題に応じて，この項を**ソース**(源)とよんだり，**外力**とよんだりします．そして，このような呼称はこの項の意味を理解するうえでよいヒン

[*5] 関数とは変数で表される式のことなので，たとえば，x の関数 $y(x)$ が意味するのは「関数 y は変数 x に従属して変化する数(つまり，変数)」だということです．そのため，関数 y も変数 x の仲間になるので，両者を区別するために，変数 x を**独立変数**，関数 y を**従属変数**とよぶことになっています．

[*6] 非同次項(あるいは非斉次項)といいます．

トを与えてくれます．従属変数を含まないこのような非同次項は，常にある種の外的な刺激を表します．それを見るために，(2.13) に戻ってみましょう．位置 x とその導関数をもつ項をすべて左辺に移すと，右辺には $\sum F_{外力}/m$ が残ります．そのため，ニュートンの第 2 法則は非同次方程式です[†1]．この場合，$F(x,t)=\sum F_{外力}/m$ の物理的な意味は明らかです．これは，物体にはたらく全外力を物体の質量で割ったものなので，力を質量で割った次元をもたねばなりません．SI 単位では「ニュートン ÷ キログラム」です．ただし，たとえ $F(x,t)$ が力の次元をもっていなくても，関数 $F(x,t)$ を**外力**とよんでいるケースに出会うこともあるでしょう．これらがどのようによばれていても，この項は外的な刺激の寄与を表しているのです．

2 階　古典的な波動方程式は **2 階**偏微分方程式です．なぜなら，微分方程式の階は常に方程式に現れる最高階の導関数で決まるからです（この場合，時間と空間の導関数はともに 2 階の導関数）．たとえ方程式が空間は 2 階で，時間は 1 階であっても，2 階の方程式であると見なします．このような例（熱伝導方程式）をこの章の 2.4 節で示します．

2 階偏微分方程式は物理学や工学で非常に一般的なものです．その理由はおそらく，ある量の「変化の変化」が，なぜか 1 階導関数よりも基本的なものだからでしょう．あるいは，少なくとも私たちが測定できるものに，より近いからでしょう．たとえばニュートンの第 2 法則で，全外力と関係しているのは物体の位置の変化（速度）ではなく，物体の速度の変化（加速度）です．そして，加速度は位置の 2 階導関数です．同様に，古典的な波動方程式では，「距離に対する波形の傾きの変化」が「時間に対する波形の傾きの変化」と関係しています．そして，このような傾きの変化を表すのが 2 階導関数です．

双曲型[*7]　この節の初めに注意したように，微分方程式の分類形式で**楕円型**

[†1]　ニュートンの第 2 法則の同次方程式バージョンもあります．それは，$d^2x/dt^2=0$ で，全外力がゼロに当たる場合です．形式的には，ニュートンの第 1 法則になります．

とよばれる古典的な波動方程式に出会うかもしれません．幾何学の授業で習ったかもしれませんが，双曲線は簡単な式で表せる円錐の断面の形(楕円と放物線とともに)です．そして，古典的な波動方程式は双曲線の方程式

$$\frac{y^2}{a^2}-\frac{x^2}{b^2}=1 \tag{2.16}$$

に似た形をしています．ここで，定数 a と b は双曲線の「平坦さ」を決めます．

この式を古典的な波動方程式((2.5))と比べるために，まず古典的な波動方程式の両方の項を

$$\frac{\partial^2 y}{\partial x^2}-\frac{1}{v^2}\frac{\partial^2 y}{\partial t^2}=0 \tag{2.17}$$

のように，左辺に移すのがよいでしょう．

この式は役に立ちますが，まだ (2.16) は古典的な波動方程式 (2.17) にあまり似ていません．コツは，このような 2 つの式をアナロジーとして考えることです．微分の 2 次の項 $\partial^2 y/\partial x^2$ は，代数的な 2 次の項 $(y/a)^2$ と同じ場所に現れます．そして，微分の 2 次の項 $(1/v^2)(\partial^2 y/\partial t^2)$ は代数的な 2 次の項 $(x/b)^2$ と同じ場所に現れます．

忘れてはならない重要なことは，「2 階の偏微分」は「1 階の偏微分の 2 乗」と**同じではない**ことです．微分方程式で **2 次**の意味は「2 階偏微分をとること」です．そして，代数方程式で「2 次」の意味は「2 つの 1 次変数の積，あるいは，2 乗をとること」です．この違いに注意してさえいれば，古典的な波動方程式と双曲線の方程式はともに 2 つの 2 次の項の差を含んでいる，とい

---

*7 線形で同次な 2 階偏微分方程式は一般的に表せば，$a\frac{\partial^2 u}{\partial x^2}+2b\frac{\partial^2 u}{\partial x\partial y}+c\frac{\partial^2 u}{\partial y^2}+d\frac{\partial u}{\partial x}+e\frac{\partial u}{\partial y}+fu=0$ となります(a, b, c, d, e, f はすべて定数の係数)．この偏微分方程式は，係数 a, b, c で定義した判別式 $D=b^2-ac$ の符号によって 3 つの型(双曲型($D>0$)，放物型($D=0$)，楕円型($D<0$))に分類されます．これらの呼称は 2 次曲線 $ax^2+2bxy+cy^2=1$ がそれぞれ**双曲線**，**放物線**，**楕円**になることに由来します．ちなみに波動方程式 (2.14) は双曲型，熱伝導方程式 (2.29) は放物型，ラプラス方程式 (2.11) は楕円型に属する偏微分方程式です．

ってもよいでしょう．そういったアナロジーから，2 階導関数が負符号で結ばれた波動方程式を**双曲型**と考えます．

ここで，双曲線の方程式の右辺が 1 であるのに対して，古典的な波動方程式 (2.17) の右辺は 0 であることが気になるかもしれません．しかし，方程式

$$\frac{y^2}{a^2} - \frac{x^2}{b^2} = 0 \tag{2.18}$$

を考えれば，この解は原点で交わる 2 本の直線であり，双曲線の特別な場合に当たります．そのため，波動方程式の同次方程式の場合を**双曲型**とよんでもいいのです．なお，次の 2.4 節で登場する，1 階の時間微分と 2 階の空間微分をもった重要な微分方程式があります．この方程式は**放物型**と呼ばれます．

線形　古典的な波動方程式は**線形**です．なぜなら，波動関数 $y(x,t)$ と $y(x,t)$ の導関数を含むすべての項は 1 次の項であり，それらの交差項[*8]を含まないからです．線形微分方程式は 2 階(そして，3 階以上)の導関数を含んでいるかもしれません．なぜなら，(2.1 節で説明したように) $\partial^2 y/\partial x^2$ は y の x に対する傾きの変化を表すもので，べき乗の $(\partial y/\partial x)^2$ と同じではないからです．もし微分方程式がより高い次数の項や，波動関数とその導関数の交差項を含んでいれば，その微分方程式は**非線形**です．

古典的な波動方程式を含む，すべての線形微分方程式の非常に重要な性質は，その解が**重ね合わせの原理**に従うということです．重ね合わせの原理は，2 つ以上の波が同じ時刻に同じ場所を占めるときに，何が起こるかを教えてくれます．これこそ，波の振る舞いが粒子の振る舞いと決定的に異なるところです．粒子が同時刻に同一場所を占めようとするとき，それらは衝突して一般にその運動や形を変えます．しかし，衝突してもそれぞれの粒子は，その本体を保持したままでいます．対照的に，2 つの線形的な波が同時に同じ場所を占めると，平衡位置からのそれらの変位が合成されて，新しい波を生じます．そし

[*8] たとえば，$y \times (\partial y/\partial x)$ のような積の項です．

て，その合成された波もその波動方程式を満たします．相互作用のあいだは，合成された波だけが観測されますが，このプロセスで波が消えることはありません．そのあと，波が相互作用で重なっていた領域から離れながら伝播すれば，それぞれの波の元の特徴が再び観測されます．そのため，粒子とは異なって，波は衝突するというよりも，互いに通り抜けて行くといったほうがいいかもしれません．そして，重ね合わせによって新しい波が生まれるのです(第6章で粒子と波のもっと詳しい比較を行います)．

重ね合わせの原理は，いま述べたことがなぜ起こるのかを説明してくれます．数学的には，重ね合わせの原理は次のように表現されます．もし2つの波動関数 $y_1(x,t)$ と $y_2(x,t)$ がそれぞれ線形の波動方程式の解であれば，時空間のすべての点におけるそれら全体の和 $y_{\text{合成}}(x,t)=y_1(x,t)+y_2(x,t)$ も解になる，ということです．これを証明するために，同じ速さ v で伝播している2つの波に対して，それぞれの波の波動方程式を

$$\begin{aligned}\frac{\partial^2 y_1(x,t)}{\partial x^2}-\frac{1}{v^2}\frac{\partial^2 y_1(x,t)}{\partial t^2}&=0\\ \frac{\partial^2 y_2(x,t)}{\partial x^2}-\frac{1}{v^2}\frac{\partial^2 y_2(x,t)}{\partial t^2}&=0\end{aligned}\tag{2.19}$$

と書きましょう．これらを足し合わせると

$$\frac{\partial^2 y_1(x,t)}{\partial x^2}+\frac{\partial^2 y_2(x,t)}{\partial x^2}-\frac{1}{v^2}\frac{\partial^2 y_1(x,t)}{\partial t^2}-\frac{1}{v^2}\frac{\partial^2 y_2(x,t)}{\partial t^2}=0$$

となるので，これを書き換えて

$$\frac{\partial^2 [y_1(x,t)+y_2(x,t)]}{\partial x^2}-\frac{1}{v^2}\frac{\partial^2 [y_1(x,t)+y_2(x,t)]}{\partial t^2}=0$$

のように整理します．ここで，$y_{\text{合成}}(x,t)=y_1(x,t)+y_2(x,t)$ なので，上の式は

$$\frac{\partial^2 y_{\text{合成}}(x,t)}{\partial x^2}-\frac{1}{v^2}\frac{\partial^2 y_{\text{合成}}(x,t)}{\partial t^2}=0\tag{2.20}$$

となります．したがって，波動方程式を満たす2つの(それ以上の)波を足し算した結果も，同じ波動方程式を満たす別の波になります．ちなみに，波が異

なる速さで伝播するときに，この結果がうまくいくか疑問に思うかもしれませんが，いまはうまくいくとだけいっておきましょう．3.4 節の，異なる速さの効果のところで答えがわかるでしょう．

次の例題は，重ね合わせの原理の使い方を教えてくれます．

例題 2.2 **次の波動関数で表される 2 つのサイン波を考えましょう．**

$$y_1(x,t) = A_1 \sin(k_1x + \omega_1 t + \varepsilon_1)$$
$$y_2(x,t) = A_2 \sin(k_2x + \omega_2 t + \varepsilon_2)$$

これらの波は，同じ振幅 $A_1 = A_2 = A = 1$，**同じ波数** $k_1 = k_2 = k = 1$ rad/m，**同じ角振動数** $\omega_1 = \omega_2 = \omega = 2$ rad/s **をもっていますが，1 番目の波** $y_1(x,t)$ **の位相定数は** $\varepsilon_1 = 0$ **で，2 番目の波** $y_2(x,t)$ **の位相定数は** $\varepsilon_2 = +\pi/3$ **とします．これらの波を足し算してできる波の性質を求めなさい．**

2 つの波は，距離の項と時間の項が同じ符号なので，負の x 方向に伝播する波であることがわかります．そして，波の位相速度は $v = \omega/k$ なので((1.36)を参照)，2 つの波は同じ速さです．2 つの波の位相定数を比べると，$y_2(x,t)$ は $y_1(x,t)$ より位相差 $\pi/3$ だけ進んでいることがわかります(もし，正の位相定数の大きな波のほうがなぜ先行する波になるのか思い出せなければ，1.6 節を見てください)．上記の値を代入すると，2 つの波動関数は

$$\begin{aligned} y_1(x,t) &= A_1 \sin(k_1x + \omega_1 t + \varepsilon_1) = \sin(x + 2t + 0) \\ y_2(x,t) &= A_2 \sin(k_2x + \omega_2 t + \varepsilon_2) = \sin(x + 2t + \pi/3) \end{aligned} \tag{2.21}$$

となります．そして，$x = 0$ のとき，これらは図 2.12 のように振る舞います．

これら 2 つの波が合わさって，新しい波がどのようにできるかを理解するために，図 2.13 を見てみましょう．この図には，2 つの波の図形的な和が，破線で描いたような別のサイン波になることが示されています．2 つの元の波と比べると，この合成波の振動数は同じですが，位相定数は異なり，そして振

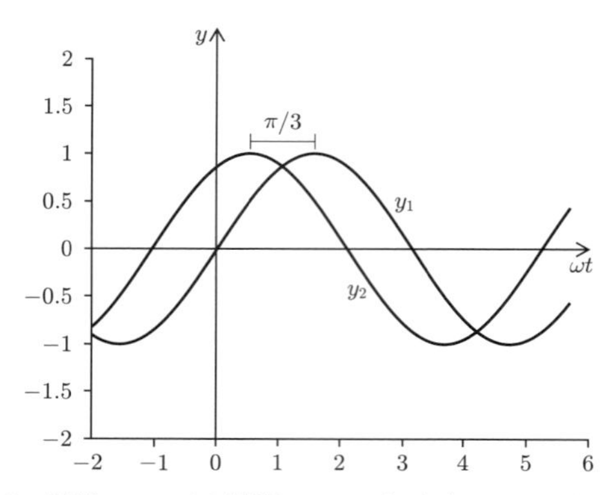

図 2.12　場所 $x=0$ での波形 $y_1=\sin(\omega t)$ と $y_2=\sin(\omega t+\pi/3)$

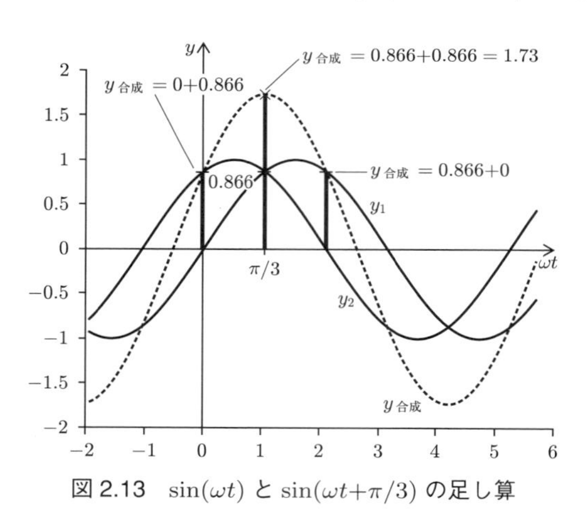

図 2.13　$\sin(\omega t)$ と $\sin(\omega t+\pi/3)$ の足し算

幅はもっと大きくなっています．

代数を使えば，合成波の式

$$y_{\text{合成}}(x,t) = \sin(x+2t)+\sin(x+2t+\pi/3) \tag{2.22}$$

から出発して，同じ結果を示すことができます．ここで，役立つ三角関数の公式は

$$\sin\theta_1+\sin\theta_2 = 2\sin\left(\frac{\theta_1+\theta_2}{2}\right)\cos\left(\frac{\theta_1-\theta_2}{2}\right) \tag{2.23}$$

です．そして，これに $\theta_1=x+2t$ と $\theta_2=x+2t+\pi/3$ を代入すれば

$$y_{合成}(x,t) = 2\sin\left[\frac{2(x+2t)+\pi/3}{2}\right]\cos\left(\frac{-\pi/3}{2}\right) \tag{2.24}$$

となります．この式のサイン項は $\sin(x+2t+\pi/6)$ となるので，$y_{合成}$ は波数 $k=1$ rad/m と角振動数 $\omega=2$ rad/s（したがって，元の波と同じ波長と振動数）をもっています．そして，位相定数は $\varepsilon=\pi/6$（この場合，元の位相のゼロと $\pi/3$ との平均値）で，$\pi/3$ とは異なっています．では，振幅 A はどうなっているかといえば，(2.24) から $A=2\cos(-\pi/6)\approx1.73$ です．そのため，振幅は元の振幅 $A=1$ よりも大きくなります．しかし，2 倍ではありません（この場合，2 つの元の波は同時刻にそれらのピーク値に到達していないからです）．■

波の重ね合わせを調べるための，非常に強力なもう 1 つの方法は，位相ベクトルの利用です．1.7 節で説明した，「簡略化した位相ベクトルアプローチ」を使うと，前述の例題で使った 2 つの波は「回転する位相ベクトル」で表すことができます．図 2.14 は，時刻 $t=0$ での場所 $x=0$ の位相ベクトルを示しています．この簡略化したアプローチでは，任意の時刻の波動関数の値は，「回転する位相ベクトル」の垂直軸への射影で与えられることを思い出してく

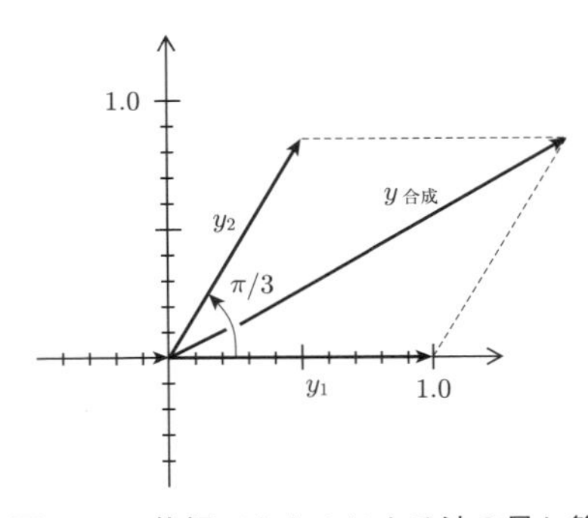

図 2.14　位相ベクトルによる波の足し算

ださい．そのため，示されている瞬間での $y_1(x,t)$ と $y_2(x,t)$ の値は

$$y_1(0,0) = A_1 \sin(k_1 x + \omega_1 t + \varepsilon_1) = (1)\sin[(1)(0)+(2)(0)+0] = 0$$

$$y_2(0,0) = A_2 \sin(k_2 x + \omega_2 t + \varepsilon_2) = (1)\sin[(1)(0)+(2)(0)+\pi/3]$$
$$= 0.866$$

で与えられます．

位相ベクトルアプローチの威力は，2 つの位相ベクトルを足し算した結果を求めるこのような方法の簡単さをみれば，明らかです．波動 $y_1(x,t)$ と $y_2(x,t)$ の合成を表す位相ベクトルの振幅と方向を見つけるには，波を表す 2 つの位相ベクトルのベクトル和を単純にとればいいだけです．ベクトル和の取り方は 1.3 節で説明したようにいくつかあります．図 2.14 で示しているのは，図形的な**平行四辺形アプローチ**です．合成波 $y_{合成}$ を一見すれば，$y_{合成}$ の大きさは y_1 や y_2 の大きさのほぼ 2 倍であること，そして，$y_{合成}$ の位相定数は y_1 のゼロと y_2 の $\pi/3$ の半分であることなどがわかります．定規と分度器を使うと，$y_{合成}$ の長さは 1.73，位相定数は $\pi/6$，そして $y_{合成}$ の垂直軸への射影は 0.866 であることがわかります．これらはすでに述べた，代数的に波の足し算をするアプローチで見いだされた結果と同じものです．

ここで，合成された位相ベクトル $y_{合成}$ を見つけるのに**成分の和アプローチ**を使ってみましょう．この場合，図 2.14 の図形から，y_1 の x 成分は 1，y 成分は 0，一方，y_2 の x 成分は $1\cos(\pi/3)=0.5$，y 成分は $1\sin(\pi/3)=0.866$ です．そのため，y_1 と y_2 の x 成分の和から $y_{合成}$ の x 成分は 1.5，y_1 と y_2 の y 成分の和から，$y_{合成}$ の y 成分は 0.866 であることがわかります．したがって，$y_{合成}$ の大きさと位相角は

$$A_{合成} = \sqrt{1.5^2 + 0.866^2} = 1.73 \tag{2.25}$$

$$\varepsilon_{合成} = \tan^{-1}\left(\frac{0.866}{1.5}\right) = \pi/6 \tag{2.26}$$

となるので，$y_{合成}$ の位相ベクトルの垂直軸への射影の長さは $1.73\sin(\pi/6)=$

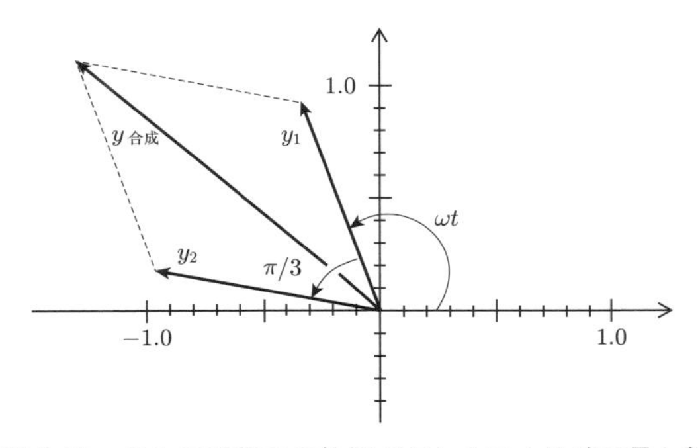

図 2.15　あとの時刻での位相ベクトルによる波の足し算

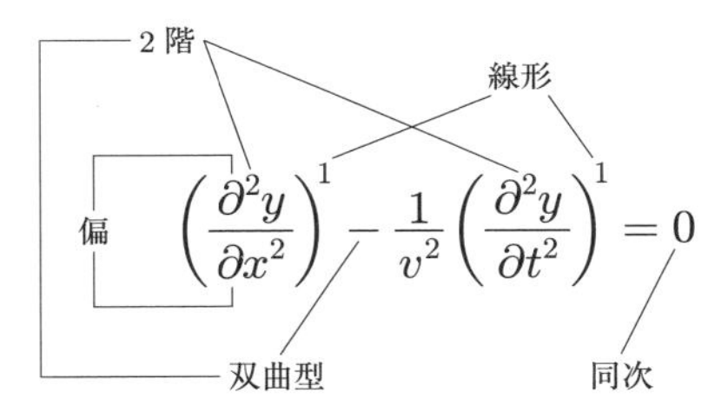

図 2.16　拡大した波動方程式

0.866 となります．これは $y_{合成}(0,0)$ の結果と同じものです．

このように，位相ベクトルを使うと，波の足し算が簡単になります．ところで，この足し算が私たちが選んだ特定の時刻($t{=}0$)だけで行っていることに，あなたは不安をもつかもしれません．しかし，位相ベクトルは同じ割合で回転しているので(波は同じ角振動数をもっているので)，y_1 の位相ベクトルと y_2 の位相ベクトルとの間の角度は変わることなく一定です．これは，合成された位相ベクトル $y_{合成}$ が時間がたっても変わらないことを意味します．ただし垂直軸への射影は，図 2.15 に示しているように変化します．

まとめ　この節で説明した古典的な波動方程式のすべての特徴は，図 2.16 の拡大した方程式にまとめています．

2.4　波動方程式に関係した偏微分方程式

古典的な波動方程式は 2 階，線形，双曲型ですが，ほかにも時空間の運動に関係する偏微分方程式があります．これらの方程式は古典的な波動方程式と似た部分もあれば違った部分もあります．この節では，このような方程式のいくつかを簡潔に説明しましょう．というのは，波動方程式の解を理解するうえで役に立つ概念やテクニックが，それらの方程式に含まれているからです．

移流方程式　2 階の古典的な波動方程式とは異なり，移流方程式は 1 階の波動方程式です．実は，2.2 節であなたはすでに見ていたのですが，これは 1 方向に伝播する波動方程式[*9]

$$\frac{\partial y(x,t)}{\partial x} = -\frac{1}{v}\frac{\partial y(x,t)}{\partial t} \tag{2.27}$$

です．

1 方向に伝播する波動方程式は，何の役に立つのでしょう？　**移流**は輸送メカニズム(つまり，物質やエネルギーがある場所から他の場所に輸送される方法)の一種で，特に，物質が流れに沿って移動するときの方法を記述するものです．たとえば，河川の汚染物質や空気中の花粉を考える場合，その動きを移流方程式でモデル化するほうが，古典的な波動方程式を使うよりも簡単です．

KdV 方程式　波動方程式は，いつも線形であるとは限りません．非線形な波動方程式として有名な例は，コルテヴェーク-ド・フリース(KdV)[*10]方程式です．これは，たとえば**孤立波**や**ソリトン**とよばれる，小振幅の波，浅水波(せんすいは)，有限な領域の水面波などを記述します．ソリトンは波形を保ったまま伝播するので，パルス波のように見えます．KdV 方程式は

[*9]　the one-way wave equation の訳です．

[*10]　Korteweg-de Vries の略語で，Korteweg(コルテヴェーク)と de Vries(ド・フリース)はそれぞれ人名です．**KdV 方程式**は「ケーディーヴィー方程式」と読むのが一般的です．

$$\frac{\partial y(x,t)}{\partial t} - 6y(x,t)\frac{\partial y(x,t)}{\partial x} + \frac{\partial^3 y(x,t)}{\partial x^3} = 0 \tag{2.28}$$

の形をしています．非線形項は2番目の項の $6y(\partial y/\partial x)$ です．それは，$y(x,t)$ とその導関数の積になっているからです[*11]．非線形方程式なので，その解は重ね合わせの原理に従いません．そのため，2つのソリトンが相互作用しているとき，その振幅は元の振幅の和ではありません．しかし，いったん2つのソリトンが相互作用領域を通り抜けると，それらは元の形に戻ります．

熱伝導方程式　古典的な波動方程式は双曲型ですが，熱伝導方程式は放物型で，$y{=}ax^2$ に似た形をしています．いい換えれば，空間的には2階ですが時間的には1階の方程式で

$$\frac{\partial y(x,t)}{\partial t} = a\frac{\partial^2 y(x,t)}{\partial x^2} \tag{2.29}$$

のような形をしています[*12]．ここで，a は**熱拡散率**で，システム内を熱がどれくらい容易に移動するかを表す量です．熱伝導方程式は時空間における熱の変動の振る舞いを記述しますが，ふつう，この熱伝導方程式を波動方程式として分類することはあまりありません．それは，振動せずに散逸(さんいつ)するという解の振る舞いのためです．しかし，波束も時間とともに散逸しうるので，これらの方程式には共通するものがあります．

熱伝導方程式の解が時間とともに散逸することは，どのようにわかるのでしょうか．それは，この解の時間依存性を調べることです．それには，**変数分離法**という方法を使うのが一般的です．この方法の背後にある仮定は，解 $y(x,t)$ は時間と空間の両方に依存するけれども，時間的な振る舞い $T(t)$ は空

[*11]　$6y(\partial y/\partial x)$ は $3(\partial y^2/\partial x)$ と書けるので，この項が y^2 という非線形項であることがわかります．なお，上式は $\partial y^2/\partial x{=}(dy^2/dy)(\partial y/\partial x){=}(2y)(\partial y/\partial x)$ に注意すれば，導けます．

[*12]　熱伝導率 K が一様な等方的物質の1次元熱伝導方程式は，温度を y，比熱を c，密度を ρ として $c\rho\frac{\partial y(x,t)}{\partial t}{=}K\frac{\partial^2 y(x,t)}{\partial x^2}$ と書けます．ここで，係数をまとめて $a{=}K/c\rho$ で定義した量を熱拡散率（または温度拡散率や温度伝導率）といいます．

間的な振る舞い $X(x)$ とは独立している，というものです．つまり，波動関数 $y(x,t)$ は時間だけに依存する項 $T(t)$ と空間だけに依存する項 $X(x)$ の積

$$y(x,t) = T(t)X(x) \tag{2.30}$$

で書けるということです．なぜ，この形であって，たとえば，$y(x,t)=T(t)+X(x)$ ではないのでしょうか．その答えは，(2.30) の形のほうが，物理的に意味のある多くの状況に適合するからです．そのため，波動関数の時間発展を決める問題は，時間依存項 $T(t)$ を求める問題に帰着します．

これがうまくいくのを見るために，まず (2.30) を熱伝導方程式に代入して

$$\frac{\partial[T(t)X(x)]}{\partial t} = a\frac{\partial^2[T(t)X(x)]}{\partial x^2} \tag{2.31}$$

のように書きましょう．$X(x)$ は時間 t に関して定数なので，$\partial/\partial t$ で影響を受けることはありません．したがって，$X(x)$ は時間微分の外に出すことができます．同様に，$T(t)$ は空間に関して定数なので，$\partial/\partial x$ で影響を受けません．これらの関数を微分の外に出せば

$$X(x)\frac{dT(t)}{dt} = aT(t)\frac{d^2X(x)}{dx^2} \tag{2.32}$$

となります[*13]．

次のステップは，t の関数とその導関数をすべて片方に移し，x の関数とその導関数をすべてもう一方に移すことです．この場合には，両辺を $X(x)$ と $T(t)$ で割るだけで，簡単にできます．実際，変数分離法に関する本を読めば，このステップで方程式の両辺を $y(x,t)=T(t)X(x)$ で割る記述によく出会うでしょう．

[*13] 原著は $X(x)\dfrac{\partial T(t)}{\partial t}=aT(t)\dfrac{\partial^2X(x)}{\partial x^2}$ と書かれていますが，ここの微分は 1 変数関数 $T(t)$ と $X(x)$ に対する微分なので，偏微分記号 ∂ でなく常微分記号 d を使って，$X(x)\dfrac{dT(t)}{dt}=aT(t)\dfrac{d^2X(x)}{dx^2}$ と書くほうが正しいでしょう．そのため，次式の (2.33) とシュレディンガー方程式の (2.38) も常微分に書き換えています．

いまの場合，熱伝導方程式は

$$\frac{1}{T(t)}\frac{dT(t)}{dt} = a\frac{1}{X(x)}\frac{d^2X(x)}{dx^2} \tag{2.33}$$

のようになりますが，特に役立つ方程式には見えないかもしれません．そこで，一歩さがって，それぞれの辺をよく考えてみましょう．左辺は時間(t)だけに依存し，場所(x)によって変化しません．一方，右辺は場所だけに依存し，時間によって変化しません．しかし，もしこの方程式が，すべての時間とすべての場所で正しいとするならば，両辺はまったく変化することはできません(もし変化するとすれば，そのとき，固定した場所で時間が過ぎるとき，左辺は変化しても，右辺は変化できないはずです)．したがって，両辺は定数でなければなりません．そして両辺は等しいので，それらは同じ定数でなければなりません．その定数を $-b$ とすると，(2.33) は

$$\frac{1}{T(t)}\frac{dT(t)}{dt} = -b \tag{2.34}$$

となります．これは常微分方程式です．そして分離できる形です．つまり，T と t はそれぞれこの方程式の異なる側に置けることを意味します．簡単のために，$T(t)$ を T と書いて両辺に dt を掛ければ

$$\frac{1}{T}dT = -b\ dt$$

となります．この両辺の積分は

$$\int \frac{dT}{T} = \int (-b)\ dt$$

となるので，その解は[*14]

$$\ln\ T = -bt+c$$

[*14] この不定積分は，c_1，c_2 を積分定数とすると $\ln T+c_1=-bt+c_2$ です．これを $\ln T=-bt+c_2-c_1$ と書いてから，$c=c_2-c_1$ を改めて積分定数とすれば，解になります．なお，自然対数 ln はロンと読みます．

と書けます．ここで，c は両辺の積分定数を一緒にしたものです．$T(t)$ を解くために，自然対数 ln の逆関数を適用する必要があります．それは指数なので，$e^{\ln T}{=}T$ です．これから

$$T(t) = e^{-bt+c} = e^{-bt}e^{c} = Ae^{-bt} \tag{2.35}$$

となります．この表現で，定数項 e^c は A に吸収されています．解を散逸にする*15のは最後の項(e^{-bt})です．空間的な振る舞いがどのようなものであっても，全体の解は e^{-bt} のように指数的に減少していきます．そして，減少の割合は定数 b で決まります．

シュレディンガー方程式　シュレディンガー方程式は，古典的な波動方程式よりも，熱伝導方程式によく似ています．しかし，第 6 章でわかるように，その解は明確に波の性質をもっています．熱伝導方程式と同じように，シュレディンガー方程式は時間に関する 1 階導関数と空間に関する 2 階導関数をもっています．しかしながら，時間微分に虚数単位の i という余分な因子がついています．そして，この因子が解の性質に重大な影響を及ぼします．このことは，シュレディンガー方程式

$$i\hbar\frac{\partial y(x,t)}{\partial t} = -\frac{\hbar^2}{2m}\frac{\partial^2 y(x,t)}{\partial x^2} + Vy(x,t) \tag{2.36}$$

の形を考えることでわかります．この方程式で，V は系のポテンシャルエネルギーです．そして，$\hbar$ は**プランク定数***16です(第 6 章を参照)．

シュレディンガー方程式の場合もまさに熱伝導方程式と同じように，解の時間発展は変数分離法で求めることができます．いま (2.36) の解が (2.30) の形であるとすれば，シュレディンガー方程式は

---

*15　時間 t とともに $T(t)$ の値が減少するという意味です．

*16　$\hbar$ は「h バー」と読みます．原著では $\hbar$ を**換算プランク定数**(reduced Planck constant)とよんでいますが，第 6 章で説明する h だけでなく，$\hbar$ も「プランク定数」とよぶ慣習があるので，ここではそれにならいます．

$$i\hbar\frac{\partial[T(t)X(x)]}{\partial t} = -\frac{\hbar^2}{2m}\frac{\partial^2[T(t)X(x)]}{\partial x^2}+VT(t)X(x) \tag{2.37}$$

と書けます．$T(t)$ を空間微分から出し，$X(x)$ を時間微分から出して，両辺を $T(t)X(x)$ で割ると

$$\frac{i\hbar}{T(t)}\frac{dT(t)}{dt} = -\frac{\hbar^2}{2mX(x)}\frac{d^2X(x)}{dx^2}+V \tag{2.38}$$

となります．上述したことと同じ理由によって，時間だけの方程式は

$$\frac{i\hbar}{T(t)}\frac{dT(t)}{dt} = E \tag{2.39}$$

です．ここでの定数は，状態のエネルギーに相当する量なので E とよびます．この (2.39) は常微分方程式だから

$$\frac{dT}{T} = -\frac{iE}{\hbar}\,dt$$

のように変形できます．そして，両辺を積分すれば

$$\ln T = -\frac{iEt}{\hbar}+c$$

となるので，$T(t)$ の解は

$$T(t) = Ae^{-iEt/\hbar} \tag{2.40}$$

となります．1.5 節で説明したように，減少する指数関数 e^{-x} とは異なり，e^{ix} の実部と虚部は振動します．したがって，シュレディンガー方程式の解は熱伝導方程式の解とまったく異なった振る舞いを示すことになります．

演習問題

2.1 関数 $f(x,t)=3x^2t^2+\frac{1}{2}x+3t^3+5$ に対して，$\frac{\partial f}{\partial x}$ と $\frac{\partial f}{\partial t}$ を求めなさい．

2.2 問 2.1 の関数 $f(x,t)$ に対して，$\frac{\partial^2 f}{\partial x^2}$ と $\frac{\partial^2 f}{\partial t^2}$ を求めなさい．

2.3 問 2.1 の関数 $f(x,t)$ に対して，$\dfrac{\partial^2 f}{\partial x\,\partial t}$ と $\dfrac{\partial^2 f}{\partial t\,\partial x}$ が同じ結果を与えることを示しなさい．

2.4 関数 $A\,e^{i(kx-\omega t)}$ は古典的な波動方程式 (2.5) を満たすか調べなさい．もし，満たさない場合は，その理由を答えなさい．

2.5 関数 $A_1\,e^{i(kx+\omega t)}+A_2\,e^{i(kx-\omega t)}$ が古典的な波動方程式 (2.5) を満たすか調べなさい．もし，満たさない場合は，その理由を答えなさい．

2.6 関数 $A\,e^{(ax+bt)^2}$ が古典的な波動方程式 (2.5) を満たすか調べなさい．もし満たすならば，この関数が表す波の速さを求めなさい．

2.7 双曲線方程式 $\dfrac{y^2}{a^2}-\dfrac{x^2}{b^2}=1$ の解を，いくつかの a と b の値に対してスケッチしなさい．

2.8 2 つの関数 $y_1(x,t)=A\sin(kx+\omega t+\varepsilon_1)$, $y_2(x,t)=A\sin(kx+\omega t+\varepsilon_2)$ とその和で作られた合成関数の時間的な変動を，$x=0.5\,\mathrm{m}$ と $x=1.0\,\mathrm{m}$ の 2 点で少なくとも 1 周期以上にわたってプロットしなさい．ただし，$A=1\,\mathrm{m}$, $k=1\,\mathrm{rad/m}$, $\omega=2\,\mathrm{rad/s}$, $\varepsilon_1=1.5\,\mathrm{rad}$, $\varepsilon_2=0\,\mathrm{rad}$ とします．

2.9 問 2.8 の波形(2 つの関数，および，それらの和)に対する位相ベクトルを，$x=1.0\,\mathrm{m}$ の地点で時間 $t=0.5\,\mathrm{s}$ と $t=1.0\,\mathrm{s}$ の場合にスケッチしなさい．

2.10 関数 $A\,e^{i(kx-\omega t)}$ が移流方程式 (2.27) を満たすか調べなさい．関数 $A\,e^{i(kx+\omega t)}$ の場合はどうなるでしょうか．

3

波の成分

力学の波，電磁気学の波，そして量子力学の波の話に進む前に，波動方程式の一般解について学び(3.1 節)，それらの解の境界条件の重要性を理解しておく(3.2 節)のがよいでしょう．単一振動数の波を勉強することは，波動理論の重要な多くの概念を理解するよい入口になります．しかし，現実的な問題や応用で遭遇する波は，複数の振動数成分をもった波です．複数の振動数成分を足し合わせて合成波を作るのがフーリエ合成[*1]であり，それぞれの成分の振幅と位相を求めるのがフーリエ解析です．フーリエの理論の基礎を理解すれば(3.3 節)，波束と分散の重要なトピックスを扱う準備ができたことになります(3.4 節)．この章も他の章と同じように，これらのトピックスの議論はモジュラー形式なので，すでによく知っている節は自由にスキップしてもかまいません．

3.1 波動方程式の一般解

1 次元の古典的な波動方程式

$$\frac{\partial^2 y}{\partial x^2} = \frac{1}{v^2}\frac{\partial^2 y}{\partial t^2} \tag{3.1}$$

[*1] ここの説明からわかるように，「フーリエ合成」は「フーリエ級数展開」や「フーリエ級数」を意味しますが，本書では「フーリエ合成」の訳語を主に用います．本章の訳注 14 を参照してください．

の一般解を探そうとするとき，あなたは18世紀のフランス人数学者ダランベールの方法に出会うでしょう．そこで，まずダランベールの解を理解するために，xとtを含む2つの新しい変数ξ（グザイ）とη（イータ）を

$$\xi = x - vt$$

$$\eta = x + vt$$

のように定義します．そして，これらを使って，波動方程式(3.1)がどのように書き直せるかを考えます．波動方程式は時間と空間の両方の2階微分を含んでいるので，微分の計算は次のチェインルールを用いるのがよいでしょう．

$$\frac{\partial y}{\partial x} = \frac{\partial y}{\partial \xi}\frac{\partial \xi}{\partial x} + \frac{\partial y}{\partial \eta}\frac{\partial \eta}{\partial x}$$

$\partial\xi/\partial x$と$\partial\eta/\partial x$はともに1なので[*2]

$$\frac{\partial y}{\partial x} = \frac{\partial y}{\partial \xi}(1) + \frac{\partial y}{\partial \eta}(1) = \frac{\partial y}{\partial \xi} + \frac{\partial y}{\partial \eta}$$

となり，さらにxで2階微分をとると

$$\begin{aligned}\frac{\partial^2 y}{\partial x^2} &= \frac{\partial}{\partial x}\left(\frac{\partial y}{\partial \xi} + \frac{\partial y}{\partial \eta}\right)\\ &= \frac{\partial}{\partial \xi}\left(\frac{\partial y}{\partial \xi} + \frac{\partial y}{\partial \eta}\right)\frac{\partial \xi}{\partial x} + \frac{\partial}{\partial \eta}\left(\frac{\partial y}{\partial \xi} + \frac{\partial y}{\partial \eta}\right)\frac{\partial \eta}{\partial x}\\ &= \left(\frac{\partial^2 y}{\partial \xi^2} + \frac{\partial^2 y}{\partial \xi\,\partial \eta}\right)(1) + \left(\frac{\partial^2 y}{\partial \eta\,\partial \xi} + \frac{\partial^2 y}{\partial \eta^2}\right)(1)\end{aligned}$$

となります．ところで，関数yが連続な2階微分をもっている限り，ξとηで微分をとる順番を入れ替えても結果は変わらないので

$$\frac{\partial^2 y}{\partial \xi\,\partial \eta} = \frac{\partial^2 y}{\partial \eta\,\partial \xi}$$

より

[*2] $\dfrac{\partial \xi}{\partial x} = \dfrac{\partial(x - vt)}{\partial x} = \dfrac{\partial x}{\partial x} - \dfrac{\partial(vt)}{\partial x} = \dfrac{\partial x}{\partial x} - v\dfrac{\partial t}{\partial x}$ において，tとxは独立変数なので，$\dfrac{\partial t}{\partial x} = 0$ です．一方，$\dfrac{\partial x}{\partial x} = 1$ なので $\dfrac{\partial \xi}{\partial x} = 1$ となります．

$$\frac{\partial^2 y}{\partial x^2} = \frac{\partial^2 y}{\partial \xi^2} + 2\frac{\partial^2 y}{\partial \xi\,\partial \eta} + \frac{\partial^2 y}{\partial \eta^2} \tag{3.2}$$

が成り立ちます．次に，y の時間微分に対しても同じように

$$\frac{\partial y}{\partial t} = \frac{\partial y}{\partial \xi}\frac{\partial \xi}{\partial t} + \frac{\partial y}{\partial \eta}\frac{\partial \eta}{\partial t} \tag{3.3}$$

と計算すれば，$\partial\xi/\partial t = -v$ と $\partial\eta/\partial t = +v$ なので

$$\frac{\partial y}{\partial t} = \frac{\partial y}{\partial \xi}(-v) + \frac{\partial y}{\partial \eta}(v) = -v\frac{\partial y}{\partial \xi} + v\frac{\partial y}{\partial \eta}$$

となります．さらに，t に関する 2 階微分をとると

$$\begin{aligned}
\frac{\partial^2 y}{\partial t^2} &= \frac{\partial}{\partial t}\left(-v\frac{\partial y}{\partial \xi} + v\frac{\partial y}{\partial \eta}\right) \\
&= \frac{\partial}{\partial \xi}\left(-v\frac{\partial y}{\partial \xi} + v\frac{\partial y}{\partial \eta}\right)\frac{\partial \xi}{\partial t} + \frac{\partial}{\partial \eta}\left(-v\frac{\partial y}{\partial \xi} + v\frac{\partial y}{\partial \eta}\right)\frac{\partial \eta}{\partial t} \\
&= \left(-v\frac{\partial^2 y}{\partial \xi^2} + v\frac{\partial^2 y}{\partial \xi\,\partial \eta}\right)(-v) + \left(-v\frac{\partial^2 y}{\partial \eta\,\partial \xi} + v\frac{\partial^2 y}{\partial \eta^2}\right)(v)
\end{aligned}$$

より

$$\frac{\partial^2 y}{\partial t^2} = v^2\frac{\partial^2 y}{\partial \xi^2} - 2v^2\frac{\partial^2 y}{\partial \xi\,\partial \eta} + v^2\frac{\partial^2 y}{\partial \eta^2} \tag{3.4}$$

が成り立ちます．y の x と t に関する 2 階微分がわかったので，これら((3.2) と (3.4))を波動方程式 (3.1) に代入すれば

$$\frac{\partial^2 y}{\partial \xi^2} + 2\frac{\partial^2 y}{\partial \xi\,\partial \eta} + \frac{\partial^2 y}{\partial \eta^2} = \frac{1}{v^2}\left(v^2\frac{\partial^2 y}{\partial \xi^2} - 2v^2\frac{\partial^2 y}{\partial \xi\,\partial \eta} + v^2\frac{\partial^2 y}{\partial \eta^2}\right)$$

となります．この式は

$$\left(\frac{\partial^2 y}{\partial \xi^2} - \frac{\partial^2 y}{\partial \xi^2}\right) + \left(2\frac{\partial^2 y}{\partial \xi\,\partial \eta} + 2\frac{\partial^2 y}{\partial \xi\,\partial \eta}\right) + \left(\frac{\partial^2 y}{\partial \eta^2} - \frac{\partial^2 y}{\partial \eta^2}\right) = 0$$

のように，まとめることができます．この結果から，変数 x, t を変数 ξ, η に変えると，波動方程式 (3.1) は

$$\frac{\partial^2 y}{\partial \xi\,\partial \eta} = 0 \tag{3.5}$$

のようなコンパクトな式にかわります．この方程式を見てもすぐには物理的なイメージが浮かばないかもしれませんが，積分すれば波動方程式の解の性質について多くのことがわかります．そこでまず，この方程式を

$$\frac{\partial}{\partial \xi}\left(\frac{\partial y}{\partial \eta}\right)=0$$

のように書いてから，これが何を意味しているかを考えてみましょう．$\partial y/\partial \eta$ を ξ で偏微分したものが 0 であることは，$\partial y/\partial \eta$ が ξ に依存しないことを意味するので，$\partial y/\partial \eta$ は η だけの関数のはずです．したがって

$$\frac{\partial y}{\partial \eta}=F(\eta) \tag{3.6}$$

のように書けます．ここで，F は η の関数です．この関数 F が η に対する y の変化の仕方を記述します．この方程式 (3.6) を積分すると

$$y=\int F(\eta)d\eta+\text{定数} \tag{3.7}$$

となります．ここで定数は η に依存しない任意な関数(つまり，定数は ξ の任意な関数)を意味するので，この関数を $g(\xi)$ と置けば，(3.7) は

$$y=\int F(\eta)d\eta+g(\xi) \tag{3.8}$$

と書けます．さらに「$F(\eta)$ の積分」を η の別の関数 $f(\eta)$ に等しいとすれば，(3.8) は

$$y=f(\eta)+g(\xi) \tag{3.9}$$

と表せます．あるいは，変数 η,ξ を変数 x,t に戻せば

$$y=f(x+vt)+g(x-vt) \tag{3.10}$$

となります．これが，1 次元の古典的な波動方程式 (3.1) の一般解*3です*4．この結果から，波動方程式を満たすすべての波動関数 $y(x,t)$ が同じ速さで互いに逆方向に伝播する 2 つの波の和として説明できることがわかります．

$f(x+vt)$ は速さ v で負の x 方向に伝わる変動を表し，$g(x-vt)$ は速さ v で正の x 方向に伝わる変動を表すからです．

もちろん，多くの一般解と同じく，(3.10) は起こっていることの全体像を与えてくれます．しかし，特定の時刻と場所での $y(x,t)$ の値を求めたいときには，もっと情報が必要になります．そのような情報はふつう，境界条件の形で与えられますが，これは次節で話します．波動方程式に対するダランベールの解がどのように使われるのか，興味をもつ人は次の例題を見てください．

例題 3.1 **一般解 (3.10) の関数 f と g がともに振幅 A のサイン波を表しているとき，波動関数 $y(x,t)$ はどのように振る舞うでしょうか．**

この問いに答えるために，f と g を

$$f(x+vt) = A\sin(kx+\omega t)$$

$$g(x-vt) = A\sin(kx-\omega t)$$

のように書きましょう(もしこれらの方程式で，右辺のサイン関数の引数に v があからさまに現れないのを疑問に思うなら，第 1 章で説明した $kx-\omega t$ が $k(x-(\omega/k)t)$ と書けること，さらに波の位相速度 v が $\omega/k=v$ であることを思い出してください)．

このような f と g の式を波動方程式の一般解 (3.10) に代入すると

$$\begin{aligned} y &= f(x+vt)+g(x-vt) \\ &= A\sin(kx+\omega t)+A\sin(kx-\omega t) \end{aligned}$$

となります．これに三角関数の加法定理

---

*3 **ダランベールの解**といいます．

*4 一般解 (3.10) が波動方程式 (3.1) を満たす一般解であることは，実際に代入して計算すればチェックできます．

$$\sin(kx+\omega t) = \sin(kx)\cos(\omega t)+\cos(kx)\sin(\omega t)$$
$$\sin(kx-\omega t) = \sin(kx)\cos(\omega t)-\cos(kx)\sin(\omega t)$$

を使うと

$$\begin{aligned}
y = & A[\sin(kx)\cos(\omega t)+\cos(kx)\sin(\omega t)] \\
& +A[\sin(kx)\cos(\omega t)-\cos(kx)\sin(\omega t)] \\
= & A[\sin(kx)\cos(\omega t)+\sin(kx)\cos(\omega t)+\cos(kx)\sin(\omega t) \\
& -\cos(kx)\sin(\omega t)] \\
= & 2A\sin(kx)\cos(\omega t)
\end{aligned}$$

のように書けます. ■

波動関数 y に対するこの式は, 一見すると, (kx と ωt を両方含んでいるから)進行している波のように見えるかもしれません. しかし, kx と ωt は別々の項に現れていることに注意してください. そして, これが時空間に広がる波の振る舞いに重要な影響を与えます.

図 3.1 のように, いくつかの異なる時刻で y をプロットすると, y の振る舞いがわかります. 波動関数 $y(x,t)$ は空間的に正弦波であり, 時間とともに振動しています. しかし, y の山や谷やゼロ点はすべて x 軸に沿って動かないので, 進行波とは異なります. 山やゼロ点の位置は同じです($\sin(kx)$ 項の山とゼロによって与えられる)が, その代わりに, 山のサイズは時間とともに変化します($\cos(\omega t)$ 項のために). このコサイン項は時間的な周期 T ($T=2\pi/\omega$)で振動を繰り返します. そして, サイン項は空間的な周期 λ ($\lambda=2\pi/k$)で振動します.

そのため, この波動関数は 2 つの進行波の和であるにもかかわらず, 合成波のほうは進行しない波になります*5. これを**定在波**とよびます. 図 3.1 に示しているように, ゼロ点の場所は定在波の**節**(ふし)(**ノード**)とよびます. そして,

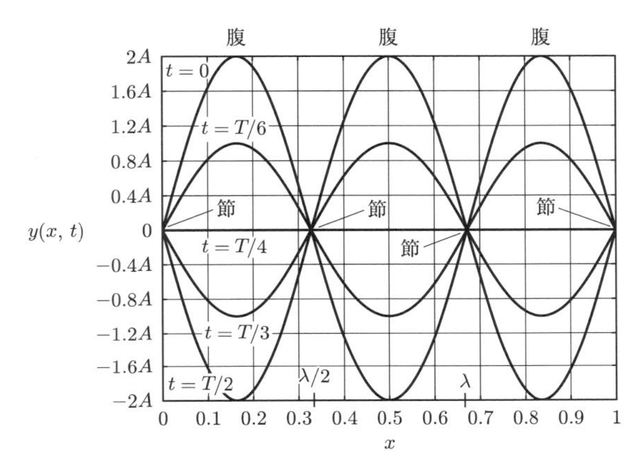

図 3.1　5 つの異なる時刻ごとにプロットした $y(x, t)$ の 1.5 波長の範囲での振る舞い

山と谷の場所は定在波の**腹**(はら)(**アンチノード**)とよびます．

このような，等しい振幅で逆方向に伝播する 2 つの波は，どのようにして発生するのでしょうか．1 つの可能性は，1 方向に伝播している 1 つの波が固定壁で反射される場合です．そして，反射された波が元の波と合わさって，定在波を作るのです．この固定壁が境界条件の一例になります．そこで，次節でこの境界条件について説明しましょう．

3.2　境界条件

波動論でなぜ境界条件が重要なのでしょうか．その理由の 1 つは，微分方程式はまさに，関数の変化について(あるいは，その方程式が 2 階微分を含んでいれば，関数の「変化の変化」について)教えてくれるものだからです．関数がどのように変化するかを知ることは非常に役に立つことで，ある種の問題

[*5] $y(x, t)=2A\sin(kx)\cos(\omega t)$ が進行波にならないことは，引数が $y=f(kx\pm\omega t)$ の形でないことからも明らかです．

においては，あなたが必要とするすべてであるかもしれません．しかし多くの問題においては，関数の変化の仕方だけでなく，その関数が特定の場所や時刻でどのような値をとるかも知りたいことがあります．

ここに，境界条件が登場するのです．境界条件は関数やその導関数を，空間や時間の特定の位置や時刻で，特定の値にしっかりと固定します[†1]．微分方程式の解が境界条件を満たすように要請することにより，別の場所での関数やその導関数の値を決定することができるかもしれません．「かもしれません」というのは，境界条件が適切でなければ，不十分な情報や矛盾した情報をもたらすかもしれないからです．

境界条件の一部は**初期条件**から構成されます．これは，考察しようとしている時間の出発時刻での関数や，その導関数の値を指定します(ふつう，$t=0$ にとります)．あるいは，微分方程式が適用される領域で，出発点となる空間的な境界(たとえば，$x=0$)での関数やその導関数の値を指定します．

境界条件がどのように機能するかを見るために，波動方程式のダランベールの解 (3.10) を考えてみましょう．問題によっては，$I(x)=y(x,0)$ のような初期変位と $V(x)=\partial y(x,t)/\partial t|_{t=0}$ のような(**横波の速度**[†2]の)初期速度(初速度)が与えられます．このような条件とダランベールの解を使うと，任意の場所(x)と時刻(t)における関数 $y(x,t)$ の値を決めることができます．

これを示すために，一般解 (3.10) に対して $t=0$ と置いた次の式

$$y(x,t)|_{t=0} = f(x+vt)|_{t=0}+g(x-vt)|_{t=0} \tag{3.11}$$

から始めましょう．これは

$$y(x,0) = f(x)+g(x) = I(x) \tag{3.12}$$

[†1] **ディリクレ境界条件**は関数自身の値を指定します．**ノイマン境界条件**は関数の導関数の値を指定します．そして，**コーシー境界条件**(あるいは，**混合境界条件**)はディリクレ境界条件とノイマン境界条件を組み合わせたものです．

[†2] 横波の速度(tranverse velocity)は波の位相速度ではありません．力学的な横波の場合，これは波が伝播する方向と直交して動いている媒質粒子の速度です(第 4 章を参照)．

のように書くことができます．ここで，$I(x)$ は x の各値における初期変位です．

再び変数 $\eta=x+vt$ と $\xi=x-vt$ を使い，時間に関する微分をとってから，$t=0$ と置くと

$$\left.\frac{\partial y(x,t)}{\partial t}\right|_{t=0}=\left.\frac{df}{d\eta}\frac{\partial \eta}{\partial t}\right|_{t=0}+\left.\frac{dg}{d\xi}\frac{\partial \xi}{\partial t}\right|_{t=0}$$

となります[*6]．ここで重要なことは，この式で微分をとったあとで時間をゼロに置くことです．それは $\partial\eta/\partial t=v$ と $\partial\xi/\partial t=-v$ と書けることを意味します．同様に，$df/d\eta=df/dx$ と $dg/d\xi=dg/dx$ のように書けます．したがって，横波の速度に対する初期条件は

$$\left.\frac{\partial y(x,t)}{\partial t}\right|_{t=0}=\frac{df}{dx}v-\frac{dg}{dx}v=V(x)$$

のように表せます．ここで，$V(x)$ は各位置 x での初期速度を指定する関数です．その結果

$$\frac{df}{dx}-\frac{dg}{dx}=\frac{1}{v}V(x)$$

となります．

この式を x に対して積分すれば，$V(x)$ の積分を $f(x)$ と $g(x)$ で

$$f(x)-g(x)=\frac{1}{v}\int_0^x V(z)dz \tag{3.13}$$

のように表せます[*7]．ここで $x=0$ は任意の出発位置を表していますが，解には影響を与えません．すでに (3.12) から知っているように，初期変位(I)は

*6　原著では $\left.\frac{\partial y(x,t)}{\partial t}\right|_{t=0}=\left.\frac{\partial f}{\partial \eta}\frac{\partial \eta}{\partial t}\right|_{t=0}+\left.\frac{\partial g}{\partial \xi}\frac{\partial \xi}{\partial t}\right|_{t=0}$ となっていますが，f, g は 1 変数関数($f(\eta)$, $g(\xi)$)なので $\frac{\partial f}{\partial \eta}$ と $\frac{\partial g}{\partial \xi}$ は常微分になります．そのため，$\frac{df}{d\eta}$ と $\frac{dg}{d\xi}$ に書き換えています．なお，このあとに登場する式にも同様の変更を行っています．

$f(x)$ と $g(x)$ で

$$f(x)+g(x) = I(x) \tag{3.12}$$

のように書けます．そのため，(3.13) と (3.12) を足し合わせると $f(x)$ だけ取り出せて

$$2f(x) = I(x)+\frac{1}{v}\int_0^x V(z)dz$$

となるので，f は

$$f(x) = \frac{1}{2}I(x)+\frac{1}{2v}\int_0^x V(z)dz \tag{3.14}$$

となります．

同様に，(3.12) から (3.13) を引くと $g(x)$ だけ取り出せて

$$2g(x) = I(x)-\frac{1}{v}\int_0^x V(z)dz$$

より，g は

$$g(x) = \frac{1}{2}I(x)-\frac{1}{2v}\int_0^x V(z)dz \tag{3.15}$$

です．

この計算でいったい何がうれしいのでしょう？　それは要するに，$f(x)$ と $g(x)$ を変位 $I(x)$ と横波の速度 $V(x)$ の初期条件で表せたことです．そして，もし $f(x)$ の式で x を $\eta=x+vt$ で置き換えるならば

$$f(\eta) = f(x+vt) = \frac{1}{2}I(x+vt)+\frac{1}{2v}\int_0^{x+vt} V(z)dz$$

---

*7　原著の (3.13) には $\int_0^x V(x)dx$ と書かれていますが，積分変数はダミー変数(ここでは z とする)なので $\int_0^x V(z)dz$ と書き換えています．なお，原著ではダミー変数を x としたままの式が続きますが，このままでは目的の式 (3.16) に到達するのは困難です(ちなみに，原著にも (3.16) だけダミー変数 z が使われています)．(3.13) のあとに続く式も，適宜，ダミー変数 z に置き換えています．

となり，$g(x)$ の式で x を $\xi=x-vt$ で置き換えるならば

$$g(\xi) = g(x-vt) = \frac{1}{2}I(x-vt) - \frac{1}{2v}\int_0^{x-vt} V(z)dz$$

となります．したがって，これら 2 つの式を使えば，全空間と全時間にわたる解 $y(x,t)$ を変位(I)と横波の速度(V)の初期条件を使って

$$\begin{aligned} y(x,t) &= f(x+vt)+g(x-vt) \\ &= \frac{1}{2}I(x+vt)+\frac{1}{2v}\int_0^{x+vt} V(z)dz \\ &\quad +\frac{1}{2}I(x-vt)-\frac{1}{2v}\int_0^{x-vt} V(z)dz \end{aligned}$$

のように表せます．最後の項の前にあるマイナス符号をプラスに変えて積分区間を書き換えると

$$y(x,t) = \frac{1}{2}I(x+vt)+\frac{1}{2}I(x-vt)+\frac{1}{2v}\int_{x-vt}^{x+vt} V(z)dz \tag{3.16}$$

のようにコンパクトに書けます*8．ここで z はダミー変数です(つまり，積分の計算過程だけで使用する変数なので，外部変数(ここでは x)以外の文字は自由に選べます)．

方程式 (3.16) は初期条件 $I(x)$ と $V(x)$ をもった波動方程式のダランベールの一般解です*9．したがって，もし $I(x)$ と $V(x)$ がわかっていれば，この方程式を使って任意の場所(x)と時刻(t)での解 $y(x,t)$ を見つけることができます．

(3.16) のような方程式に出会ったときにはいつも，その物理的な意味を理解しようと心がけるべきです．この場合は最初の 2 つの項が語っていることは単に，初期変位(つまり，波のプロフィール)の半分は $-x$ 方向に動き，残りの半分は $+x$ 方向に動くということです．

---

*8　(3.16) を**ストークスの波動公式**といいます．

*9　この 2 つの初期条件を与えて波動方程式 (3.1) を解く問題を，波動方程式に対する**コーシー問題**といいます．

3番目の項の意味は，すぐにはわからないかもしれません．しかし，積分の極限を考えることによって，これが任意の場所(x)で蓄積した変動であることがわかるはずです．なぜそうなるのかを理解するために，$x-vt$ から $x+vt$ までの積分区間の意味を考えましょう．これは，速さ v で伝播する変動が位置 x に到達する時間までの距離です．そのため，x のこの領域における初期速度の積分 V から，変動が任意の場所 x でどれくらい積み重ねられているかがわかります．

次の例題は，$I(x)$ と $V(x)$ が与えられたときに，(3.16) を使って $y(x,t)$ を求める方法を教えてくれます．

例題 3.2　初期変位の条件

$$y(x,0)=I(x)=\begin{cases}5\left(1+\dfrac{x}{L/2}\right) & -L/2<x<0 \text{ のとき}\\ 5\left(1-\dfrac{x}{L/2}\right) & 0<x<L/2 \text{ のとき}\\ 0 & \text{それ以外}\end{cases}$$

と横波の初期速度の条件

$$\left.\frac{\partial y(x,t)}{\partial t}\right|_{t=0}=0$$

をもつ波の変位 $y(x,t)$ を求めなさい．

初期変位(I)と横波の速度(V)が与えられているので，(3.16) を使えば $y(x,t)$ が求まります．しかし，まず図 3.2 のように初期変位の関数をプロットするのがよいでしょう．ただし，横波の初期速度は 0 なので，その関数をプロットする必要はありません．

いま，初期変位がどのようなものかわかったので，(3.16) を使うところまで来ています．つまり

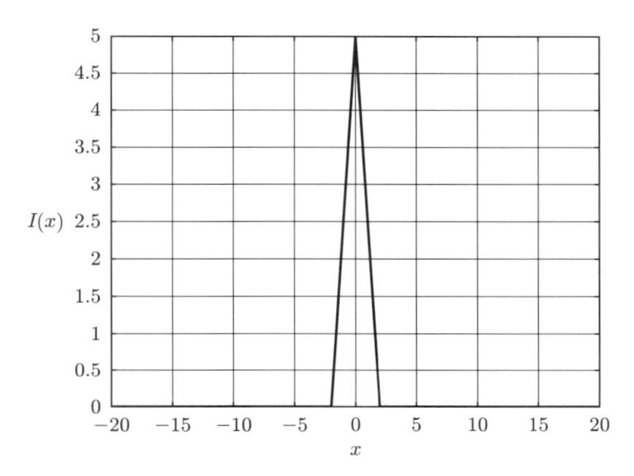

図 3.2　$L=4$ の初期変位 $I(x)$

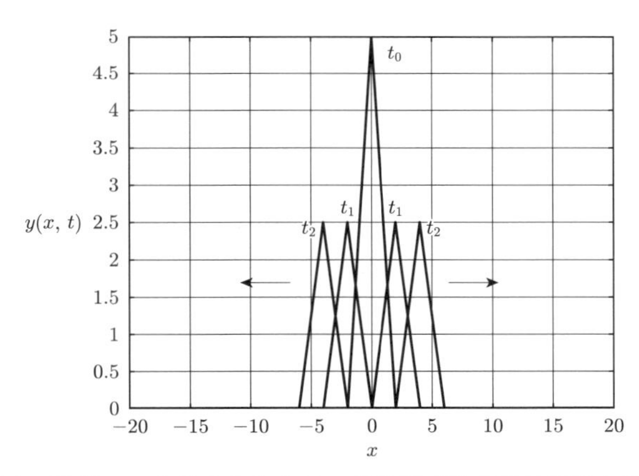

図 3.3　時刻 $t=0$ とそのあとの 2 つの時刻で逆方向に伝播する三角波の成分

$$
\begin{aligned}
y(x,t) &= \frac{1}{2}I(x+vt)+\frac{1}{2}I(x-vt)+\frac{1}{2v}\int_{x-vt}^{x+vt}V(z)dz \\
&= \frac{1}{2}\left[I(x+vt)+I(x-vt)\right]+0
\end{aligned}
$$

です．これは，図 3.3 からわかるように，時間とともに波の形を変えないで，x の負方向と正方向に伝播する波の初期波形をちょうど半分にしたものです．

この図 3.3 において，$x=0$ での高い三角波は，時刻 $t=0$ での $\frac{1}{2}I(x-vt)$ と $\frac{1}{2}I(x+vt)$ の和の $I(x)$ です．そのあとの時刻 $t=t_1$ では，波動関数 $I(x-vt)$ は右（正の x 方向）に距離 vt_1 まで伝播し，逆方向に伝播する波動関数 $I(x+vt)$ は左（負の x 方向）に同じ距離だけ動くので，2 つの波動関数は重なることはありません．$t=t_2$ でのプロットを見るとわかるように，時間とともに 2 つの波動関数は離れていきます． ■

この例題は，初期条件（時刻 $t=0$ での変位 $I(x)$ と横波の速度 $V(x)$）が与えられたときに，波動方程式のダランベールの解を使って $y(x,t)$ を決める方法を示したものです．この章の初めに述べたように，初期条件は境界条件の一部分です．境界条件とは，問題の「境界」での波動関数やその導関数を指定するものです．このような境界は，時間的なもの（たとえば，時刻ゼロや無限大）であったり空間的なもの（たとえば，$x=0$ と $x=L$）であったりします．

そのような一般的な境界条件を使って，波動方程式の解をどのようにして見つけるかを知るには，2.4 節の熱伝導方程式で説明した変数分離法をまず理解する必要があります．そこで述べたように，この方法を使うときは，（1 次元波動方程式の x と t のような）2 個あるいはそれ以上の変数を含む偏微分方程式の解が，ただ 1 つの変数をもった関数の積として書けることを仮定します．つまり，1 次元波動方程式では，解 $y(x,t)$ を x だけに依存する関数 $X(x)$ と，t だけに依存する関数 $T(t)$ の積であると仮定することです．したがって，$y(x,t)=X(x)T(t)$ を古典的な波動方程式

$$\frac{\partial^2 y}{\partial x^2} = \frac{1}{v^2}\frac{\partial^2 y}{\partial t^2}$$

に代入すると

$$\frac{\partial^2[X(x)T(t)]}{\partial x^2} = \frac{1}{v^2}\frac{\partial^2[X(x)T(t)]}{\partial t^2} \tag{3.17}$$

のようになります．しかし，時間の関数 $T(t)$ は空間 x に依存せず，空間の関数 $X(x)$ は時間 t に依存しないので，左辺の T と右辺の X はそれぞれ微分の

外に出せて

$$T(t)\frac{d^2X(x)}{dx^2} = \frac{1}{v^2}X(x)\frac{d^2T(t)}{dt^2} \tag{3.18}$$

と書けます[*10]．次のステップは，両辺を 2 つの関数の積($X(x)T(t)$)で割ることです．そうすると

$$\frac{1}{X(x)}\frac{d^2X(x)}{dx^2} = \frac{1}{v^2}\frac{1}{T(t)}\frac{d^2T(t)}{dt^2} \tag{3.19}$$

の形になります．注意してほしいことは，左辺は x だけに依存し，右辺は t だけに依存していることです．2.4 節で説明したように，これは左辺と右辺がともに定数でなければならないことを意味します．この定数(**分離定数**)を α として

$$\frac{1}{X}\frac{d^2X}{dx^2} = \alpha$$

$$\frac{1}{v^2}\frac{1}{T}\frac{d^2T}{dt^2} = \alpha$$

のように置いてから

$$\frac{d^2X}{dx^2} = \alpha X \tag{3.20}$$

$$\frac{d^2T}{dt^2} = \alpha v^2 T \tag{3.21}$$

と書いてみます．

さて，これらの方程式の意味を考えてみましょう．これは，それぞれの関数(X と T)の 2 階導関数が，それらの関数に定数を掛けたものに等しいことを述べています．このような要求を満足する関数は，どのようなものでしょう

---

*10　原著は $T(t)\frac{\partial^2X(x)}{\partial x^2} = \frac{1}{v^2}X(x)\frac{\partial^2T(t)}{\partial t^2}$ と書かれていますが，$X(x)$ と $T(t)$ はともに 1 変数関数なので，正確に書けば常微分 $T(t)\frac{d^2X(x)}{dx^2} = \frac{1}{v^2}X(x)\frac{d^2T(t)}{dt^2}$ となります．そのため，この後に登場する方程式 (3.18)〜(3.23) も常微分に書き換えています．

か．第 2 章で説明したように，調和的な関数[*11]（サイン関数とコサイン関数）がこの要求に合致します．

(3.20) と (3.21) を満たす調和的な関数の引数を決めるために，定数 α は $-k^2$ に等しいと置きます．なぜこの定数を負にして，2 乗するのかという理由を理解するために，まず $X(x)$ に対する方程式

$$\frac{d^2X}{dx^2} = \alpha X = -k^2X \tag{3.22}$$

を考えてみましょう．この方程式の解は $\sin(kx)$ と $\cos(kx)$ を含んでいます．このことは，$\sin(kx)$ と $\cos(kx)$ を (3.22) に代入すればわかります．そして，kx がサインやコサイン関数の引数として現れるとき，k の意味が明らかになります．x は距離なので，k は距離の次元を角度ラジアンに変換しなければなりません（SI 単位では，メートルからラジアンへの変換です）．第 1 章で説明したように，これはまさに波数（$k=2\pi/\lambda$）の役目です．いま分離定数 α を $-k^2$ と置くことによって，波動方程式の解の中に波数を明示的にもち込んだことになります．

$T(t)$ に対する方程式はどうなるでしょうか．分離定数 α を $-k^2$ と置くと

$$\frac{d^2T}{dt^2} = \alpha v^2T = -v^2k^2T \tag{3.23}$$

です．この解には $\sin(kvt)$ と $\cos(kvt)$ が含まれます．これは，kv が角振動数（ω）を表していることを意味します．もし，k が波数を表し，v が波の位相速度を表していれば，正しい答えです（なぜなら $(2\pi/\lambda)v=2\pi\lambda f/\lambda=2\pi f=\omega$ という関係があるからです）．

そのため，波動方程式の変数 x，t を変数分離すれば，$y(x,t)=X(x)T(t)$ の形の解になります．このとき，関数 $X(x)$ は $\sin(kx)$ か $\cos(kx)$ になり，関数 $T(t)$ は $\sin(kvt)$ か $\cos(kvt)$ になります．これらの関数（サインとコサイン）は役に立ちますが，空間の関数 $X(x)$ と時間の関数 $T(t)$ に対して，サイン関数

[*11]　原著の harmonic function は専門用語としての**調和関数**を指す場合がありますが，この文脈では，単に調和振動を与える三角関数を意味しているので，**調和的な関数**と訳します．

とコサイン関数のどちらか(あるいは，これらの組み合わせ)を選ぶには，どのようにすればよいのでしょうか．

その答えを与えるのが，境界条件です．空間や時間の特定の場所において解(あるいは，その導関数)がもたねばならない値を知れば，あなたは適切な関数(境界条件に適合する関数)を選ぶことができます．このような境界条件は，弦の端で変位がゼロの点であったり，電磁波の源近くの伝導板であったり，あるいは量子的な波の場合はポテンシャルのバリアーであるかもしれません．

境界条件の使い方を教えてくれる例題 3.3 にとりかかる前に，なぜサイン関数とコサイン関数の組み合わせ(もっとよいのは，サイン関数とコサイン関数の重み付けされた組み合わせ)のほうが，単なるサイン関数やコサイン関数よりも一般的な解を与えられるのかを，少し時間をさいて考えてみましょう．まず，関数 $X(x)=\sin(kx)$ や関数 $X(x)=\cos(kx)$ が $x=0$ でどのようになるかを考えてみます．関数 $X(x)=\sin(kx)$ は $x=0$ でゼロでなければなりません(なぜなら $\sin 0=0$)．一方，関数 $X(x)=\cos(kx)$ は $x=0$ で最大値でなければなりません(なぜなら $\cos 0=1$)．しかし，$x=0$ で変位がゼロでも最大でもないような境界条件であれば，どのようにすればよいでしょうか．もし，解で使用する関数をサイン関数かコサイン関数だけに制限していたら，その解はこの境界条件を決して満たしません．

関数 $X(x)$ が，$X(x)=A\cos(kx)+B\sin(kx)$ のようにサイン関数とコサイン関数の重み付けされた組み合わせで定義されていたら，何が起こるかを考えてみましょう．重み付けの係数 A と B は，あなたにどれくらいのコサイン関数と，どれくらいのサイン関数が混ざって組み合わせられているかを教えてくれます．そして，それぞれを右辺で足し合わせると，非常に強力な効果を発揮します．

それを見るために，図 3.4 の 4 つの波形を見てみましょう．それぞれの波形は $X(x)=A\cos(kx)+B\sin(kx)$ を表しています．しかし，重み付けの係数 A と B の相対的な値は異なっています．図からわかるように，$kx=0$ で山をもっている波形(左端)は $A=1$ と $B=0$ なので，純粋なコサイン関数です．$kx=$

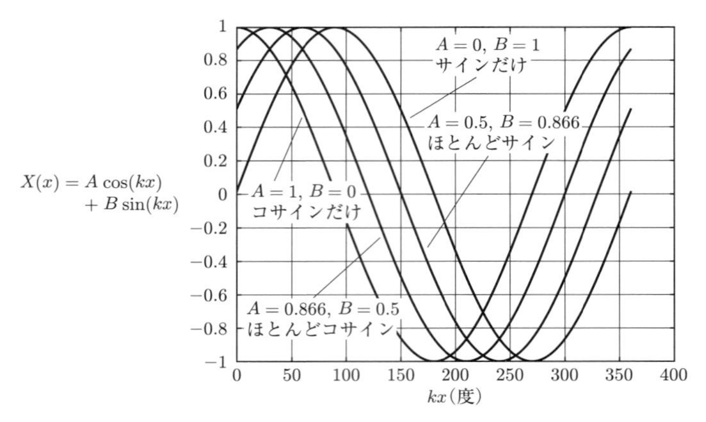

図 3.4　サイン関数とコサイン関数の重み付けされた組み合わせ

90° で山をもっている波形（右端）は $A=0$ と $B=1$ なので，純粋なサイン関数です．

さて，純粋なコサイン関数と純粋なサイン関数の間に山をもつ 2 つの波形を見てみましょう．$A=0.866$ と $B=0.5$ をもった波形（ほとんどコサインと記されています）は，$kx=30°$ で山をもっています．そして，$A=0.5$ と $B=0.866$ をもった波形（ほとんどサインと記されています）は，$kx=60°$ で山をもっています．図からわかるように，サイン関数とコサイン関数の割合は，組み合わされた波形の山の左右の位置を決定します．ここでは，すべての波形が同じ高さをもつように，$A^2+B^2=1$ を共通に課しています．しかし，もし境界条件が x の特定の値で $X(x)$ の指定された値を要求すれば，重み係数 A と B はその条件を満たすように調整されます．

波について勉強しているときに「ほとんどの一般解はこのような関数の組み合わせである」といった文章に頻繁に遭遇する理由は，ここにあります．要するに，サイン関数とコサイン関数に適当な重み係数をつけた関数を組み合わせることにより，サイン関数とコサイン関数のどちらかだけを使うよりもずっと多くの条件を満たす波動方程式の解が得られます．

位相定数（ϕ_0）を使って一般解を $C\sin(\omega t+\phi_0)$ のように書くのは，波動関数

を x 軸あるいは t 軸に沿ってシフトさせる非常に有効な方法です．そして，波形の高さは境界条件に合うように定数 C で調整できます．一方，時間軸に沿った山の位置は，位相定数 ϕ_0 で調整できます．

次の例題は，特定の位置や区間に制限されている弦の問題に，境界条件を適用する方法を教えてくれます．

例題 3.3 両端が固定されている弦を伝わる波によって生じる変位 $y(x,t)$ を求めなさい．

弦は両端で固定されているので，弦の両端にあたる場所では，常に $y(x,t)$ は 0 になります．もし，弦の一端を $x{=}0$，もう一端を $x{=}L$ と定義すれば（L は弦の長さ），$y(0,t){=}0$ と $y(L,t){=}0$ です．$y(x,t)$ を距離の関数 $X(x){=}A\cos(kx){+}B\sin(kx)$ と時間の関数 $T(t)$ の積に分けることは

$$
\begin{aligned}
y(0,t) = X(0)T(t) = [A\cos(0)+B\sin(0)]\,T(t) = 0 \\
[(A)(1)+(B)(0)]\,T(t) = 0
\end{aligned}
$$

を意味します．この式はすべての時間（t）で正しいはずなので，コサイン項の重み付けの係数 A は 0 でなければなりません．一方，弦のもう一方の端（$x{=}L$）に境界条件を適用すると

$$
\begin{aligned}
y(L,t) = X(L)T(t) = [A\cos(kL)+B\sin(kL)]\,T(t) = 0 \\
[0\cos(kL)+B\sin(kL)]\,T(t) = 0
\end{aligned}
$$

となります．この式もすべての時間で正しいはずなので，これは $B{=}0$ か $\sin(kL){=}0$ かのいずれかを意味します．（$A{=}0$ であることは知っているので）$B{=}0$ は任意の時間で弦上のどこも変位しないという，まったく面白くない状況になります．そのため，B は 0 でなく $\sin(kL)$ が 0 であるという状況を考えるほうが楽しいはずです．$k{=}2\pi/\lambda$ なので，この場合は

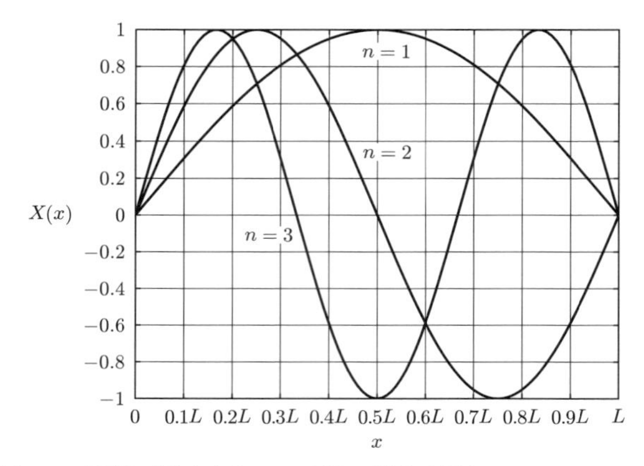

図 3.5　両端が固定されている弦に対する最初の 3 つのモード

$$\sin(kL) = \sin\left(\frac{2\pi L}{\lambda}\right) = 0$$

$$\frac{2\pi L}{\lambda} = n\pi$$

$$\lambda = \frac{2L}{n}$$

という関係式を得ます．ここで，n は任意の正の整数です（n をゼロや負にとっても，面白い物理は出てきません）．

これは，両端が固定されている弦に対して，波長（λ）は $2L$（n=1 のとき），L（n=2 のとき），$2L/3$（n=3 のとき）のような値をとることを意味します．図 3.5 にそれぞれの波のモード*[12]がどのように見えるかを示しています．

正の整数 n をもった λ=$2L/n$ は，両端が固定されている弦の許容される波長を定義します．これらの値以外の λ は，弦の両端で変位が 0 にはならないので，$X(0)$=0 と $X(L)$=0 という境界条件を満たしません．したがって，一

*[12]　系全体が 1 つの振動数で単振動するとき，その振動の様子をノーマルモード（**基準振動**）とよびます．そして，図 3.5 のそれぞれの振動パターンを**モード**（mode）とよびます．なお，図 3.8 の解説文のあとに出てくる「基本モード」と「高次モード」も参照してください．

般解はこれらの波形の，ある重み付けした組み合わせになります．つまり

$$\begin{aligned} X(x) &= B_1 \sin\left(\frac{\pi x}{L}\right) + B_2 \sin\left(\frac{2\pi x}{L}\right) + B_3 \sin\left(\frac{3\pi x}{L}\right) + \cdots \\ &= \sum_{n=1}^{\infty} B_n \sin\left(\frac{n\pi x}{L}\right) \end{aligned}$$

です．重み係数 B_n は，このような波形がそれぞれどれくらい存在するかを正確に決めます．そして，このような係数 B_n の大きさは，あなたが弦をどのように弾(はじ)いたり叩(たた)いたりするかに依存します．

たとえば，弦の数カ所で，ある初期変位だけ引っ張って弦を弾くとしましょう．このとき，境界条件の 1 つは，時刻 $t=0$ での各位置における初期変位の量 $y(x,0)$ を指定します．そして，もう 1 つの境界条件は，時刻 $t=0$ で横波の初期速度 $\partial y(x,t)/\partial t$ が 0 であることを指定します．

あるいは，弦の 1 カ所を叩いて弦に横波の初期速度を与えるとしましょう．この場合，境界条件の 1 つは，時刻 $t=0$ での各位置における初期変位が $y(x,0)=0$ であることを指定します．そして，もう 1 つの境界条件は，時刻 $t=0$ で横波の初期速度 $\partial y(x,t)/\partial t$ が初期速度 v_0 に等しいことを指定します．

これがどのように使われるかを知るために，弦を小さなハンマーで叩いて，弦に横波の初期速度 v_0 を与える場合を考えましょう．このとき，叩かれた瞬間の弦は平衡状態にあったとします（変位ゼロなので，すべての x で $y(x,0)=0$）．これまでに説明したように，空間と時間の成分を分け，$T(t)$ をサイン関数とコサイン関数の重み付けされた組み合わせで，次のように書きます．

$$T(t) = C\cos(kvt) + D\sin(kvt) = C\cos\left(\frac{2\pi}{\lambda}vt\right) + D\sin\left(\frac{2\pi}{\lambda}vt\right)$$

ここで，重み係数 C と D は境界条件で決定されます．

$X(x)$ の解析から，両端が固定されている弦に対して $\lambda=2L/n$ であることを知っているので，$T(t)$ の式は

$$T(t) = C\cos\left(\frac{2\pi}{\lambda}vt\right) + D\sin\left(\frac{2\pi}{\lambda}vt\right)$$
$$= C\cos\left(\frac{2\pi}{2L/n}vt\right) + D\sin\left(\frac{2\pi}{2L/n}vt\right)$$
$$= C\cos\left(\frac{n\pi}{L}vt\right) + D\sin\left(\frac{n\pi}{L}vt\right)$$

となります．

この式を得たので，時刻 $t=0$ ですべての x 値に対して変位は 0 であるという境界条件が適用できます．つまり

$$y(x,0) = X(x)T(0) = X(x)[C\cos(0)+D\sin(0)] = 0$$
$$X(x)[(C)(1)+(D)(0)] = 0$$

です．すでに距離の関数 $X(x)$ は $X(x)=\sum_{n=1}^{\infty} B_n \sin(n\pi x/L)$ であることを知っていますが，この $X(x)$ は x のすべての値でゼロではないので，上の式から C がゼロでなければならないことがわかります．したがって，$T(t)$ の一般解は n の各値に対するサイン項の和で

$$T(t) = \sum_{n=1}^{\infty} D_n \sin\left(\frac{n\pi}{L}vt\right)$$

のように表せます．$X(x)$ と $T(t)$ を結合し，重み係数 D_n を B_n に吸収すれば，変位に対する解は

$$y(x,t) = X(x)T(t) = \sum_{n=1}^{\infty} B_n \sin\left(\frac{n\pi x}{L}\right)\sin\left(\frac{n\pi vt}{L}\right) \tag{3.24}$$

となります[*13]． ■

---

*13　波の変動 y が $y(x,t)=X(x)T(t)$ の形に表される場合，波の時間的な変動は空間的に伝播しません．これが変数分離をする背景にある物理的な描像です．

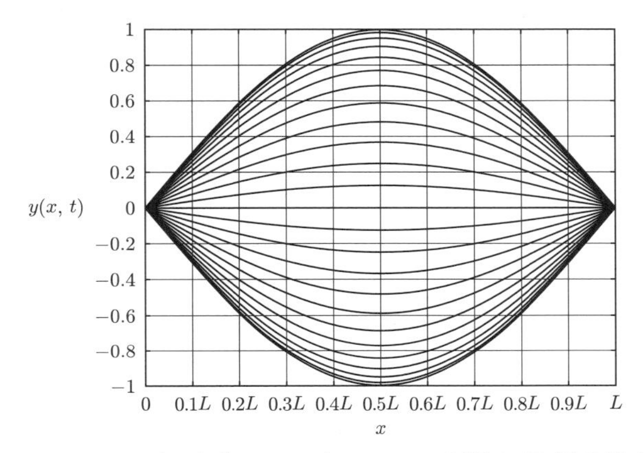

図 3.6　n=1 の $y(x,t)$ を kvt=0 と kvt=2π の間の 50 個の異なる時間でプロットした波形

この式の n=1 項は，図 3.6 に kvt=0 と kvt=2π の間の，50 個の異なる時間でプロットされています．この図からわかるように，これは定在波の例です．n=1 のときは，2 個の節(ゼロ変位の場所)があります．それらは弦の両端の節です．そして，弦の中央に腹(最大変位の場所)が 1 個あります．2 つのサイン項のそれぞれの役割を考えることによって，このプロットの形を $y(x,t)$ の (3.24) に関係づけることができます．空間的なサイン項，これは $\sin(n\pi x/L)$ (あるいは，n=1 のときの $\sin(\pi x/L)$)ですが，距離 x=0 から x=L までのサイン波の半サイクルを生じます(なぜなら，この x の範囲で，$\sin(\pi x/L)$ の引数は 0 から π まで進むからです)．

時間的なサイン項，$\sin(n\pi vt/L)$ (あるいは，n=1 のときの $\sin(\pi vt/L)$)の効果を理解するために，vt=$(\lambda f)t$ と f=$1/T$ を思い出してください．T は振動の周期です．したがって，$n\pi vt/L$=$n\pi\lambda t/(TL)$ です．そして，両端固定の弦では λ=$2L/n$ なので，$n\pi\lambda t/(TL)$ は $2n\pi Lt/(nTL)$=$2\pi t/T$ となります．この形にすれば，この項が t=0 でゼロ値($\sin 0$=0 なので)から時刻 t=$T/4$ で最大値の +1 ($\sin[2\pi(T/4)/T]$=$\sin(\pi/2)$=1 なので)まで変化し，時刻 t=$T/2$ でゼロに戻ることがわかります($\sin[2\pi(T/2)/T]$=$\sin(\pi)$=0 なので)．そして，

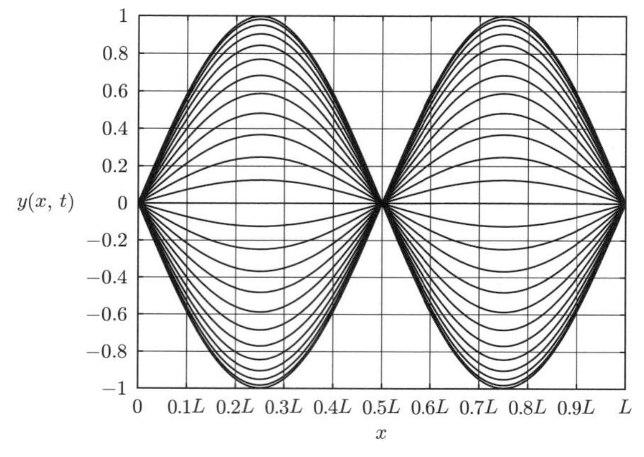

図 3.7　$n=2$ での $y(x,t)$

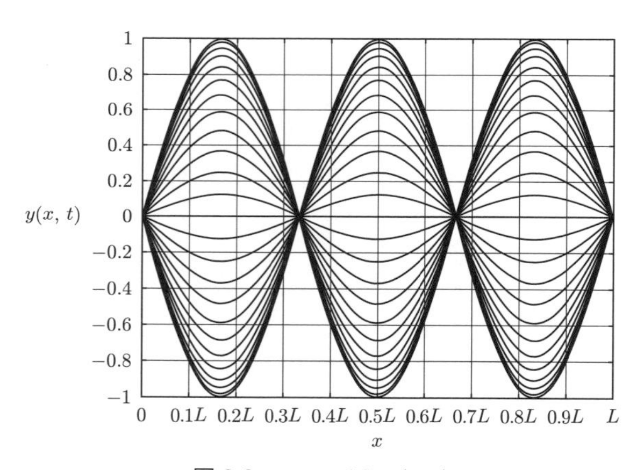

図 3.8　$n=3$ での $y(x,t)$

時刻 $t=3T/4$ で負の最大値 -1 になり（$\sin[2\pi(3T/4)/T]=\sin(3\pi/2)=-1$ なので），時刻 $t=T$ でゼロに戻る（$\sin[2\pi(T)/T]=\sin(2\pi)=0$ なので）ことも容易にわかります．このような時間的な振動は，図 3.6 の半サイン波に埋め込まれた線として見ることができます．

同様な解析は，$n=2$ のときにも適用できます．しかしこの場合には，図 3.7 からわかるように，空間的なサイン項は $x=0$ から $x=L$ の区間で 1 サイクルを示します．ここでは，3 個の節と 2 個の腹があることに注意してください．なお，節と腹に対する一般的なルールとして，両端を固定した弦には $n+1$ 個の節と n 個の腹が存在します．

図 3.8 には $n=3$ の場合の解析結果が示されています．この図からわかるように，空間的なサイン項は $x=0$ から $x=L$ の区間で 1.5 サイクルです．

両端が固定されている弦のこのような振動モードを**ノーマルモード**とよびます．そして，n の値を**モードの次数**とよびます．$n=1$ のモードは，振動の**基本モード**といいます．そして，より大きな n のモードを**高次モード**といいます．また，ノーマルモードが**固有関数**とよばれることもあります．これは量子力学的な波を扱う第 6 章に登場します．

この節で記述したテクニックは，弦上に現れる波形について多くの情報をもたらします．しかし，気づいているかもしれませんが，(3.24) の B_n のような重み付け係数の値を境界条件から決定するプロセスをまだ説明していません．このプロセスを理解するために，フーリエの理論の基礎になじむ必要があります．これを次節で説明します．

3.3　フーリエの理論

この章の初めで述べたように，フーリエの理論には互いに関連しながらも異なった 2 つのものが含まれています．それは，フーリエ合成[*14]とフーリエ解析です．名前が示唆するように，フーリエ合成とは，サイン関数とコサイン関数(これらを**基底関数**といいます)を使い，振動数成分を正しく混合して波形を合成することです．一方，フーリエ解析とは，ある波形をそれが作られている振動数成分に「分解する」こと，そして，分解した成分の振幅と位相を見つけることです．

[*14] Fourier synthesis の訳語です．synthesis は合成，総合，統合などの意味をもち，フーリエ解析(Fourier analysis)の analysis(解析，分析)と対照的な用語です．ただし，Fourier synthesis の定訳はないようです．

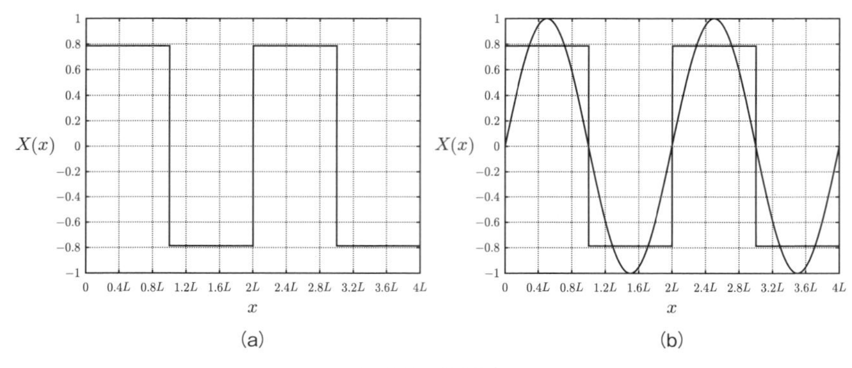

(a)　(b)

図 3.9　矩形波

あなたが 3.1 節と 3.2 節の内容や結論を理解していれば，すでにフーリエの理論の背後にある重要な原理の 1 つについて，いくつかの例を見たことになります．それは**重ね合わせの原理**です．これは，波動方程式の任意の解の和も，同じ波動方程式の解になるということを述べたものです．第 2 章で説明したように，これは波動方程式が線形であるために成り立つ性質です．というのは，2 階微分の計算は線形的な演算だからです．そのため，波動方程式(反対方向に伝播する 2 つの波の組み合わせとして波を表している方程式)に対するダランベールの一般解や，サイン関数とコサイン関数を重み付けして組み合わせた解などは，すべて重ね合わせの例です．

重ね合わせの原理の真の威力がわかったのは 1800 年代初頭で，フランスの数理物理学者フーリエが，どのように複雑な関数でも調和的な関数(サインとコサイン)の級数を組み合わせれば再現できることを証明したときでした．当時，フーリエは熱伝導体内に流れる熱流を調べていましたが，彼の理論は 200 年以上も経った現代においても，理工学のさまざまな領域に適用されています．

フーリエ合成でどのように重ね合わせの原理がはたらくかを示す例として，図 3.9(a)の矩形波(くけいは)を考えましょう．この図は，空間的な周期(波が同じ波形を繰り返す距離)が $2L$ で，x の値は $-\infty$ から $+\infty$ までの範囲にある波の 2 サイ

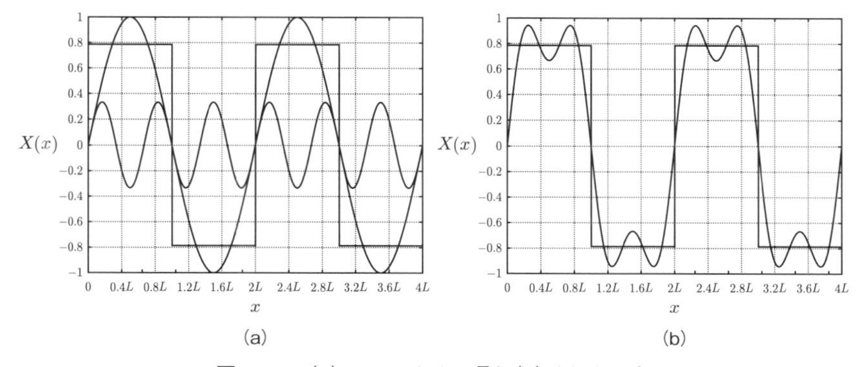

(a)　(b)

図 3.10　(a) 2 つのサイン項と (b) それらの和

クル分を示しています．直線と鋭い角をもっているこの関数が，サイン関数とコサイン関数の滑らかな曲線で構築されうることは信じがたいかもしれません．しかし，正しい振幅と振動数をもったサイン波の級数が，この直線と鋭い角をもった関数に収束することは証明されています．

このプロセスを見るために，図 3.9(b)のサイン波を見てみましょう．矩形波のゼロ交差点とサイン波のゼロ交差点が一致することからわかるように，サイン波の空間的な周期(1 サイクルの距離)は，矩形波の周期と一致するように選ばれています．しかし，サイン波の振幅は矩形波の振幅よりも約 27% ほど大きくなっています．その理由は，この**基本波**に付加的なサイン波が加えられるときに明らかになります．

図 3.9(b)のサイン波の振動数は，図 3.9(a)の矩形波の振動数と一致していますが，矩形波の角と垂直方向のジャンプ(不連続)はこのサイン波に欠けています．

しかし，図 3.10 には，基本波の 1/3 の振幅と 3 倍の振動数をもった 2 番目のサイン波を基本波に加えると，何が起こるかが示されています．図 3.10(a)からわかるように，基本波が矩形波の値を超えた場所で，この 2 番目のサイン波は負の値をもっています．したがって，これを基本波に加えると，その超過分を減少させるので，2 つのサイン波の和の値は矩形波の値に近づきます．

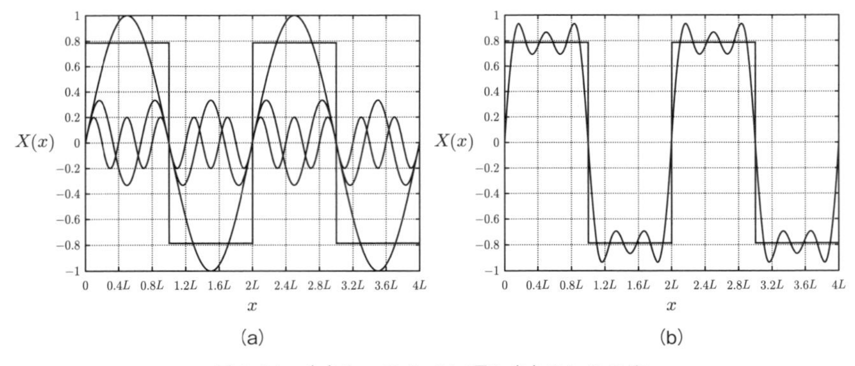

図 3.11　(a) 3 つのサイン項と (b) それらの和

同様に，基本波が矩形波の値より小さな値をもつ場所で，この 2 番目のサイン波は正の値をもっているので，その低い場所を埋めることになります．基本波と 2 番目のサイン波の和を描いた図 3.10(b) を見れば，矩形波に対する近似はよくなっていることがわかります．しかし，もっとよくできるはずです．

おそらく推測できるでしょうが，次のステップはさらに別のサイン波を加えることです．そして，この 3 番目の成分は振動数が基本波の 5 倍であり，振幅は基本波の 1/5 倍です．振動数と振幅の値は，なぜこのような値になるのでしょうか．図 3.11(a) からわかるように，基本波と 2 番目のサイン波の和の値が矩形波に届かない数カ所で，3 番目のサイン波は正の値をもっています．そして，基本波と 2 番目のサイン波の和の値が矩形波を超える場所で，3 番目のサイン波は負の値をもっています．この 3 番目のサイン波をそれらに加えると，図 3.11(b) のような波形になります．これは明らかに，矩形波に対して近似がよくなっています．

正しい振動数と振幅をもったサイン波を加え続けると，その和は目標の矩形波にだんだんと近づいていきます．この場合，振動数は基本振動数の奇数倍でなければなりません．そして，振幅は同じ奇数の逆数倍で減少しなければなりません．したがって，この矩形波に収束するサイン波の級数の項は $\sin(\pi x/L), \dfrac{1}{3}\sin(3\pi x/L), \dfrac{1}{5}\sin(5\pi x/L), \cdots$ のようになります．16 項まで加

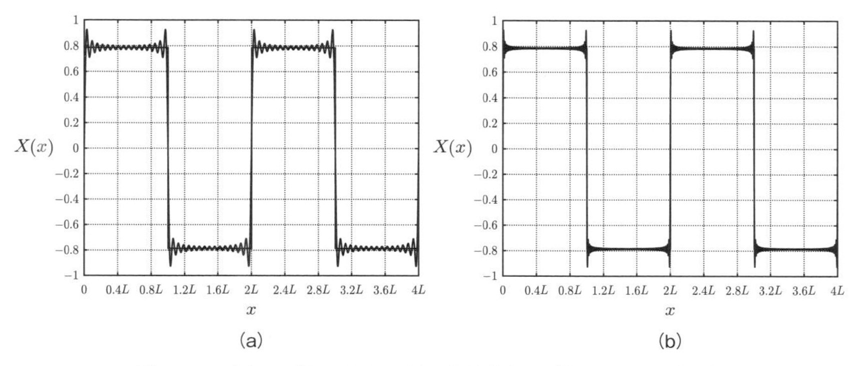

図 3.12　(a) 16 個のサイン項の和と (b) 64 個のサイン項の和

えた結果を図 3.12(a)に，64 項まで加えた結果を図 3.12(b)に示しています．矩形波に対する近似の度合いは，加える項を増やしていくにつれ，よくなっていきます．級数は無限個の項をもっていますが，成分の和と理想的な矩形波との差を十分に小さくするために，何百個もの項は必要としません．

常につきまとう差は，矩形波の不連続点の前後で生じる小さな振動です．これは**ギブスのさざ波**[*15]とよばれるもので，級数の項をどんなにたくさん加えても矩形波の不連続点で約 9% の超過が生じます．しかし，図 3.12(a)と図 3.12(b)でわかるように，より多くの項を加えると，「ギブスのさざ波」の振動数が増加し，不連続点近傍での水平方向の広がりも減少します．

図 3.10 と図 3.11 のような図は，フーリエ合成を説明するのに役立ちますが，波の振動数成分を表示する，もっと効果的な方法があります．波形そのものを空間や時間に対して描く(つまり，縦軸に変位，横軸に距離や時間の値をもったグラフを作る)代わりに，それぞれの振動数成分の振幅を表した棒グラフを作ります．このタイプのグラフを**振動数スペクトル**とよび，典型的には各振動数成分の振幅を縦軸に，そして，振動数(f や ω)か波数(k)を横軸にして描きます．図 3.13 に**波数スペクトル**(または**空間的な振動数領域プロット**)の

[*15] Gibbs ripple(ギブス・リプル)の訳語です．不連続点付近に残存する振動現象で，**ギブス現象**として知られています．ギブスは米国の理論物理学者(1839-1903)です．

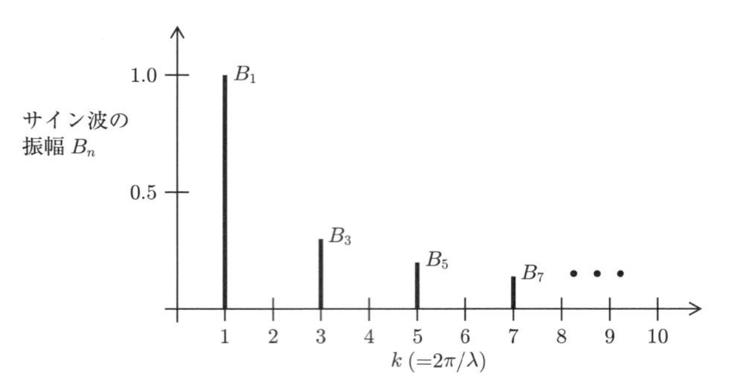

図 3.13　矩形波の片側サイン波スペクトル

例を示しています．

この図は，矩形波を作るサイン波のうち最初の 4 つの振幅を示しています(これらは B_1, B_3, B_5, B_7 などの奇数値の成分です．一方，この矩形波に対して，偶数値の成分はすべてゼロになることを思い出してください)．矩形波を(図 3.9(a)のような ±0.785 ではなく) +1 と −1 の間で振動させたいならば，このような振動数成分のそれぞれの係数に $4/\pi \approx 1.27$ のファクターを掛ければよいでしょう[*16]．

この図 3.13 は，片側強度スペクトルの例で，振動数成分の大きさが正の振動数に対してだけ示されています．これは，合成波の中にどの振動数成分が(そして，それぞれがどの程度の大きさで)存在するかを簡単に教えてくれます．しかし，このような振幅が(たとえば，コサイン波ではなく)サイン波に適用されることを見わける唯一の方法は，グラフ上のラベリングだけです．

完全な両側強度スペクトルは，正と負の振動数の両方に対する成分の振幅を示します．このようなスペクトルは，サイン波とコサイン波を生み出す「回転する位相ベクトル」に関する，すべての情報を含んでいます(1.7 節を参照)．

*16　$B_n = \frac{2}{L}\int\left(\frac{\pi}{4}\right)\sin\left(\frac{n2\pi x}{2L}\right)dx$ の $\frac{\pi}{4} \approx 0.785$ を 1 にするには，$\frac{4}{\pi} \approx 1.27$ を両辺に掛けて $\frac{4}{\pi}B_n = \frac{2}{L}\int\frac{4}{\pi}\left(\frac{\pi}{4}\right)\sin\left(\frac{n2\pi x}{2L}\right)dx = \frac{2}{L}\int(1)\sin\left(\frac{n2\pi x}{2L}\right)dx$ とすればよい．

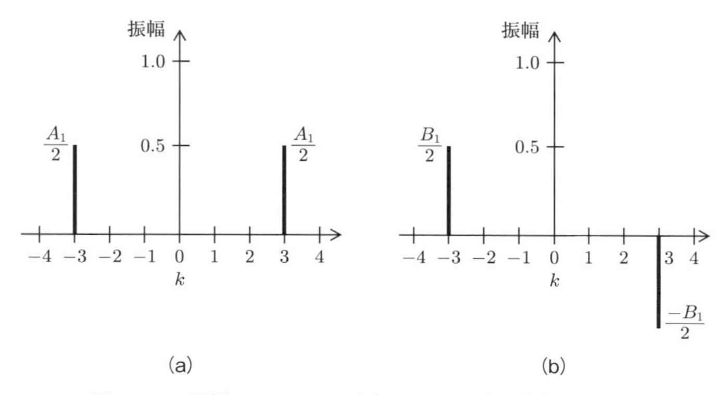

図 3.14　両側スペクトル: (a) コサイン波と (b) サイン波

単一振動数のコサイン波の両側スペクトルは図 3.14 (a) に，単一振動数のサイン波の両側スペクトルは図 3.14 (b) に示されています．これらの波はともに，波数 $k=3$ をもっています．

注意してほしいことは，完全な両側強度スペクトルでは，ゼロ振動数の両側での棒の高さがコサインの係数 (A_n) やサイン係数 (B_n) の値の半分だということです[*17]．これがコサイン関数 ((1.43)) とサイン関数 ((1.44)) に対するオイラーの公式と折り合いをつけているのです．もう 1 つ注意してほしいことは，コサイン波では負の振動数成分も正の振動数成分も正の値であること，一方，サイン波は正の振動数成分が負の値であることです．これは，(1.43) と (1.44) の逆方向に回転する位相ベクトルの符号と一致しています[†3]．

---

*17　$A_1 \cos 3x = A_1 \dfrac{e^{i3x}+e^{-i3x}}{2} = \dfrac{A_1}{2} e^{i3x} + \dfrac{A_1}{2} e^{-i3x}$ から係数の大きさが半分になることと，正の成分 (e^{i3x} の係数) と負の成分 (e^{-i3x} の係数) がともに正 ($\dfrac{A_1}{2}$) であることがわかります．一方，$B_1 \sin 3x = B_1 \dfrac{e^{i3x}-e^{-i3x}}{2i} = i\left(-\dfrac{B_1}{2} e^{i3x} + \dfrac{B_1}{2} e^{-i3x}\right)$ から係数の大きさが半分になることと，正の成分 (e^{i3x} の係数) が負 ($-\dfrac{B_1}{2}$)，負の成分 (e^{-i3x} の係数) が正 ($\dfrac{B_1}{2}$) であることがわかります．

†3　負の振動数成分でなく正の振動数成分のほうが負になる理由がわからなければ，サイン関数に対するオイラーの公式が分母に i を含んでいること，そして，$1/i=-i$ であることを思い出してください．

おそらく $X(x)$ のような空間的な波動関数と，$T(t)$ のような時間的な波動関数の両方に適用されるフーリエ合成に出会うことがあるでしょう．空間的な場合の波動関数 $X(x)$ は，周期的（つまり，それ自身が繰り返す）な空間の振動数成分（波数成分）から構成されています．$X(x)$ が周期 $2L$ をもつ波動関数のとき，そのフーリエ合成の式（フーリエ級数展開）は

$$X(x) = A_0 + \sum_{n=1}^{\infty} \left[A_n \cos\left(\frac{n2\pi x}{2L} \right) + B_n \sin\left(\frac{n2\pi x}{2L} \right) \right] \tag{3.25}$$

で与えられます．この式で，A_0 項は $X(x)$ の定数（非振動）の平均値を表します（直流（direct current）は振動しないので，**DC 値**ともいいます）．係数 A_n，B_n は関数 $X(x)$ を再現するために混合する成分の大きさで，係数 A_n (A_1, A_2, A_3 など）はコサイン成分を，係数 B_n (B_1, B_2, B_3 など）はサイン成分をそれぞれどれくらい加えるかを表しています．なお，空間的な周期（$2L$）の役割がはっきりとわかるように，(3.25) のサイン関数とコサイン関数の引数の分子と分母にある係数 2 は，キャンセルせずに残したままにしています．

時間的な場合の波動関数 $T(t)$ は，時間に対して周期的な振動数成分から構成されています．$T(t)$ が時間的周期 P をもつ波動関数のとき[†4]，そのフーリエ合成の式は

$$T(t) = A_0 + \sum_{n=1}^{\infty} \left[A_n \cos\left(\frac{n2\pi t}{P} \right) + B_n \sin\left(\frac{n2\pi t}{P} \right) \right] \tag{3.26}$$

で与えられます．ここの各項は (3.25) の各項と同じで，サイン関数とコサイン関数の引数の分母にある空間的周期 $2L$ が，時間的周期 P に置き換わっているだけです．

図 3.9（a）の矩形波を作る DC 項（A_0）とコサイン成分（A_n），サイン成分（B_n）をもう一度考えてみましょう．これらの係数のいくつかを，あるいは，すべての値を変えると，級数の項を足し合わせたときに得られる関数の性質は著しく変化します．たとえば，サイン係数の振幅を $1/n$ ではなく $1/n^2$ で減少

[†4] ここで，周期を表すのに P を使うのは，関数 $T(t)$ と混同するのを避けるためです．

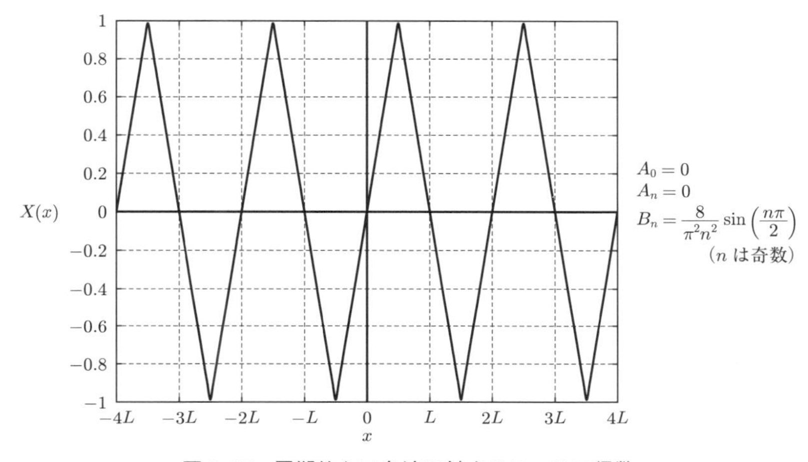

図 3.15　周期的な三角波に対するフーリエ級数

するように矩形波の係数を変更すれば，図 3.15 のような波形になります．見てのとおり，このような異なる係数は矩形波ではなく三角波を作ります．

サイン係数(B_n)の式を三角波の図の右側に書いています．この式で，$\sin(n\pi/2)$ 項が B_3，B_7，B_{11} などの係数を負にします．各項の前にある係数 $8/\pi^2$ は，得られた波の最大値と最小値が $+1$ と -1 の間に収まるようにしています[*18]．

さて，図 3.16 でオフセット(片寄り)のある三角波を見てみましょう．一見，これは図 3.15 の三角波と同じものに見えますが，注意深く見れば，いくつかの重要な違いがあることがわかります．その違いは，この波形を合成するためにフーリエ係数の異なるセットが必要になることを示唆しています．

違いの 1 つは，この三角波のすべての部分が x 軸よりも上側にあるということです．これは $X(x)$ の平均値がゼロでないことを意味します．もし，フーリエ係数 A_0 の役割に関するここまでの議論をたどれば，このDC項がゼロにならないことに気づくでしょう．

[*18] これらの求め方は例題 3.4 に示されています．

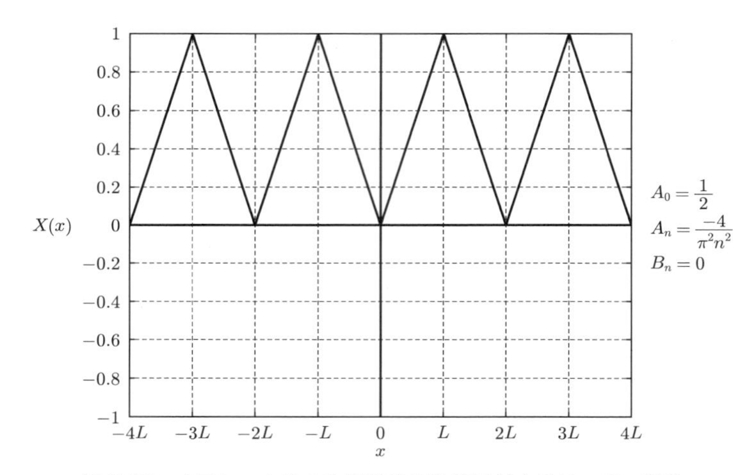

図 3.16　オフセットのある周期的三角波に対するフーリエ級数

さらに，$x=0$ の左の値と右の値とを比較すれば，2 つの波のもう 1 つの重要な違いがわかるはずです．図 3.16 の場合，$x=0$ から等距離にある 2 つの値は同じ(つまり $X(-x)=X(x)$)なので，この $x=0$ に対する対称性から，図 3.16 の三角波が偶関数であることがわかります．一方，図 3.15 の三角波は，$X(-x)=-X(x)$ なので奇関数です．関数のこのような偶奇性は，フーリエ係数について何を教えてくれるでしょうか．そこで，サイン関数とコサイン関数の性質を考えてみると，コサイン関数は偶関数($\cos(-x)=\cos(x)$)で，サイン関数は奇関数($\sin(-x)=-\sin(x)$)です．したがって，どのような偶関数もコサイン成分で，またどのような奇関数もサイン成分で，完全に構成することができます．

図 3.16 の三角波が偶関数であり DC オフセットをもっていることを考えると，係数 A_0 はノン・ゼロになり，(コサイン)係数 A_n もノン・ゼロになること，そして(サイン)係数 B_n はすべてゼロになることなども推測できるでしょう．実は，この推測は実際に正しいのです．そのことは，図 3.16 の右側に示している係数の式からわかります．

この時点で，すべての関数がフーリエ級数で表されるのか否か，そして，与えられた関数に対するフーリエ級数をどのように決定するのか，疑問に思うかもしれません．1つ目の疑問に対する答えは，ディリクレ要請によって与えられます．2つ目の疑問に対する答えが，この節の後半で説明するフーリエ解析です．

ディリクレ要請[†5]は，関数が任意の有限区間において有限個の極値(極大値と極小値)と有限個の有界な不連続点をもっている限り，どのような周期関数に対してもフーリエ級数は収束する(つまり，級数の項を増やせば増やすほど，極限値に近づいていく)ことを述べています．関数が連続である位置(つまり，不連続点から離れている位置)では，フーリエ級数は関数の値に収束します．そして，有限個の不連続な(値に有限なジャンプのある)場所では，フーリエ級数は不連続点の両側の値の平均値に収束します．たとえば，関数の値が高い値から低い値にジャンプする場所での矩形波では，高い値と低い値との中間の値にフーリエ級数は収束します．ディリクレ要請に関してもっと多くを知りたければ，関連図書を読むとよいでしょう．ちなみに，フーリエ級数が収束する有用な関数は理工系分野にたくさんありますから，安心してください．

上述したように，重み付けされたサイン成分とコサイン成分を組み合わせて波形を再現するプロセスがフーリエ合成であり，波形にどの成分が存在するかを決めるプロセスがフーリエ解析です．フーリエ解析の鍵は，サイン関数とコサイン関数の直交性です．この場合の**直交性**は，直交の概念の一般化で，無相関を意味する特別な用語です．

直交関数を理解するために，2つの関数 $X_1(x)$ と $X_2(x)$ を考えましょう．平均値を引いて(そのため両方の関数は(垂直方向には)ゼロに中心がある)，そして，x のすべてのポイントでの X_1 の値に，同じ x での X_2 の値を掛けることを想像してください．このようなポイントごとの掛け算をしてから，(もし x の離散的な値であれば)それらを加えるか，(もし x の連続関数であれば)それらを積分するかします．このとき，もし $X_1(x)$ と $X_2(x)$ が直交していれ

[†5] これらはときどき**ディリクレ条件**ともよばれますが，3.2 節で説明したディリクレ境界条件とは同じものではありません．

ば，その和か積分の結果はゼロになるはずです[*19]．

この後に，このプロセスを説明した図形的な例が出てきますが，初めに，調和的なサイン関数とコサイン関数に対する直交性に関する，次の数学的な記述を見ておくべきでしょう(ここで，n と m は整数です)．

$$\frac{1}{2L}\int_{-L}^{L}\sin\left(\frac{n2\pi x}{2L}\right)\sin\left(\frac{m2\pi x}{2L}\right)dx=\begin{cases}\dfrac{1}{2} & (n=m\text{ のとき})\\ 0 & (n\neq m\text{ のとき})\end{cases} \tag{3.27}$$

$$\frac{1}{2L}\int_{-L}^{L}\cos\left(\frac{n2\pi x}{2L}\right)\cos\left(\frac{m2\pi x}{2L}\right)dx=\begin{cases}\dfrac{1}{2} & (n=m\text{ のとき})\\ 0 & (n\neq m\text{ のとき})\end{cases} \tag{3.28}$$

$$\frac{1}{2L}\int_{-L}^{L}\sin\left(\frac{n2\pi x}{2L}\right)\cos\left(\frac{m2\pi x}{2L}\right)dx=0 \tag{3.29}$$

これらの式における積分は，基本振動数のサイン関数かコサイン関数の完全な1サイクル($2L$ の空間的周期)にわたって行います．これらの式の1番目は，異なる振動数($n{\neq}m$)の2つのサイン波は互いに直交すること，一方，同じ振動数($n{=}m$)の2つのサイン波は非直交であることを教えています．同様に2番目の式は，異なる振動数($n{\neq}m$)の2つのコサイン波は互いに直交すること，一方，同じ振動数($n{=}m$)の2つのコサイン波は非直交であることを教えています．3番目の式は，サイン波とコサイン波は振動数が同じでも，異なっていても，常に直交することを示しています．

ある特定の波形にどの振動数成分が存在するか，存在しないかを決定するための完全なツールを，この直交性が与えてくれます．これがどのようにうまくはたらくかを見るために，いま1つの関数があり，その関数の中にサイン波の特定の振動数が存在するかをあなたは調べようとしていると仮定します．そ

[*19]　簡単な例をあげれば，$X_1(x){=}\sin(x)$ と $X_2(x){=}\cos(x)$ とすると，$\sin(x)$, $\cos(x)$ の平均値はともにゼロ(平均値 $\bar{X}_1{=}\bar{X}_2{=}0$)なので，題意の積分は $\int_{-\pi}^{\pi}[X_1(x){-}\bar{X}_1][X_2(x){-}\bar{X}_2]\,dx{=}\int_{-\pi}^{\pi}[\sin(x){-}0][\cos(x){-}0]\,dx{=}\int_{-\pi}^{\pi}\sin(x)\cos(x)\,dx{=}0$ のように，ゼロとなります．つまり，$\sin(x)$ と $\cos(x)$ は直交しています．

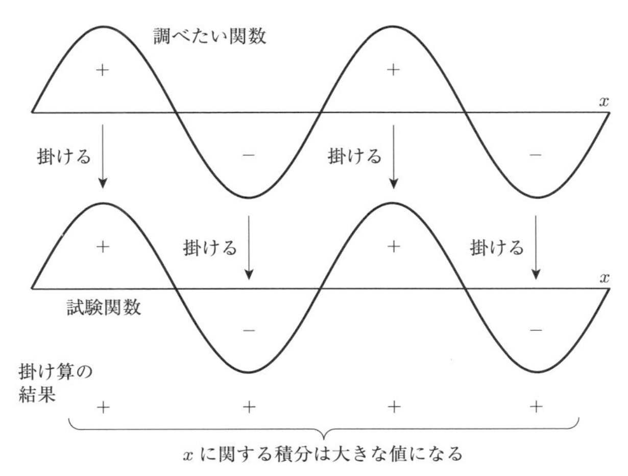

図 3.17　試験関数の振動数が「調べたい関数」の中に存在する振動数と一致しているとき

のために，ポイントごとに「調べたい関数」と**試験関数**であるサイン波を掛けてから，このような掛け算の結果を足し合わせます．もし，調べたい関数が試験関数のサイン波と同じ振動数成分を含んでいれば，ポイントごとでの両者の掛け算は正の結果を生じるので，これらの結果の和は大きな値になるはずです．このプロセスが図 3.17 に示されています．

この例は自明に見えるかもしれません．なぜなら，「調べたい関数」が明らかに単一振動数のサイン波だからです．そのため，この関数の値に x のすべての値で試験関数を掛け，その結果を積分するプロセスを踏む必要はほとんどないようにみえるでしょう．しかし，「調べたい関数」が図 3.17 に示されている単一振動数のサイン波に加えて，さまざまな振幅と振動数をもつ成分も含んでいる場合を想像するとどうなるでしょう．

試験関数のサイン波の振動数と一致するサイン波が「調べたい関数」の中に存在する限り，その振動数成分からの積分や掛け算への寄与は正になるでしょう(なぜなら，すべての正の部分は試験関数の正の部分とすべて一緒に並んでいるからです．また，すべての負の部分も同様です)．そして，「調べたい

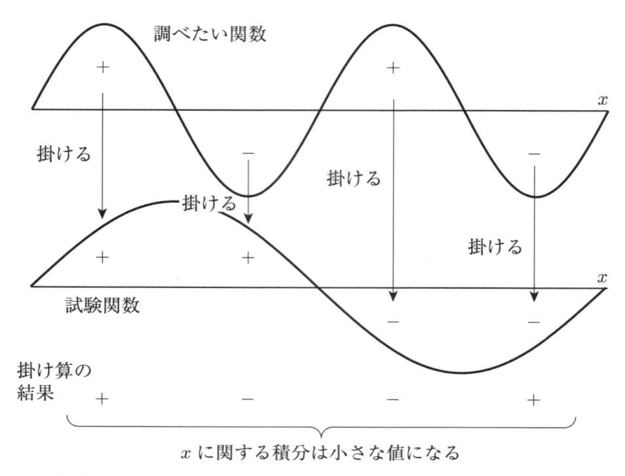

図 3.18　試験関数の振動数が「調べたい関数」の振動数の半分であるとき

関数」のサイン波成分のうち，試験関数のサイン波の振動数と一致する振幅が大きいほど，掛け算や積分の結果も大きくなるでしょう．このような計算方法は，「調べたい関数」に特定の振動数が存在することを正確に教えてはくれませんが，その振動数成分の振幅に対応した結果を与えてくれます．

一方，試験関数の振動数が「調べたい関数」の振動数成分と一致しないときは，掛け算や積分は小さな結果を生みます．その例を見るために，図 3.18 に示した状況を考えましょう．

この場合，試験関数のサイン波の振動数は「調べたい関数」のサイン波の振動数の半分です．いまポイントごとの掛け算をするとき，「調べたい関数」の振動数成分は完全な 1 サイクルを進むと，試験関数のほうは 1 サイクルの半分だけ進みます．これは，掛け算の結果のいくらかは正であり，いくらかは負であることを意味します．そして，完全な 1 サイクルにわたって積分すれば，その値はゼロになります．つまり，関数は直交します．この結果は，(3.27) で $n \neq m$ と置いた式から予想される通りです*[20]．

図 3.19 でわかるように，試験関数の振動数が「調べたい関数」の振動数成分の 2 倍の振動数のときにも，同じことが起こります．この場合，「調べた

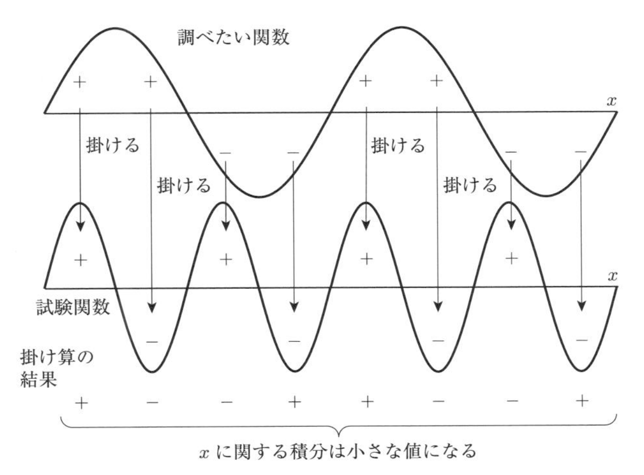

図 3.19 試験関数の振動数が「調べたい関数」の振動数の 2 倍であるとき

い関数」の振動数成分は，試験関数が完全な 1 サイクルを進む距離で半サイクルしか進みません．前の状況と同じように，これは掛け算の結果のいくらかは正であり，いくらかは負であることを意味します．そして，完全な 1 サイクルにわたって積分すれば，その値は再びゼロになります．「調べたい関数」の振動数成分が，試験関数よりもより多くの完全なサイクルを進もうとも，あるいは，より小さなサイクルになろうとも，(いい換えれば，$n>m$ であろうとも $n<m$ であろうとも) 掛け算と積分プロセスの結果は必ずゼロになります．

図 3.17～図 3.19 に示されたポイントごとの掛け算プロセスについて考えれば，あなたは次のような事実に気づくでしょう．つまり，結果はすべて大きなプラス符号とマイナス符号として示されているけれども，結果の大きさは掛け算を行う x の値に依存して変わるという事実です．たとえば，図 3.17 でその結果はすべて正ですが，掛け算の中に他の積よりも大きな積になっているものもあります．事実，掛け算の結果は x 軸に沿って正弦的に変化します．実は，掛け算の結果を積分するときにあなたが実際にやっていることは，「調べたい

[20] この計算は $n=1$，$m=2$ か $n=2$，$m=1$ に対応します．

関数」と試験関数の積で作られる正弦的な曲線と，x 軸で囲われた面積を求める計算なのです．その正弦的な曲線は，試験関数の振動数が「調べたい関数」の振動数と一致するとき(つまり，(3.27) で $n=m$ のとき)，x 軸の上側にすべてがあるはずです(すべての値が正)．しかし，関数が直交しているときは(つまり (3.27) で $n\neq m$ のとき)，正弦的な曲線の半分は x 軸の上側にあり，残りの半分は x 軸の下側にあります．そして，正弦的な曲線がすべて x 軸の上側にあるとき，その曲線と x 軸で囲われる面積は正になります．しかし，正弦的な曲線が x 軸の上側と下側に半分ずつあるときは，その面積はゼロになります．このような理由で，直交関係が成り立つのです．

おそらく推測できるでしょうが，同じプロセスは特定のコサイン波が「調べたい関数」に存在するかどうかを決めるときにも使えます．ただし，その場合は，試験関数はサイン波ではなくコサイン波になります．つまり，ディリクレ要請を満たす任意の関数に対するフーリエ係数 A_n は，その関数にコサイン波を掛け，その結果を積分することによって見つけることができます．これは，まさにサイン波で同じプロセスを使いフーリエ係数 B_n を見つけたのと同じ操作です．そして，サイン関数とコサイン関数の直交性((3.29))によって，「調べたい関数」のコサイン成分は係数 A_n だけに寄与し，係数 B_n には何も寄与しないことが保証されます．

サイン波とコサイン波の両方を試験関数として使えば，上述した掛け算と積分プロセスについての多くの疑問が解決します．その疑問とは，このプロセスがうまくいくのは，「調べたい関数」のサイン波成分が試験関数のサイン波と正確に並んでいるときだけではないのか(つまり，振動数成分と試験関数のサイン波との間に位相のオフセットがないときだけではないのか)ということです．しかし，ここにフーリエ解析のいいところがあるのです．それは，調べたい関数が特定の振動数をもった成分を含んでいるけれども，位相にオフセットのある場合(つまり，「調べたい関数」が試験関数のサイン波ともコサイン波とも並んでいないとき)です．このような場合であっても，掛け算と積分のプロセスがその振動数で係数 A_n と係数 B_n の両方に対してゼロでない値を生じます．これがフーリエ解析のいいところなのです．もし調べたい関数の振動数成分が試験関数のサイン波と同位相に近ければ，B_n の値は大きくなり A_n の値は小さくなります．しかし，「調べたい関数」の振動数成分が試験関数のコサイン波と同位相に近ければ，A_n の値は大きくなり B_n の値は小さくなります．もし，「調べたい関数」の振動数成分の位相が，厳密に試験関数のサイン波の位相と試験関数のコサイン波の位相の中間点であれば，A_n と B_n は同じ値になります．これが，この節の前半で説明し，図 3.4 で示した重ね合わせの原理の応用です．

ここで，波形 $X(x)$ のフーリエ係数の値を見つけるプロセスで使われる公式を与えておきます．

$$
\begin{aligned}
A_0 &= \frac{1}{2L}\int_{-L}^{L} X(x)dx \\
A_n &= \frac{1}{L}\int_{-L}^{L} X(x)\cos\left(\frac{n2\pi x}{2L}\right)dx \\
B_n &= \frac{1}{L}\int_{-L}^{L} X(x)\sin\left(\frac{n2\pi x}{2L}\right)dx
\end{aligned} \tag{3.30}
$$

ここで注意してほしいのは，$X(x)$ の非振動成分 A_0 (DC 項)の値は，この関数を積分するだけで求まるということです．この場合の「試験関数」は定数 1 で，この積分は $X(x)$ の平均値になります．

次の例題は，このような公式の使い方を教えてくれます．

例題 3.4　**図 3.16 の三角波に対して示されているフーリエ係数を確かめなさい．空間的な周期($2L$)は 1 メートル，$X(x)$ の単位もメートルであると仮定します．**

もしあなたが三角波に関する議論を理解していれば，DC 項(A_0)とコサイン係数(A_n)がゼロでないこと，そして，(この波は平均値がゼロでない偶関数だから)サイン係数(B_n)はすべてゼロでなければならないことを，すでに知っているでしょう．(3.30) を使って，このような結論を確認できますが，まず $X(x)$ の周期と $X(x)$ の式を理解しておかなければなりません．

周期はグラフからすぐに読み取ることができます．この波は1メートルの周期で同じ波形を繰り返しています．フーリエ級数の式において，空間的な周期は$2L$なので，$L=0.5$メートルです．$X(x)$の式を決めるために，この関数が直線で作られていることに注意してください．直線の式は$y=mx+b$です．ここでmは直線の傾きで，bはy軸との切片（直線がy軸と交差する点のyの値）です．

図3.16で示されている完全な1サイクルのグラフのどれを選んでも解析できますが，多くの場合，$x=0$を中心にした1サイクルを選べば，あなたの時間と労力を軽減させてくれます（その理由はこの例のあとでわかります）．したがって，（$x=0$と$x=2L$の間の三角形のように）頂点に点をもっている三角形の1サイクルを考える代わりに，$x=-L$と$x=L$の間の（底に点をもっている）逆三角形を1サイクルと考えることにします．

$x=-L=-0.5$と$x=0$の間の直線の傾きは-2（なぜなら，増分は-1で，微小区間は0.5なので，「傾き=増分÷微小区間」より$-1/0.5=-2$）で，y切片はゼロなので，$X(x)$は$X(x)=mx+b=-2x+0$となります．$x=0$と$x=L=0.5$の間で同様な分析をすれば，$X(x)=mx+b=2x+0$です．このように$X(x)$の式が求まったので，これをA_0の式に代入すると

$$A_0 = \frac{1}{2L}\int_{-L}^{L} X(x)dx = \frac{1}{2(0.5)}\left[\int_{-0.5}^{0}(-2x)\ dx + \int_{0}^{0.5} 2x\ dx\right]$$

$$= (1)\left[-2\left(\frac{x^2}{2}\right)\Bigg|_{-0.5}^{0} + 2\left(\frac{x^2}{2}\right)\Bigg|_{0}^{0.5}\right] = 0-(-0.25)+0.25-0$$

$$= 0.5$$

であり，A_nの式に代入すると

$$A_n = \frac{1}{L}\int_{-L}^{L} X(x)\cos\left(\frac{n2\pi x}{2L}\right)dx$$

$$= \frac{1}{0.5}\left[\int_{-0.5}^{0}(-2x)\cos(2n\pi x)dx + \int_{0}^{0.5} 2x\cos(2n\pi x)dx\right]$$

であることがわかります．これを部分積分すれば(あるいは，積分の公式表から $\int x\cos(ax)dx$ を 探 せ ば)，$\int x\cos(ax)dx=(x/a)\sin(ax)+(1/a^2)\cos(ax)$ だから，A_n の式は

$$\begin{aligned}A_n &= \frac{-2}{0.5}\left[\frac{x}{2n\pi}\sin(2n\pi x)\Big|_{-0.5}^{0}+\frac{1}{4n^2\pi^2}\cos(2n\pi x)\Big|_{-0.5}^{0}\right]\\&\quad+\frac{2}{0.5}\left[\frac{x}{2n\pi}\sin(2n\pi x)\Big|_{0}^{0.5}+\frac{1}{4n^2\pi^2}\cos(2n\pi x)\Big|_{0}^{0.5}\right]\\&= \frac{-2}{0.5}\left[0-\frac{-0.5}{2n\pi}\sin(2n\pi(-0.5))+\frac{1}{4n^2\pi^2}(1-\cos(2n\pi(-0.5)))\right]\\&\quad+\frac{2}{0.5}\left[\frac{0.5}{2n\pi}\sin(2n\pi(0.5))-0+\frac{1}{4n^2\pi^2}(\cos(2n\pi(0.5))-1)\right]\end{aligned}$$

となります．ここで，$\sin(n\pi)=0$ と $\cos(n\pi)=(-1)^n$ なので，係数 A_n は

$$\begin{aligned}A_n &= \frac{-2}{0.5}\left[0-0+\frac{1}{4n^2\pi^2}(1-(-1)^n)\right]\\&\quad+\frac{2}{0.5}\left[0-0+\frac{1}{4n^2\pi^2}((-1)^n-1)\right]\\&= \frac{-4}{0.5}\left[\frac{1}{4n^2\pi^2}(1-(-1)^n)\right]=\frac{-2}{n^2\pi^2}[1-(-1)^n]\\&= \frac{-4}{n^2\pi^2}\quad (\text{奇数の } n \text{ に対して})\end{aligned}$$

で与えられます．幸いなことに，この波形の係数 B_n を決めるのはもっと簡単です．というのも

$$B_n=\frac{1}{L}\int_{-L}^{L}X(x)\sin\left(\frac{n2\pi x}{2L}\right)dx$$

なので，見ただけで B_n がゼロになると推察できるからです．では，正確にはその推察に何が含まれているのでしょうか．まず，あなたは $X(x)$ が偶関数であることを知っています．なぜなら，この関数は $+x$ での値と $-x$ での値が同じだからです．また，サイン関数が奇関数であることも知っています．なぜなら $\sin(-x)=-\sin(x)$ だからです．そして，偶関数(この $X(x)$)と奇関数(このサイン関数)の積は奇関数になります．しかし，奇関数を $x=0$ を中心にした

対称的な区間で($\int_{-L}^{L}$ のように)積分すれば，その結果はゼロになります．そのため，見ただけで B_n がすべての n の値に対してゼロになることがわかるのです．これが，この場合になぜ $x=-L$ と $x=L$ の間の 1 サイクルを選ぶと好都合であるのかという理由の 1 つです(もう 1 つの理由は $\int_{-L}^{L}$ (偶関数)$dx=2\int_{0}^{L}$ (偶関数)dx であり，$X(x)$ とコサイン関数がともに偶関数であるので，係数 A_n の計算も簡単になるからです*[21])．

そのため，図 3.16 に示されている三角波のフーリエ係数は実際

$$A_0=\frac{1}{2}, \qquad A_n=\frac{-4}{\pi^2 n^2}, \qquad B_n=0$$

のように，図 3.16 から予想される通りの結果となります．■

もっとフーリエ係数を求める練習をしたい人は，章末の演習問題の中にいくつかありますのでトライしてください．

この節でのもう 1 つの主要なトピックは，周期的な波形の離散的なフーリエ解析から，連続的なフーリエ変換への移行です．しかし，その移行の前に，フーリエ級数展開の式((3.25))の別の形を考えておきましょう．この別の形がどこから現れるのかを見るために，(3.25) のサイン関数とコサイン関数を，まず第 1 章で説明したオイラーの公式を使って複素指数関数に拡張します．

少し計算をすれば*[22]，$X(x)$ は別の形のフーリエ級数展開

$$X(x)=\sum_{n=-\infty}^{\infty} C_n e^{i[n2\pi x/(2L)]} \tag{3.31}$$

になります．この式において，C_n は A_n と B_n の組み合わせによって作られる係数で複素数の値をもっています．具体的に書けば，$C_n=\frac{1}{2}(A_n \mp iB_n)$ であり*[23]，この係数 C_n は

*21　つまり，$A_n=\frac{1}{L}\int_{-L}^{L} X(x)\cos\left(\frac{n2\pi x}{2L}\right)dx=\frac{2}{L}\int_{0}^{L} X(x)\cos\left(\frac{n2\pi x}{2L}\right)dx$ となるので，計算量は半分になります．

*22　演習問題 3.9 を参照してください．

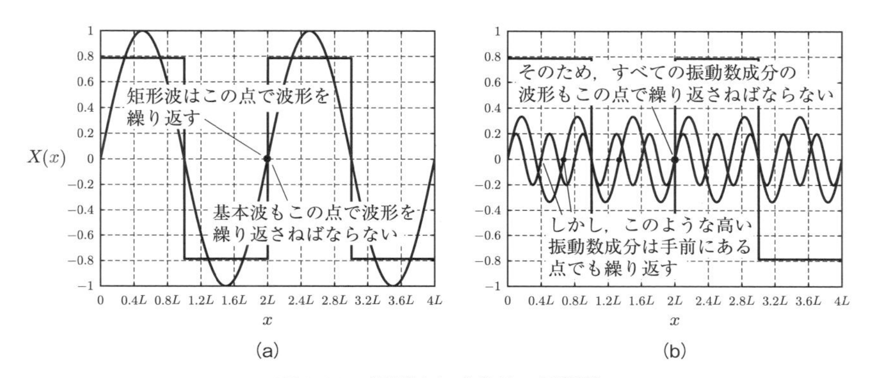

図 3.20　矩形波と成分波の周期性

$$C_n = \frac{1}{2L}\int_{-L}^{L} X(x)e^{-i[n2\pi x/(2L)]}\,dx \tag{3.32}$$

という計算によって，$X(x)$ から直接に求めることができます．フーリエ級数の複素数表示を使っても，新しい物理があるわけではありませんが，この形式にすると，フーリエ変換とフーリエ級数との関係がかなり簡単にわかるようになります．

この関係を理解するために，周期的な波形（つまり，波自体が空間や時間の有限な区間ごとに繰り返す波形）と非周期的な波形（波をどこで見ようと，いつ見ようと関係なく，波自体が決して繰り返さない波形）との違いを考えましょう．周期的な波形は，図 3.13 のスペクトルのように，離散的に分布した空間的な振動数スペクトルで表せます（つまり，多くの波数がゼロ振幅をもっているスペクトルになります）．

なぜ周期的な波形に対して，決まった振動数成分だけが必要となるのか，その理由が図 3.20 に描かれています．この図には，矩形波の最初の 3 つの空間的な振動数成分が描かれています．そして，注目すべき重要なことは，それぞ

[*23] $n>0$ のとき $C_n=\frac{1}{2}(A_n-iB_n)$ を，$n<0$ のとき $C_n=\frac{1}{2}(A_n+iB_n)$ を選びます．

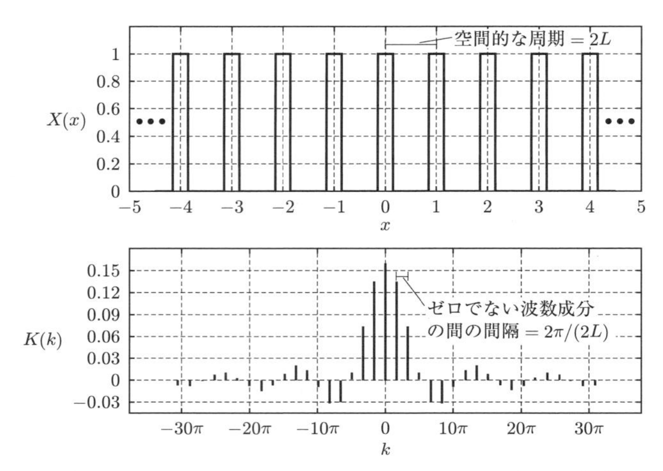

図 3.21　周期的なパルス列（上）とその波数スペクトル（下）

れのサイン波成分は矩形波が繰り返し現れる場所と同じ場所に，繰り返し現れなければならないということです（より高い振動数成分は，もっと手前の場所で繰り返し現れます）．一方，この場所で繰り返し現れないサイン波はどのような波であっても，矩形波の成分にはなりえません．なぜなら，矩形波を構成する振動数成分にそのような波を加えると，矩形波はその場所で繰り返せなくなるからです．

このことから，合成波形が 1 サイクルをもつ区間で，周期的波形の波数成分はすべてこのサイクルの整数倍をもたねばならない，ということがわかります．もし，合成波形の空間的な周期が $2L$ であれば，そのとき波形を構成している空間的な振動数成分の波長は，$2L$，$2L/2$，$2L/3$ などでなければなりません．周期 $2L/1.5$ や $2L/3.2$ をもった波は，周期 P をもった波形の振動数成分にはなりえません．このような理由で，周期的な波形のスペクトルは連続関数ではなくスパイクの列のように見えるのです[*24]．

この例を，図 3.21 に示した一連の矩形パルスの振動数スペクトルに見るこ

[*24] つまり，周期的な波形のスペクトルは**線スペクトル**になります．一方，非周期的な波形のスペクトルは**連続スペクトル**になります．

とができます．このスペクトルの**エンベロープ**の形 $K(k)$ についてはあとで述べますが，いまはスペクトルの振幅がゼロになる波数がたくさんあるという事実を観察しましょう．別のいい方をすれば，このパルス列を作り出す空間的な振動数成分は，パルス列が繰り返す区間と同じ区間で繰り返し現れねばならないということです．ほとんどの波数はそうならないので，振幅はゼロでなければなりません．そして，もしパルス列の空間的周期が $2L$ であれば，パルス列に寄与する空間的な振動数成分は $2L, 2L/2, 2L/3, \cdots$ の波長(λ)をもたねばなりません．ここで，波数 k は $2\pi/\lambda$ に等しいので，このような空間的な振動数成分は波数 $2\pi/2L, 4\pi/2L, 6\pi/2L, \cdots$ でスペクトルに現れます．したがって，各波数成分の間隔は $2\pi/2L$ となります．

パルス列のスペクトル(図 3.21)と，図 3.22 のような単一で非周期的なパルスのスペクトルとを比べてみましょう．図 3.22 の波形は決して繰り返さないので，このスペクトルは連続関数になります．これを理解する 1 つの方法は，その時間的な周期 P が無限大であると考えることです[*25]．そして，波形を作る振動数成分の間の間隔は $1/P$ に比例することを思い出すことです．$1/\infty=0$ より，非周期的な波形の振動数成分は互いに非常に接近するので，スペクトルは連続的になります．

図 3.22 の関数 $K(k)$ の形は，物理学と工学の多くの応用において非常に重要です．$K(k)$ は「$(\sin x)/x$」や「$\mathrm{sinc}\, x$」とよばれます[*26]．そして，この $K(k)$ はフーリエ解析の連続バージョンである**フーリエ変換**に現れます．

離散フーリエ解析と同じように，フーリエ変換のゴールは $X(x)$ や $T(t)$ のような与えられた波形に対して，その波数や振動数成分を決めることです．フーリエ変換の数学的な記述からわかるように，フーリエ変換のプロセスは上述してきた掛け算と積分プロセスに強く関係しています．つまり **$\boldsymbol{X(x)}$ のフーリエ変換**は

*25 つまり，「周期的でない」ことは「周期をもたない」ことであり，「周期をもたない」ことを「周期は無限大である」と解釈して，周期が無限大の関数を考えるという論法です．
*26 $(\sin x)/x$ は「シンク関数」とよばれ $\mathrm{sinc}\ x$ と書きます．例題 3.5 を参照してください．

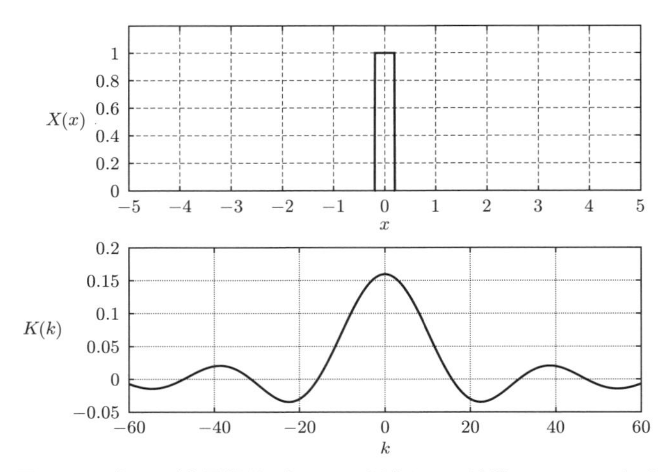

図 3.22　単一の（非周期的な）パルス（上）とその波数スペクトル（下）

$$K(k)=\frac{1}{\sqrt{2\pi}}\int_{-\infty}^{\infty}X(x)e^{-i(2\pi x/\lambda)}\ dx=\frac{1}{\sqrt{2\pi}}\int_{-\infty}^{\infty}X(x)e^{-ikx}\ dx \quad (3.33)$$

です．ここで，$K(k)$ は $X(x)$ のスペクトルである波数（つまり空間的な振動数）の関数を表しています．連続関数 $K(k)$ は空間的な振動数領域に存在するといわれます．一方，$X(x)$ は距離領域に存在するといわれます．$K(k)$ の振幅は，$X(x)$ に寄与する空間的な振動数成分のそれぞれの相対的な量に比例します．そのため，$K(k)$ と $X(x)$ は**フーリエ変換ペア**とよばれます．この関係をしばしば $X(x)\leftrightarrow K(k)$ と書き，フーリエ変換によって関係づけられるこのような 2 つの関数を**共役変数**（きょうやく）とよぶことがあります．

注意してほしいことは，フーリエ変換の連続バージョンには n がないということです．つまり，フーリエ変換には基本振動数の倍数を使うという制限はありません．

もし $K(k)$ のような波数空間の関数をもっていれば，**フーリエ逆変換**を使って，対応する距離空間の関数 $X(x)$ を求めることができます．このアプローチはフーリエ級数の項の和をとる離散的プロセスを，これと等価な連続的プロセスに変えたものです．フーリエ逆変換はフーリエ変換と指数の符号だけが異な

ります．つまり，**$K(k)$ のフーリエ逆変換**は

$$X(x) = \frac{1}{\sqrt{2\pi}} \int_{-\infty}^{\infty} K(k) e^{i(2\pi x/\lambda)}\ dk = \frac{1}{\sqrt{2\pi}} \int_{-\infty}^{\infty} K(k) e^{ikx}\ dk \qquad (3.34)$$

です．

$T(t)$ のような時間領域の関数に対しては，振動数空間の関数 $F(f)$ を与える等価なフーリエ変換があります．つまり $T(t)$ のフーリエ変換は

$$F(f) = \int_{-\infty}^{\infty} T(t) e^{-i(2\pi t/T)}\, dt = \int_{-\infty}^{\infty} T(t) e^{-i(2\pi f t)}\, dt \qquad (3.35)$$

です．

例題 3.5 **$x=0$ を中心にした区間 $2L$ 内に，高さ A をもつ，単一な矩形の距離領域パルス $X(x)$ があります．この X のフーリエ変換を求めなさい．**

パルスは距離領域の関数なので，$X(x)$ を $K(k)$ に変換するため，(3.33) を使います．$X(x)$ は位置 $x=-L$ と $x=L$ の間で振幅 A をもち，それ以外のところではゼロなので，(3.33) の計算は

$$\begin{aligned} K(k) &= \frac{1}{\sqrt{2\pi}} \int_{-\infty}^{\infty} X(x) e^{-ikx}\ dx = \frac{1}{\sqrt{2\pi}} \int_{-L}^{L} A e^{-ikx}\ dx \\ &= \frac{1}{\sqrt{2\pi}} A \frac{1}{-ik} e^{-ikx} |_{-L}^{L} = \frac{1}{\sqrt{2\pi}} \frac{A}{-ik} \left[e^{-ikL} - e^{-ik(-L)} \right] \\ &= \frac{1}{\sqrt{2\pi}} \frac{2A}{k} \left(\frac{e^{-ikL} - e^{ikL}}{-2i} \right) = \frac{1}{\sqrt{2\pi}} \frac{2A}{k} \left(\frac{e^{ikL} - e^{-ikL}}{2i} \right) \end{aligned}$$

となります．ここでオイラーの公式を使えば，角括弧内の項は $\sin(kL)$ となるので

$$K(k) = \frac{1}{\sqrt{2\pi}} \frac{2A}{k} \sin(kL)$$

のように書けます．これに L/L を掛けて整理すれば，$X(x)$ のフーリエ変換は

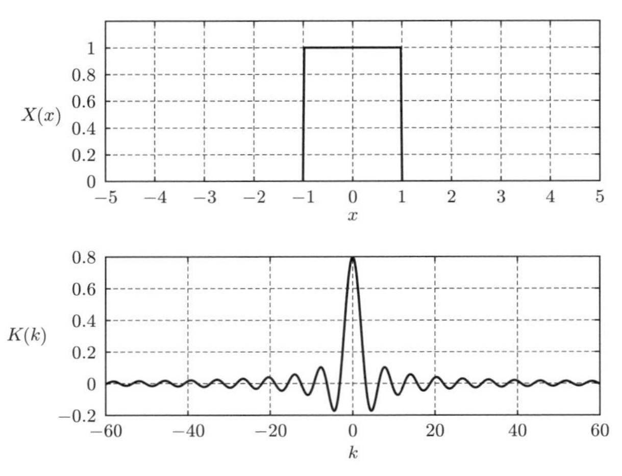

図 3.23　広いパルス(上)とその波数スペクトル(下)

$$K(k) = \frac{A(2L)}{\sqrt{2\pi}} \left[\frac{\sin(kL)}{kL} \right]$$

で与えられます．このため，矩形パルスの波数スペクトルは図 3.22 に示されているように $(\sin x)/x$ という形で表されるのです．■

矩形パルスと $(\sin x)/x$ 関数のフーリエ変換ペアに隠れている非常に重要な概念があります．図 3.23 のような広めのパルスの波数スペクトルを考察すれば，この概念が理解できます．

広いパルスのスペクトル(図 3.23)を図 3.22 の狭いパルスのスペクトルとを比べると，広いパルスのほうが**狭めの**波数スペクトル $K(k)$ をもっていることがわかるでしょう(つまり，$(\sin x)/x$ 関数の中央部分の幅は，狭いパルスよりも広いパルスのほうがより狭くなります)．そして，パルスを広くすればするほど，波数スペクトルはより狭くなっていきます(また，パルスも高くなっていきますが，パルス幅の変化のほうに興味深い物理があります)．

その物理とは**不確定性原理**です．これは，現代物理学を勉強すれば出会います(これはふつう**ハイゼンベルクの不確定性原理**とよばれます)．しかし，不確定性原理は量子力学の分野だけに限ったものではありません．たとえば，$X(x)\leftrightarrow K(k)$ や $T(t)\leftrightarrow F(f)$ のような，任意関数とそのフーリエ変換との間の関係をこの原理は記述します．

それでは，この不確定性原理は厳密には何を語ってくれるのでしょう．それはただ1つ，次のことだけです．もし，ある関数が1つの領域で狭ければ，その関数のフーリエ変換は狭くなりえない，ということです．そのため，短い時間のパルスでは，振動数スペクトルは狭くなりえません(これは理解できます．なぜなら，パルスが立ち上がってから，すぐに小さくなるためには，高い振動数成分がたくさん必要だからです)．対照的に，もし非常に狭いスペクトルを考えるならば(たとえば，単一の振動数で非常にシャープなスパイク)，フーリエ逆変換はかなりの距離や時間にわたって，広がった関数を与えます．

これが，なぜ本当の単一振動数信号が決して作られないかという理由です．つまり，本当にそのような信号があれば，そのフーリエ逆変換の関数は出発時刻も到着時刻ももたず，永遠に持続しなければならなくなるからです．もし，単一振動数のサイン波やコサイン波から小さな塊をとったとすれば，どうなるでしょう．そのときは，有限な時間の広がりの信号になるので，時間の広がりを Δt とすれば，信号の振動数スペクトルはおよそ $1/\Delta t$ 程度の幅をもつことになります．このため，非常に短い波のサンプルをとれば(つまり Δt を非常に小さくとれば)，非常に広いスペクトルをもつことになります．

時間領域と振動数領域の間の不確定性原理を数学的に記述すれば

$$\Delta f\,\Delta t = 1$$

となります．ここで，Δf は「振動数領域の関数」の幅を表し，Δt は「時間領域の関数」の幅を表します．同様に，距離領域と波数領域に対する不確定性原理は

$$\Delta x\,\Delta k = 2\pi$$

のような式で表されます．ここで，Δx は「距離領域の関数」の幅を表し，

Δk は「波数領域の関数」の幅を表します．

このような不確定性原理は，時間と振動数の両方を高い精度で同時に知ることはできないことを語っています．もしあなたが非常に精密な時間測定(つまり Δt が非常に小さい測定)をすれば，そのとき同時に，振動数を非常に高い精度で知ることはできません(なぜなら，積 $\Delta f \Delta t$ を 1 にするために，Δf は大きくなければならないからです)．この不確定性原理は，第 6 章で量子力学的な波に適用するときに，重要な結果をもたらします．

フーリエの理論に関する最後のポイントは次のことです．フーリエは**基底関数**(他の関数を生成する関数のこと)としてサイン関数とコサイン関数を使いましたが，他の直交関数を基底関数に使うことも可能です(ただし，この関数は直交していなければなりません．そうでなければ，上述してきたテクニックを使って係数を求めることはできません)．あなたが合成しようとする，あるいは，解析しようとする波形の特徴によって，他の基底関数を使うと，より少ない項だけで，よりよい近似が得られるでしょう．ウェーブレットは[*27]，そのような基底関数の例です．原書のウェブサイトでウェーブレットについての情報を見ることができます．

3.4 波束と分散

重ね合わせの原理とフーリエ合成の概念がわかれば，波束と分散を理解する基礎をもったことになります．もしあなたが前節の内容を理解していれば，空間や時間に対して周期的なパルス列が，離散的な振動数成分の混合で合成できることを知っているでしょう．また，単一の非周期的なパルスであっても，空

[*27] ウェーブレット(wavelet)とは，有限領域に制限された(局在する)波や急速に減衰する波動のことです．フーリエ解析と相補的な関係にあるのがウェーブレット展開です．フーリエ解析は与えられた関数の周期性や振動数(波数)成分の分析に有効ですが，関数の局所的な検出には無力です．それに対して，ウェーブレット解析は関数の局所的な振る舞いに着目しながら自己相似性も評価できる数学ツールです．ちなみに，wavelet は wave(波)と let(小さい)との合成語です．

間的あるいは時間的な振動数領域の連続関数で生成できることも知っているでしょう．

すでに気づいたかもしれませんが，フーリエ合成とフーリエ解析を説明するために使った関数は $X(x)$ のような典型的な距離領域の関数か，$T(t)$ のような典型的な時間領域の関数です．しかし進行波は，$f(x-vt)$ のように空間と時間の両方を含んだ関数で定義されます．このような関数にもフーリエ級数とフーリエ解析のツールは適用できるでしょうか．

幸いなことに適用できます．ただし条件がつくので進行波にフーリエの理論を適用すると，少し厄介な描像に遭遇します．具体的に，合成波形を構成している異なる振動数成分が，同じ速さで伝播しない場合に何が起こるかを考えてみましょう．前節で，目的の合成波形を生成するために，サイン関数やコサイン関数の正しい振幅と正しい振動数を求める方法を学びました．しかし，今度はそのような振動数成分(矩形パルスのときは奇関数のサイン波)の**位相**を考えます．いま，図 3.11 で示された振動数成分を見返せば，それぞれの成分が，サイン関数の値がゼロになるサイクルの部分から出発し，そして，正の値に動いていることがわかるでしょう．この場合，それぞれの振動数成分は動き出すときに同じ位相をもっていたことになります．

さて，時間の経過とともに何が起こるか想像してみましょう．もし，すべての振動数成分が同じ速さで動いていれば，成分間の相対的な位相は同じままで，波束はその波形(**エンベロープ**とよぶ)を保っています．そのため，波束はそれぞれの振動数成分と同じ速さで動きます．

しかし，もし波形(時空間に局在しているならば**波束**とよぶ)を構成する振動数成分が異なる速さであれば，何が起こるでしょう．この場合には，成分間の相対的な位相は距離とともに変化するので，振動数成分を足していくと異なった波形になっていきます．その結果，エンベロープの速さは振動数成分の速さと異なってきます．

図 3.24 にその例を見ることができます．この図の左部分では，ある初期位置と初期時刻で成分波が足し合わさって矩形パルスをつくるように，3 つの振

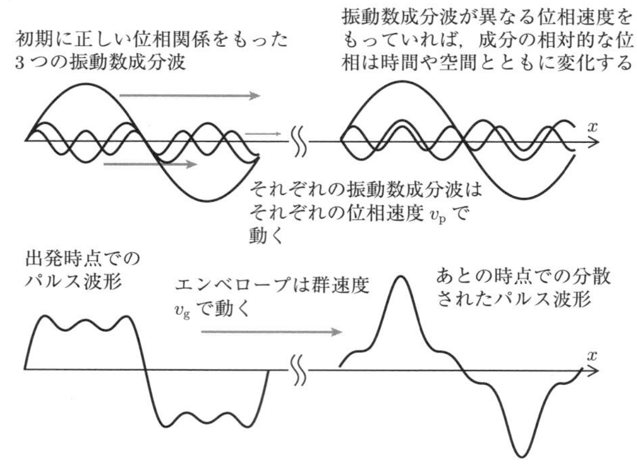

図 3.24　異なる振動数成分波の位相速度で生じる分散

動数成分波は正しい振幅と振動数をもっています．しかし，3 つの成分波が伝播するにしたがい，異なる速さで動いていくならば，成分波の間の相対的な位相も場所が変わると異なるでしょう．そのため，3 つの成分波は合成されると別の波形になります．図 3.24 の下側の右部分に，相対的な位相変化の結果を示しています．合成された波形は，伝播しながら変化します．

この効果が**分散**（ぶんさん）です．分散が存在するとき，個々の振動数成分の速さは，その成分の**位相速度**あるいは**位相速さ**とよばれます．そして，波束のエンベロープの速さは**群速度**あるいは**群の速さ**とよばれます[†6]．

幸い，波束の群速度を決める比較的簡単な方法があります．それを理解するために，同じ振幅でわずかに振動数だけが異なる 2 つの波の成分を加えると，何が起こるかを考えてみましょう．

この例が図 3.25 に示されています．この下側の図でわかるように，2 つの成分波は同位相でスタートするので，2 つの波は足し合わさって，かなり大き

[†6]　速度(velocity)はベクトルなので，位相速度(phase velocity)と群速度(group velocity)は向きを含まねばなりません．しかし，この文脈においては，速さと速度は区別せずに使われています．

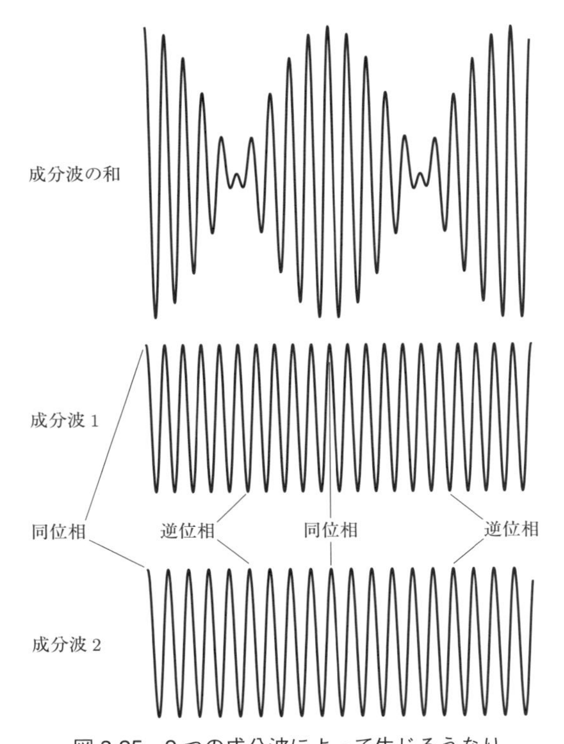

図 3.25　2 つの成分波によって生じるうなり

な波を作ります．しかし，2 つの成分波はわずかに異なる振動数をもっているので，そのうち互いに位相はずれていき，そして，両者の位相差が 180° になるとき(つまり，完全に逆位相になるとき)，互いに打ち消し合って合成波の振幅は非常に小さくなります．しかし，2 つの成分波は進み続けるので，ある地点で，再び位相差がゼロになり，合成波は再び大きくなります．

合成波形の振幅が図 3.25 のように変化するとき，その波形は**変調**されているといいます．そして，この特徴的な変調は**うなり**とよばれます．たとえば，2 つのスピーカーの振動数を少しだけ変えて，同じ大きさの高い音を生成するようにプログラミングすれば，この効果を音で聞くことができます．合成音波の大きさは，**うなり振動数**(つまり，2 つの成分波の振動数の差に等しい振動数)で，大きな音とソフトな音の間で変化します．かつてピアノ調律師は，ピアノの鍵盤の 1 つと音叉を同時に叩いて，うなりを聞いて調整しました．なぜなら，ピアノの鍵盤の振動数は音叉の振動数に近づけば近づくほど，うなりが遅くなっていくからです[*28].

図 3.25 に示されている変調エンベロープは，波束の群速度を決める便利な方法を与えます．この方法を知るために，2 つの成分波のそれぞれの位相を $\phi=kx-\omega t$ で書きましょう．このとき，それぞれの成分波はそれ自身の k と ω をもっていることを忘れてはいけません．そこで次のように

$$\phi_1 = k_1x-\omega_1t$$
$$\phi_2 = k_2x-\omega_2t$$

と置きます．これらから，2 つの成分波の間の位相差 $\Delta\phi$ は

$$\begin{aligned}\Delta\phi = \phi_2-\phi_1 &= (k_2x-\omega_2t)-(k_1x-\omega_1t)\\ &= (k_2-k_1)x-(\omega_2-\omega_1)t\end{aligned}$$

となります．ある位相差($\Delta\phi$)の値で，2 つの成分波は合わさって合成波のエンベロープの特定の値を作ります．このエンベロープの伝播する速さを求めるために，微小時間(Δt)と微小距離(Δx)の間に何が起こるかを考えてみましょう．2 つの成分波は，この時間内に決まった距離だけ動きます．しかし，もしあなたが合成波上の 1 点を追っていれば，2 つの成分波間の相対的な位相は同じでなければなりません．つまり，時間 Δt の間にどのような位相変化があったとしても，その変化は Δx の変化による位相変化で打ち消されなければなりません．これが意味することは

$$(k_2-k_1)\Delta x = (\omega_2-\omega_1)\Delta t$$

[*28] たとえば，440 Hz の音叉(A(ラ)音)を鳴らして，1 つの鍵盤の音のうなりが消えるようにピアノ弦の張力を調整すれば，鍵盤は A 音に一致したことになります．

です*29．したがって

$$\frac{\Delta x}{\Delta t} = \frac{\omega_2 - \omega_1}{k_2 - k_1} \tag{3.36}$$

が成り立ちます．この $\Delta x/\Delta t$ が群速度になります．なぜなら，これはエンベロープが動く距離をそれに要した時間で割った量だからです．ただし，(3.36) は 2 つの波だけを扱った場合の話です．

いろいろな波数をもった波から作られた波束の群速度は，波数の平均値 k_{a} のまわりで $\omega(k)$ をテイラー展開すれば求まります．つまり

$$\omega(k) = \omega(k_{\mathrm{a}}) + \left.\frac{d\omega}{dk}\right|_{k=k_{\mathrm{a}}} (k-k_{\mathrm{a}}) + \frac{1}{2!}\left.\frac{d^2\omega}{dk^2}\right|_{k=k_{\mathrm{a}}} (k-k_{\mathrm{a}})^2 + \cdots$$

のように，テイラー展開します．波数間の差が小さいときには，テイラー展開の高次の項は無視できるので

$$\omega(k) \approx \omega(k_{\mathrm{a}}) + \left.\frac{d\omega}{dk}\right|_{k=k_{\mathrm{a}}} (k-k_{\mathrm{a}})$$

と書けます．これから

$$\frac{\omega(k) - \omega(k_{\mathrm{a}})}{k - k_{\mathrm{a}}} \approx \left.\frac{d\omega}{dk}\right|_{k=k_{\mathrm{a}}}$$

となるので，群速度 v_{g} は

$$v_{\mathrm{g}} = \frac{\omega(k) - \omega(k_{\mathrm{a}})}{k - k_{\mathrm{a}}} \approx \left.\frac{d\omega}{dk}\right|_{k=k_{\mathrm{a}}}$$

*29 地点 a での 2 つの成分波の位相差を $\Delta\phi(x_{\mathrm{a}}, t_{\mathrm{a}}) = (k_2 - k_1)x_{\mathrm{a}} - (\omega_2 - \omega_1)t_{\mathrm{a}}$，地点 b での 2 つの成分波の位相差を $\Delta\phi(x_{\mathrm{b}}, t_{\mathrm{b}}) = (k_2 - k_1)x_{\mathrm{b}} - (\omega_2 - \omega_1)t_{\mathrm{b}}$ とすると，地点 a と地点 b の間の「位相差の差 $\Delta(\Delta\phi)$」は $\Delta(\Delta\phi) = \Delta\phi(x_{\mathrm{a}}, t_{\mathrm{a}}) - \Delta\phi(x_{\mathrm{b}}, t_{\mathrm{b}}) = (k_2 - k_1)(x_{\mathrm{a}} - x_{\mathrm{b}}) - (\omega_2 - \omega_1)(t_{\mathrm{a}} - t_{\mathrm{b}}) = (k_2 - k_1)\Delta x - (\omega_2 - \omega_1)\Delta t$ です（$\Delta x = x_{\mathrm{a}} - x_{\mathrm{b}}$，$\Delta t = t_{\mathrm{a}} - t_{\mathrm{b}}$）．いま $\Delta\phi(x_{\mathrm{a}}, t_{\mathrm{a}}) = \Delta\phi(x_{\mathrm{b}}, t_{\mathrm{b}})$ を要請しているので，$\Delta(\Delta\phi) = 0$ より (3.36) が導かれます．

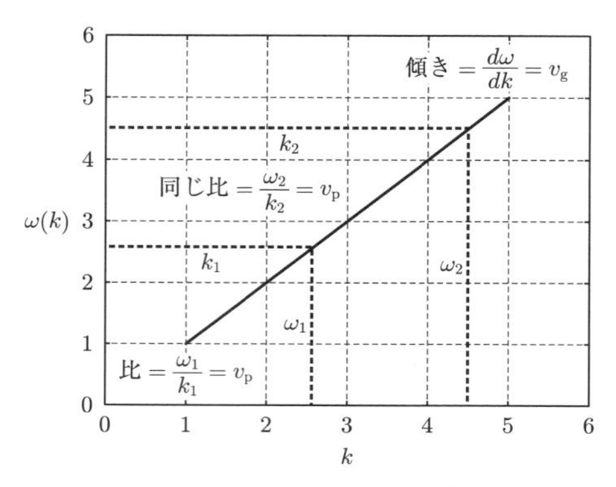

図 3.26 $\omega{=}c_1k$ の線形な分散関係

で与えられます．要するに，波束の群速度は $v_\mathrm{g}{=}d\omega/dk$ です．そして，成分波の位相速度は $v_\mathrm{p}{=}\omega/k$ です．

分散を扱うとき，縦軸に ω をプロットし，横軸に k をプロットしたグラフに出会うことが多いでしょう．もし分散が存在しなければ，波の角振動数 ω は $\omega{=}c_1k$ という式*30によって波数 k と関係します．ここで，c_1 は伝播する波の速さで，すべての k の値に対して一定です．このときの分散関係のプロットは，図 3.26 のように線形(直線)になります．

分散のない(非分散の)場合，位相速度はすべての k の値に対して同じです．そして，群速度 $d\omega/dk$ とも同じ値になります*31．

一方，分散が存在する場合，成分波の位相速度と波束の群速度との関係は分散の性質に依存します．量子力学的な波では(第 6 章で説明するように)，角振動数は波数の 2 乗に比例($\omega{=}c_2k^2$)します．この ω と k の関係は図 3.27 に描かれています．

この場合，位相速度も群速度も，波数 k の増加とともに増大します．位相速度は $v_\mathrm{p}{=}\omega/k$ ですから

*30 **分散関係**あるいは**分散関係式**といいます．
*31 $\omega{=}c_1k$ に対して，群速度は $v_\mathrm{g}{=}d\omega/dk{=}d(c_1k)/dk{=}c_1dk/dk{=}c_1$ で，位相速度は $v_\mathrm{p}{=}\omega/k{=}(c_1k)/k{=}c_1$ です．

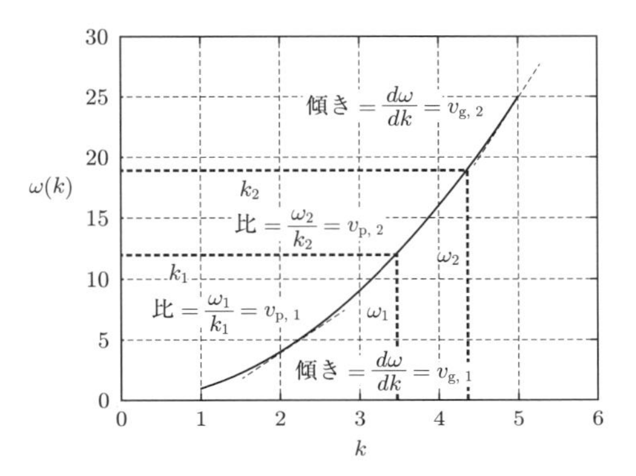

図 3.27 $\omega=c_2k^2$ の分散関係

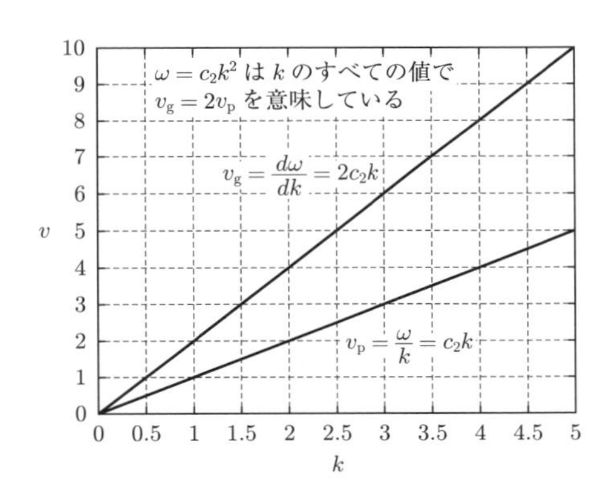

図 3.28 $\omega=c_2k^2$ の位相速度 v_p と群速度 v_g

$$v_p = \frac{\omega}{k} = \frac{c_2k^2}{k} = c_2k$$

です．一方，群速度は

$$v_g = \frac{d\omega}{dk} = \frac{d(c_2k^2)}{dk} = 2c_2k$$

です．これは位相速度の 2 倍です．これがすべての k の値で成り立つことは，図 3.28 で示すように，位相速度 v_p と群速度 v_g を k に対してプロットすればわかります．注意してほしいことは，v_p と v_g は k とともに直線的に増加しますが，群速度 v_{g} は常に位相速度 v_{p} の 2 倍であるということです．

演習問題

3.1 $C\sin(\omega t+\phi_0)$ が $A\cos(\omega t)+B\sin(\omega t)$ と等価であることを示しなさい．そして，C と ϕ_0 を A と B で表しなさい．

3.2 関数 $X(x)=6+3\cos(20\pi x-\pi/2)-\sin(5\pi x)+2\cos(10\pi x+\pi)$ の波数スペクトルを図 3.14 のような両側スペクトル図に描きなさい．

3.3 $-L$ と $+L$ の間の x に対して，1 周期が $f(x)=x^2$ で与えられる周期関数のフーリエ級数を求めなさい．

3.4 図 3.15 の周期三角波に対する係数 A_0, A_n , B_n を証明しなさい．

3.5 弦(両端が固定されている)を引っ張り，静かに放す(つまり，初期速度がゼロで，初期変位はゼロでない)とき，場所 x と時間 t での変位 y は

$$y(x,t)=\sum_{n=1}^{\infty}B_n\sin\left(\frac{n\pi x}{L}\right)\cos\left(\frac{n\pi vt}{L}\right)$$

で与えられることを示しなさい．

3.6 初期変位が図のような関数で表される場合，問 3.5 で考えた弦の重み係数 B_n を計算しなさい．

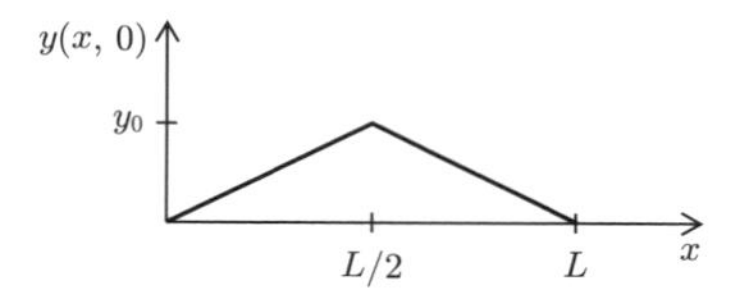

3.7 問 3.5 の弦をハンマーでたたいたとき，初期変位がゼロで初期速度が図

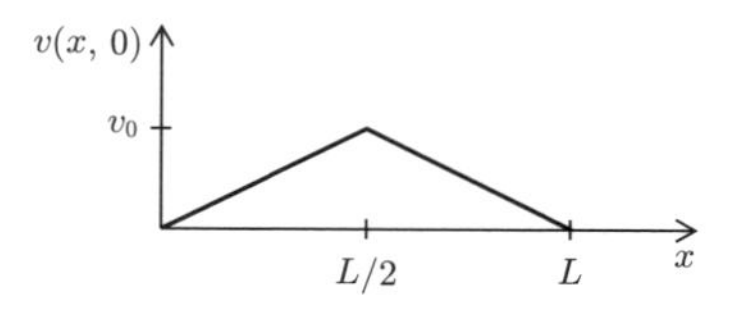

に示された関数で与えられているとして，係数 B_n を求めなさい．

3.8 ガウス関数 $T(t)=\sqrt{\alpha/\pi}e^{-\alpha t^2}$ のフーリエ変換を求めなさい．

3.9 フーリエ級数展開((3.31))の複素指数表示は，サイン関数とコサイン関数を使った表示((3.25))と等価であることを示しなさい．

3.10 ある条件下で，深水波(しんすいは)[*32]に対する分散関係は $\omega=\sqrt{gk}$ で与えられます．ここで，g は重力加速度です．この波の群速度と位相速度を比べなさい．

[*32] 水深(h)が波長(λ)に比べて十分に大きい($h\gg\lambda$)ときの波で，波の速度は水深に依存せず，波の波長が長いほど速くなるという特徴があります．一方，$h\ll\lambda$ の波が浅水波(せんすいは)で，波の速さは $\sqrt{gh}$ で与えられます．

4
力学の波動方程式

ここから 3 つの章で，3 つの異なるタイプの波に対する波動方程式を詳しく扱います．この章で力学の波を，第 5 章では電磁気学の波を，そして第 6 章では量子力学の波について解説します．これらの 3 つの章では，第 1 章から第 3 章までに含まれる概念と方程式が頻繁に参照されます．もし，それらの章をスキップしていて，ある概念の説明がもう少し必要だと感じたら，もとに戻って必要な項目を見つけてください．

この章の構成はシンプルです．4.1 節で，力学的な波の性質を概観した後に，力学的な波の 2 つのタイプ，弦を伝わる横波(4.2 節)と圧力波の縦波(4.3 節)の議論をします．4.4 節では力学的な波のエネルギーとパワー(仕事率)を扱います．そして，4.5 節で力学的な波の反射と透過を説明します．

4.1　力学的な波の性質

私たちは第 5 章で述べる電磁波に取り囲まれています．そして，私たちは第 6 章の量子的な波で記述される粒子で作られています．しかし，波を説明してほしいというと，多くの人はこの章のテーマである力学的な波[*1]のことを考えます．おそらく，力学的な波の多くは波打つもの(waving)が容易に観

[*1] 力学的な波とは，媒質の力学的な振動の伝播としての波動を意味します．たとえば，弦を伝わる波，音波，水面波，地震波などは，弦や空気や水や岩盤など，音を伝える媒質の一部分で生じた振動状態がニュートンの運動方程式にしたがって伝播する力学的な波です．

測できるからでしょう．力学的な波では，波打つものは小さな質量の集まりによって生じます．それは，原子，分子，あるいは粒子の集合体などです．このことは，力学的な波が物理的な物質（波の伝播（でんぱ）する媒質）内だけに存在できることを意味します．

弦を伝わる波のような力学的な波での波の変動*2は，乱されていない位置（平衡位置）からの物質の物理的変位です．その場合，変動は距離の次元をもっています．変動の SI 単位はメートルです．

一方，圧力波のような力学的な波の場合，異なる変動の尺度に出会うかもしれません．たとえば音波では，変動は媒質の密度の平衡値からの変化や，圧力の平衡値からの変化として測定されます．そのため，密度の揺らぎ（SI 単位で $\mathrm{kg/m^3}$）あるいは圧力変化（SI 単位で $\mathrm{N/m^2}$）として表される圧力波の変位を見ることになるでしょう．

このように，すべての力学的な波に共通する特徴は，波動が存在するためには物理的な媒質が必要だということです（1979 年の SF 映画『エイリアン』のキャッチフレーズ「宇宙では，誰もあなたの悲鳴を聞くことはできない」は正しかったのです）．どのような媒質においても，力学的な波の伝播に決定的な影響を与える 2 つの性質があります．それは，物質の**慣性的性質**と**弾性的性質**です．

物質の慣性的性質は，その物質の質量（離散的な媒質の場合）や質量密度（連続的な媒質の場合）と関係しています．**慣性**とは，全質量が加速に抗する傾向を表していることを思い出してください．そのため，大きい質量の物質は小さい質量の物質よりも動かすのがより困難になります（そして，動いているときにそれを遅くするのも，より難しくなります）．この章の後でわかるように，媒質の質量密度は，エネルギーを媒質内の波に結びつける物理量（媒質の「インピーダンス」という）だけでなく，力学的な波の伝播速度（と分散）にも影響

*2 原著の disturbance は変動，乱れ，擾乱（じょうらん）などの意味をもっています．ふつう，擾乱は大気の一般的な流れを乱すもの（低気圧，トルネード）を指すので，本書では，より一般性の高い「変動」を使うことにします．

を与えます．

一方，物質の弾性的性質は，変位した粒子をもとの平衡位置に戻そうとする，その物質の復元力と関係しています．そのため，媒質はゴムバンドやバネと同じように弾性的に振る舞うことができます．つまり，それを引っ張って粒子をその平衡位置から変位させると，媒質は復元力を生じます(もしそうでなかったら，媒質中に力学的な波を作ることはできません)．これを媒質の**スティフネス**(固さ)の目安として考えるといいかもしれません．固いゴムバンドやバネは復元力がより強いために，伸ばすのがより困難なのです．予想できるかもしれませんが，このような復元力の強さが，媒質の伝播速度，分散，媒質のインピーダンスを決めるときに，質量密度と関係します．

力学的な波の波動方程式を考える前に，個々の粒子の運動と波自体の運動の違いを理解しておきましょう．媒質は波が通り過ぎるときに乱されますが，これは媒質の粒子が平衡位置からずれることを意味します．しかし，このような粒子は平衡位置からあまり離れることはできません．粒子はそれぞれの平衡位置の周りで振動しますが，波は粒子を運びません．つまり波は，絶え間なく吹くそよ風や海流のように，大量に物質をある場所から別の場所へ移送するものではありません．力学的な波では，波によって生じる物質の変位の総量は，1サイクルでも，百万サイクルでも，ゼロです．では，粒子が波とともに動いていないならば，実際に波の速さで動いているものは何でしょうか？　4.4節で明らかになりますが，答えはエネルギーです．

媒質内の個々の粒子の変位は小さいけれども，粒子の動きの方向は重要です．なぜなら，粒子の動きの方向は波を横波と縦波(ただし，海の波など，粒子が横にも縦にも動く波もあります)に分類するのに使われるからです．**横波**の場合，粒子は波の運動の方向に対して垂直な方向に動きます．その意味は，このページの紙面内を右方向に伝播している横波の場合，個々の粒子は紙面内で上下に振動しながら動くか，紙面から垂直に飛び出したり引っ込んだりしながら動くということです．しかし，紙面内を左右方向には動きません．**縦波**の場合，媒質の粒子は波の運動方向に対して平行か反平行に動きます．そのため，このページの紙面内で右に伝播する縦波の場合，粒子は左右に動きます．どのタイプの波が媒質の中で生じるかは，ソースや復元力の方向に依存します．このことは，4.2 節の弦を伝わる横波と，4.3 節の圧力波の縦波の説明でわかるでしょう．

4.2　弦を伝わる波

もしあなたが力学的な波について他の本などで読んだことがあるなら，張った弦(あるいはバネ)を伝わる横波の議論に出会っているでしょう．最も一般的なシナリオでは，水平な弦のどこかが叩(たた)かれたり，弾(はじ)かれたりして，弦の一部に平衡状態の位置からの垂直変位が生じます．弦の一端を上下に動かして波が誘導される場合も，あなたは知っているかもしれません．以下の手法は，このような状況のどれにでも適用できます．

このタイプの運動を解析する方法はいくつかありますが，最も簡単なのはニュートンの運動法則を使って，弦の微小部分にはたらく張力とその部分の加速度を結びつけることです．この解析を通して，「古典的な波動方程式」の 1 つのバージョンに到達できます．その式は，微小部分がどのように動くか，そして波の速さが弦の慣性と弾性の性質でどのように決まるかを教えてくれます．

この式がどのようにはたらくかを見るために，図 4.1 に示すような，x 方向の平衡な位置(水平な位置)から垂直な y 方向に変位している，一様な線密度(単位長さあたりの質量)をもった弦の微小部分を考えましょう．弦は弾性をもっているので，変位している微小部分の両端には張力がはたらきます．その張力が微小部分を平衡位置に戻そうとします．そのため，弦はまさに伸ばされたバネのように振る舞うのです．

弦が伸びると単位長さあたりの質量は減少しますが，その伸びによる線密度の変化は無視できる場合を考えることにします．また，波の水平方向の広がりに比べて，相対的に小さな垂直変位を考えます．そのため，微小部分と水平方向とのなす角度(θ)は小さくなります[†1]．そして，張力以外の力(たとえば，重

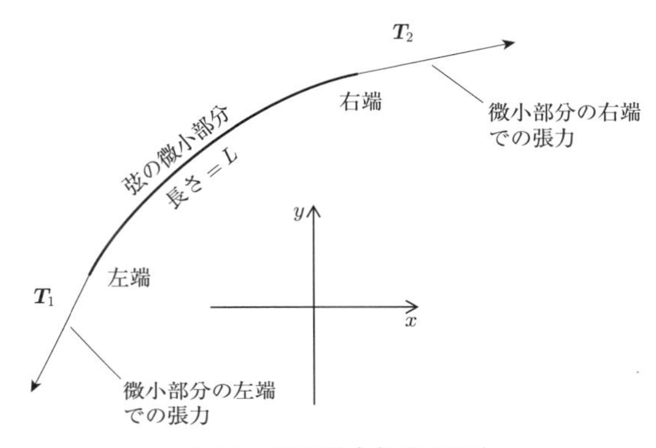

図 4.1　弦の微小部分の張力

力)の効果はすべて，張力の効果に比べて無視できると仮定します．

図 4.1 に示されているように，弦の静止している(水平な)位置は x 軸に沿っており，変位は y 方向になります．弦の微小部分はその平衡位置から変位するので，左端に張力 $\boldsymbol{T}_1$ がはたらき，右端に張力 $\boldsymbol{T}_2$ がはたらきます．弦の弾性や変位の量の情報がなければ，このような力の強さについて多くのことはわかりません．しかし，そのような情報がなくても，興味ある物理を見つけることはできます．それを見るために，図 4.2 に示すような，張力 $\boldsymbol{T}_1$ と張力 $\boldsymbol{T}_2$ の x 成分と y 成分を考えましょう．

図 4.2(a)には，弦の微小部分の左端と水平方向との角度が θ_1 であると示されているので，張力 $\boldsymbol{T}_1$ の x 成分と y 成分は

$$T_{1,x} = -|\boldsymbol{T}_1|\cos\theta_1$$

$$T_{1,y} = -|\boldsymbol{T}_1|\sin\theta_1$$

で与えられます．同様に，図 4.2(b)では弦の微小部分の右端と水平方向との角度が θ_2 なので，張力 $\boldsymbol{T}_2$ の x 成分と y 成分は

---

†1　どれくらい小さいか？　$\cos\theta \approx 1$ と $\sin\theta \approx \tan\theta$ の近似が成り立つくらいの小ささです．これは θ が $25°$ よりも小さければ，10% 以内で成り立ちます．

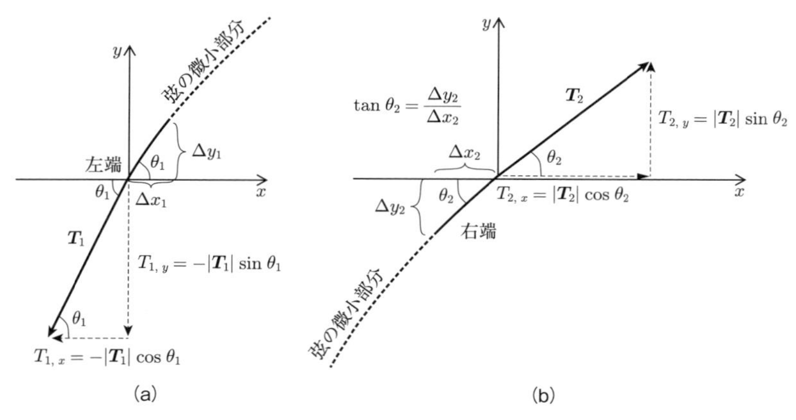

図 4.2　微小部分の左端と右端にはたらく張力の成分

$$T_{2,x} = |\boldsymbol{T}_2|\cos\theta_2$$
$$T_{2,y} = |\boldsymbol{T}_2|\sin\theta_2$$

で与えられます．

次のステップは，x 方向の微小部分に作用する力の和を，微小部分の質量 (m)と微小部分の x 方向の加速度(a_x)との積として書くために，ニュートンの運動法則を使うことです．つまり

$$\sum F_x = -|\boldsymbol{T}_1|\cos\theta_1 + |\boldsymbol{T}_2|\cos\theta_2 = ma_x \tag{4.1}$$

です．同様に，y 方向の力と加速度に対して

$$\sum F_y = -|\boldsymbol{T}_1|\sin\theta_1 + |\boldsymbol{T}_2|\sin\theta_2 = ma_y \tag{4.2}$$

です．

弦の微小部分が y 方向に上下振動する限り，a_x=0 と置くことができます．そして，振動の振幅も小さければ，θ_1 と θ_2 はともに小さくなるので

$$\cos\theta_1 \approx \cos\theta_2 \approx 1$$

のように近似できます．

この近似と $a_x\!=\!0$ を使えば，(4.1) は

$$\sum F_x \approx -|\boldsymbol{T}_1|(1)+|\boldsymbol{T}_2|(1)=0$$

となるので

$$|\boldsymbol{T}_1| \approx |\boldsymbol{T}_2| \tag{4.3}$$

のように，弦の両端で張力の大きさはほぼ等しくなります．しかし，2 つの力の向きは(したがって，これらの y 成分は)等しくありません．そして，2 つの y 成分の差が，微小部分の運動に対して重要な帰結をもたらします．

それを知るために，図 4.2 で微小部分の左端と右端での傾きを示している部分を見てみましょう．この図から，これらの傾きは

$$\begin{aligned} \text{左端の傾き} &= \tan\theta_1 = \frac{\Delta y_1}{\Delta x_1} \\ \text{右端の傾き} &= \tan\theta_2 = \frac{\Delta y_2}{\Delta x_2} \end{aligned} \tag{4.4}$$

のように与えられます．ここに，実はこの議論を古典的な波動方程式へと向かわせるトリックがあります．微小部分の左端で Δx_1 をゼロに近づけて，弦の無限小部分だけを考えるのです．そうすれば，左端で見積もった微小部分の傾きは x に関する y の偏微分に近づきます．つまり

$$\frac{\Delta y_1}{\Delta x_1} \to \left[\frac{\partial y}{\partial x}\right]_{\text{左端}}$$

です．同様のことを微小部分の右端でも考え，Δx_2 をゼロに近づければ，その部分の傾きも

$$\frac{\Delta y_2}{\Delta x_2} \to \left[\frac{\partial y}{\partial x}\right]_{\text{右端}}$$

のように偏微分に近づきます．ところで，(4.4) は微小部分の端の傾きが θ_1 と θ_2 のタンジェントに等しいことを示しています．しかし，角度が微小ならば

タンジェントはサインで近似できるので

$$\tan\theta_1 = \frac{\sin\theta_1}{\cos\theta_1} \approx \sin\theta_1$$
$$\tan\theta_2 = \frac{\sin\theta_2}{\cos\theta_2} \approx \sin\theta_2$$

となります．つまり，(4.2) のサインがタンジェントで近似できることになります．そして，このタンジェントが偏微分と等価なので，y 方向の力の和は

$$\sum F_y \approx -|\boldsymbol{T}_1| \left[\frac{\partial y}{\partial x}\right]_{\text{左端}} + |\boldsymbol{T}_2| \left[\frac{\partial y}{\partial x}\right]_{\text{右端}} = ma_y$$

となり，右辺に $a_y = \partial^2 y/\partial t^2$ を代入して両辺を入れ替えれば

$$m\frac{\partial^2 y}{\partial t^2} = -|\boldsymbol{T}_1| \left[\frac{\partial y}{\partial x}\right]_{\text{左端}} + |\boldsymbol{T}_2| \left[\frac{\partial y}{\partial x}\right]_{\text{右端}}$$

と書けます．

いま，振幅が微小であるという近似(微小振幅近似)と線密度が一定であるという近似(均一密度近似)をしているので，(4.3) から微小部分の左端と右端の張力の大きさは等しいことがわかります．したがって，$|\boldsymbol{T}_1| = |\boldsymbol{T}_2| = T$ と書けるので

$$m\frac{\partial^2 y}{\partial t^2} = T\left[\frac{\partial y}{\partial x}\right]_{\text{右端}} - T\left[\frac{\partial y}{\partial x}\right]_{\text{左端}}$$

となります．そして，この両辺を m で割れば

$$\frac{\partial^2 y}{\partial t^2} = \frac{T}{m}\left\{\left[\frac{\partial y}{\partial x}\right]_{\text{右端}} - \left[\frac{\partial y}{\partial x}\right]_{\text{左端}}\right\}$$

となります．大きな括弧の中の項を見てみると，これは微小部分の左端と右端の傾きの差，つまり傾きの変化であることがわかります．この傾きの変化は，Δ という記号を使えば

$$\left\{\left[\frac{\partial y}{\partial x}\right]_{\text{右端}}-\left[\frac{\partial y}{\partial x}\right]_{\text{左端}}\right\}=\Delta\left(\frac{\partial y}{\partial x}\right)$$

のように書けるので，結局，上の微分方程式は

$$\frac{\partial^2 y}{\partial t^2}=\frac{T}{m}\,\Delta\left(\frac{\partial y}{\partial x}\right)$$

と表せます．

波動方程式への最後のステップは，弦の微小部分の質量(m)を考えることで踏み出せます．もし，弦の線密度が μ で，微小部分の長さが L であれば，微小部分の質量は μL です．ここで，変位の振幅が小さい限り，$L \approx \Delta x$ でよい[*3]ので，微小部分の質量は $m=\mu\,\Delta x$ と書けます．したがって

$$\frac{\partial^2 y}{\partial t^2}=\frac{T}{\mu\,\Delta x}\,\Delta\left(\frac{\partial y}{\partial x}\right)$$

となります．しかし，微小な Δx に対して

$$\frac{\Delta(\partial y/\partial x)}{\Delta x}=\frac{\partial^2 y}{\partial x^2}$$

と書けるので，これから

$$\frac{\partial^2 y}{\partial t^2}=\frac{T}{\mu}\left(\frac{\partial^2 y}{\partial x^2}\right)$$

が導けます．あるいは

$$\frac{\partial^2 y}{\partial x^2}=\frac{\mu}{T}\left(\frac{\partial^2 y}{\partial t^2}\right) \tag{4.5}$$

が導けます．第 2 章の議論をたどれば，この方程式に似たものに気づくはずです．左辺の 2 階の空間微分と右辺の 2 階の時間微分(右辺の定数係数以外には他の項をもたない 2 階の時間微分)は，この方程式が古典的な波動方程式((2.5))と同じ形であることを意味します．つまり，第 2 章と第 3 章で説明し

[*3] $L^2=(\Delta x)^2+(\Delta y)^2=(\Delta x)^2[1+(\Delta y/\Delta x)^2]$ に対して，$\Delta y/\Delta x \ll 1$ を仮定すれば，$\Delta y/\Delta x$ の 2 乗は 1 に比べて無視できるので $L \approx \Delta x$ となります．

たすべての分析は，この振動する弦にも適用できるのです．

このような形の波動方程式から，1 つの興味深い事実があります．それは，弦の変位(y)は実際に物理的な変位なので†2，(4.5) の左辺の項($\partial^2 y/\partial x^2$)は弦の曲率を表しているということです．したがって，弦に適用した古典的な波動方程式は，弦の任意の微小部分の加速度($\partial^2 y/\partial t^2$)がその部分の曲率に比例することを教えてくれます．このことは，弦の微小部分の左端と右端での傾きと，両端にはたらく張力の y 成分との関係を考えれば，理解できます．曲率がなければ*4，両端での傾きは等しくなります．そのため，両端での張力の y 成分は等しく，かつ逆になるので，微小部分の加速度はゼロになります．

推測できたかもしれませんが，(2.5) の定数因子の項と (4.5) の定数因子の項を比較すれば，波の位相速度を決定できます．これらの項を互いに等しいとすれば

$$\frac{1}{v^2} = \frac{\mu}{T}$$

より

$$v = \sqrt{\frac{T}{\mu}} \tag{4.6}$$

となります．予想どおり，弦の波の位相速度は弾性(T)と慣性(μ)の両方に依存しています(この場合，弦が伝播の媒質です)．具体的には，弦の張力が強いほど，波の成分はより速く伝播します(なぜなら，T が (4.6) の分子にあるからです)．そして，弦の密度がより高いほど，波の成分はより遅く伝播します(なぜなら，μ が (4.6) の分母にあるからです)．そのため，弦 A が弦 B の 2 倍の張力と 2 倍の線密度をもっていれば，弦 A と弦 B の波の速度は同じです．

ここで重要なことは，(4.6) の速度は弦に沿った波の速さ(つまり，水平方向

†2　第 1 章から，変位は平衡からの任意のずれに言及していますが，物理的な距離だけではないことを思い出してください．しかし，この場合は，y が平衡位置からの実際の距離です．

*4　つまり，直線の場合．

の速さ)であり，垂直方向の微小部分の速さではないということです．垂直方向の速さ(つまり，横波の速さ(transverse speed))は $\partial y/\partial t$ で与えられます．これは，波動方程式の解である波動関数 $y(x,t)$ の時間微分をとれば求まります．

では，波動方程式の解である波動関数 $y(x,t)$ は，どのようにして見つけられるのでしょうか．その方法は，解こうとしている問題に対して，適切な初期条件と境界条件を適用することです．3.1 節と 3.2 節でこれに関連する例題があります．その議論において波の位相速度は単に「v」とよんでいましたが，いまの場合 $v=\sqrt{T/\mu}$ であることがわかっています．

次の例題でわかるように，弦を伝わる横波の場合，調和的な関数(サインとコサイン)が古典的な波動方程式に対してとても役に立つ解になります．

例題 4.1　**弦を伝わる調和的な横波に対して，その変位と速度と加速度を比べなさい．**

変位 $y(x,t)$ を $A\sin(kx-\omega t)$ とすれば，弦の任意の微小部分の横波の速度は $v_{\mathrm{t}}=\partial y/\partial t=-A\omega\cos(kx-\omega t)$ で，加速度は $a_{\mathrm{t}}=\partial^2 y/\partial t^2=-A\omega^2\sin(kx-\omega t)$ です(添え字 t は横波を明示するもので，時間 t とは無関係)．この波は正の x 方向に動いていることに注意してください．なぜなら，項 kx の符号は項 ωt の符号と逆だからです．図 4.3 のように，変位 y と横波の速度 v_{t} と横波の加速度 a_{t} をプロットすると，波動の興味ある特徴がいくつか現れてきます．この図 4.3 は，時刻 $t=0$ での y，v_{t}，a_{t} のスナップショットです．そして，3 つの波形がすべて同じ高さになるように，角振動数は $\omega=1$ にしています．

3 つの波形すべてを同じグラフにプロットした理由は，任意の場所(そして，同じ時刻)における変位，速さ，加速度の間の関係を見やすくするためです．たとえば，場所 x_1 での弦の一部分を考えてみましょう．この場合，変位は最大の正の値をもっています($y(x,t)$ 波形の最初の正の山)．この微小部分が最大変位に到達する瞬間($t=0$)に，速度プロットは微小部分の横波の速度がゼロになることを示しています．その理由は，この微小部分が最大変位のところで瞬間的に静止するからです．つまり，微小部分が上向きの運動(平衡位置から

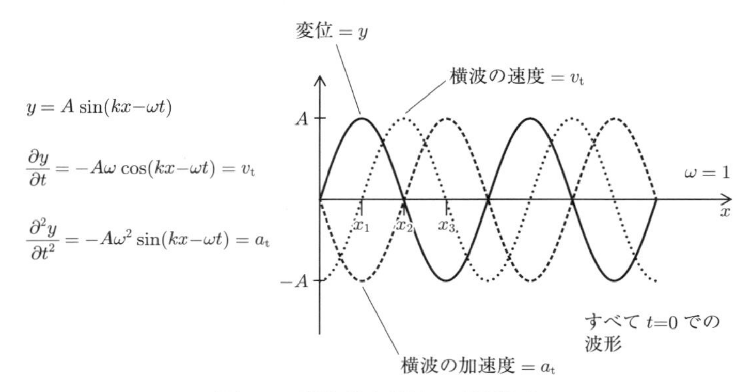

図 4.3　調和的な横波の時間微分

離れる運動)から下向きの運動(平衡位置に戻ってくる運動)に移り変わる瞬間に，即ち振動運動の頂上で，この微小部分は一瞬止まるからです．

さて，同じ微小部分に対する加速度プロットを見てみましょう．変位が最大の正値をとり，横波の速度がゼロである瞬間に，横波の加速度は最大の負値になります．この理由も理解できます．なぜなら，微小部分が平衡位置から最大の変位になるとき，復元力(張力)も最大になり，そして，復元力の向きは平衡位置に戻る向き(微小部分が平衡位置の上側にあるので，力は下向き)になるからです．微小部分にはたらく力は，微小部分の加速度に比例するので，最大の負の力は最大の負の加速度を意味しています．

次に，場所 x_2 での弦の微小部分を考えてみましょう．時刻 t=0 で変位(y)はゼロなので，弦の微小部分は平衡位置を通ります．微小部分の速度プロットを見ると，速度が頂点に到達しているのがわかります．つまり，この微小部分が平衡位置を通過するとき，微小部分の速度は最大の正の値をもちます．また，張力の方向は完全に水平(張力の y 成分はゼロ)になるので，横波の加速度(a_y)もゼロになります．

同様な解析は，場所 x_3 でも適用できます．この場合，弦の微小部分の変位は最大の負の値で，横波の速度はゼロ，そして，横波の加速度は最大の正値になります．■

図 4.3 のようなグラフを解析するときに学生たちがよくやるミスは，位置 x_2 での弦の微小部分は正の変位(平衡位置の上側)から負の変位(平衡位置の下側)に動いていると考えてしまうことです．しかし，この波は右へ動いていること，そして，あなたは時刻 $t=0$ で撮られた波のスナップショットを見ていることを思い出してください．そのため，この後の瞬間には，波は右に動いていったはずです．そして，位置 x_2 での微小部分は平衡位置の上側にくるので，微小部分は正の変位($y>0$)をもつはずです．なぜなら，グラフで示されたこの瞬間に位置 x_2 の微小部分の速度は最大の正の値をもっているからです．つまり，微小部分は正の y 方向に動いているのです．

多くの学生は，弦を伝わる横波に対する十分な理解が，他のタイプの波の運動，たとえば，縦波の圧力波(4.3 節)や量子的な波(第 6 章)などを勉強するときの基礎として役立つことに気づくでしょう．

もう 1 つ，考えておくと役に立つことは，線密度(μ)や弦の張力(T)の変化の効果です．いい換えれば，弦の材質が不均一である場合，解析はどのように変わるか，ということです．

線密度と張力を x の関数として式を立てれば，弦の性質が位置 x とともにどのように変化するかを調べることができます．つまり，$\mu=\mu(x)$ と $T=T(x)$ のように，線密度と張力を書き換えます．この場合，上で示した同様な解析から，次のように修正された波動方程式

$$\frac{\partial^2 y}{\partial t^2} = \frac{1}{\mu(x)} \frac{\partial}{\partial x} \left[T(x) \frac{\partial y}{\partial x} \right]$$

が導かれます．ここで注意してほしいのは，張力 $T(x)$ を空間微分の外に出せないこと，そして張力と密度の比はもはや定数ではないことです．一般に，この方程式に対する解の空間部分は正弦的な関数ではありません．この事から，正弦的な空間依存性をもつ波動関数は均一な媒質を伝わる波がもつ著しい特徴だということがわかります．この修正された波動方程式は，不均一な媒質内での量子的な波と興味深いアナロジーをもっています．

4.3　圧力波

弦を伝わる横波の解析に使った重要な概念とテクニックのほとんどは，縦方向に圧縮される波にも適用できます．このような波を表すスタンダードな用語は見当たらないので，力学的なソース(振動している音叉やピストン，スピーカーの振動膜など)が，波の伝わっていく方向に，物理的な変位と物質の圧縮や膨張を引き起こす，そのような媒質内の波を**圧力波**とよぶことにします．

図 4.4 に，圧力波がどのように伝播するのか説明されています．力学的な波のソースが媒質中を進むと，ソース近傍の微小部分が押されます．そして，その微小部分はソースから離れるように動き，圧縮されます(つまり，同じ量の質量が，より小さな体積に無理に詰め込まれるので，微小部分の密度は増加します)．密度が増加した微小部分は隣接する微小部分に圧力を及ぼします．このようにして，パルス(ソースが 1 度だけ押す場合)が，あるいは調和的な波(ソースが振動する場合)が物質内を伝播していきます．

このような波の**変動**には 3 つの要素が含まれています．それは，物質の縦方向の変位，物質の密度の変化，そして，物質内の圧力の変動の 3 つです．そのため，圧力波は**密度波**とか「縦方向の変位波」ともよばれます．物理学や工学の教科書で波の変動の図を見るとき，どの量が波の「変位」としてプロットされているのかをしっかりと理解しなければなりません．

図 4.4 でわかるように，私たちはまだ 1 次元の波の運動(つまり，x 軸方向だけに伝わる波)を考えています．しかし，圧力波は 3 次元の媒質にも存在するので，この場合には線密度 μ (前節で弦に対して考えた密度)の代わりに，媒質の慣性の性質を与える体積密度 ρ (体積的な質量密度)を考えます．ただし，弦の運動を微小角に限定して変位の垂直成分だけを考えたように，この場合も，圧力と密度の変動はそれらの平衡値と比べて小さいと仮定します．そして，縦の変位だけを考えます(そのため，物質は微小部分の長さの変化だけで圧縮したり，膨張したりします)．

このタイプの波の波動方程式を見つける最も簡単なルートは，弦を伝わる横

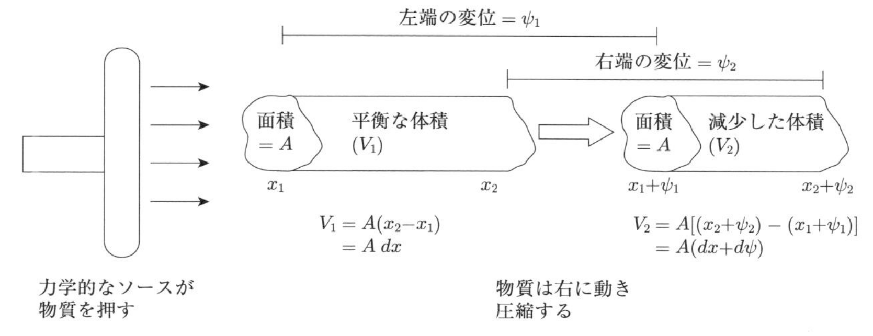

図 4.4　物質の微小部分の変位と圧縮

波に使われたアプローチに非常に似ています．つまり，物質の微小部分の加速度をその微小部分に作用する力の和と関係づけるために，ニュートンの運動方程式を使うのです．そこでまず，任意の場所での圧力(P)を，平衡圧力(P_0)と波によって生じる圧力変化(dP)を使って

$$P = P_0+dP$$

と定義することから始めましょう．同様に，任意の場所での密度(ρ)は，平衡密度(ρ_0)と波によって生じる密度変化$(d\rho)$を使って

$$\rho = \rho_0+d\rho$$

のように書きます．

ニュートンの運動方程式を使って，このような量を媒質内の物質の加速度と関係づける前に，体積圧縮率の用語やその表現に慣れておくのは無駄ではないでしょう．想像できると思いますが，外圧を物質の微小部分に加えると，物質の体積（したがって，その密度）がどれくらい変化するかは物質の性質に依存します．空気の体積を 1 パーセントだけ圧縮するには，約千 Pa（パスカル，$\mathrm{Pa=N/m^2}$）の圧力増が必要です．しかし，鉄の体積を 1 パーセントだけ圧縮するには，約 10 億 Pa 以上の圧力増が必要です．物質の体積圧縮率は**体積弾性率**（普通は K や B で書かれ，単位はパスカル）の逆数です．この体積弾性率

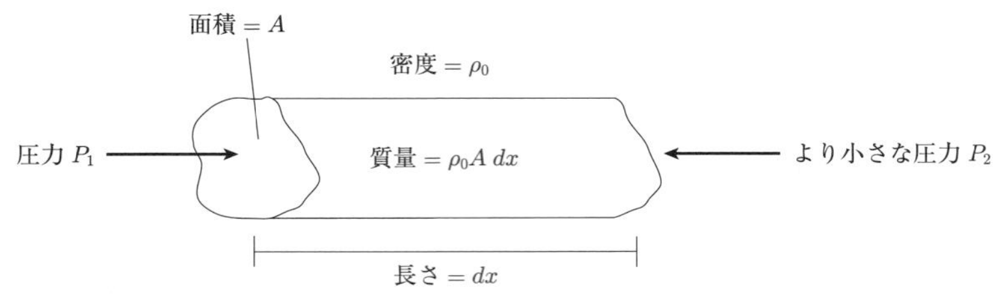

図 4.5　物質の微小部分への圧力

K は圧力の変化(dP)と物質の密度の変化率($d\rho/\rho_0$)を使って

$$K \equiv \frac{dP}{d\rho/\rho_0} \tag{4.7}$$

と定義されるので*5

$$dP = K\frac{d\rho}{\rho_0} \tag{4.8}$$

のような関係が成り立ちます．

この関係がわかれば，波で変位し，そして圧縮(あるいは膨張)した物質の微小部分に対してニュートンの運動方程式を考える準備ができたことになります．そこで，図 4.5 に示されているように，微小部分の左右の端に作用している，周囲の物質からの圧力を考えましょう．

微小部分の左端の圧力(P_1)は正の x 方向にはたらいていること，そして，微小部分の右端の圧力(P_2)は負の x 方向にはたらいていることに注意してください．x 方向の力の和が，x 方向の加速度に等しいと置けば

$$\sum F_x = P_1 A - P_2 A = ma_x \tag{4.9}$$

です．ここで，m は微小部分の質量です．微小部分の断面積が A で，微小部

*5　圧力 P の変化 dP と体積 V の変化率 dV/V の間には比例関係があり，その比例定数 K が体積弾性率になります．つまり，$dP=-KdV/V$ です．この式に，体積と密度 ρ が比例することを使えば，(4.7) が導けます．具体的に示せば，$\rho\propto 1/V$ を微分すると $d\rho\propto -dV/V^2=-\rho(dV/V)$ より $d\rho/\rho=-dV/V$ となるので，これを使って書き換えれば，(4.7) になります．

分の長さが dx であれば，微小部分の体積は $A\,dx$ です．そして，この体積に物質の平衡密度を掛けたものが微小部分の質量なので，質量は

$$m = \rho_0 A\,dx$$

となります．

微小部分の右端の圧力 P_2 は左端の圧力 P_1 よりも小さいことにも注意してください．なぜなら，ソースは左端を押しているからです．これは，この瞬間での加速度が右向きであることを意味します．波による物質の変位を表すために記号 ψ（プサイ）を使うと，x 方向の加速度は

$$a_x = \frac{\partial^2\psi}{\partial t^2}$$

です．質量 m と加速度 a_x をニュートンの運動方程式 (4.9) に代入すると

$$\sum F_x = P_1A - P_2A = \rho_0 A\,dx\,\frac{\partial^2\psi}{\partial t^2}$$

となります．

左端での圧力 P_1 を P_0+dP_1 と書き，右端での圧力 P_2 を P_0+dP_2 と書けば

$$\begin{aligned} P_1A - P_2A &= (P_0+dP_1)A - (P_0+dP_2)A \\ &= (dP_1 - dP_2)A \end{aligned}$$

です．しかし，距離 dx に対する dP の変化（波によって生じる過圧（または減圧）の変化）は

$$\text{過圧の変化} = dP_2 - dP_1 = \frac{\partial(dP)}{\partial x}\,dx$$

なので，運動方程式は

$$-\frac{\partial(dP)}{\partial x}\,dx\,A = \rho_0 A\,dx\,\frac{\partial^2\psi}{\partial t^2}$$

のように書けます．この両辺を $A\,dx$ で割った式

$$\rho_0 \frac{\partial^2 \psi}{\partial t^2} = -\frac{\partial(dP)}{\partial x}$$

に $dP=(d\rho\, K)/\rho_0$ を代入すれば

$$\rho_0 \frac{\partial^2 \psi}{\partial t^2} = -\frac{\partial[(K/\rho_0)d\rho]}{\partial x} \tag{4.10}$$

のような方程式になります．

次のステップは，密度の変化($d\rho$)を微小部分の両端の変位(ψ_1 と ψ_2)に関係づけることです．そうするために，微小部分の質量が圧縮の前後で変わらないことに注意しましょう．質量は密度と体積との積($m=\rho V$)です．そして，微小部分の体積は図 4.4 でわかるように，圧縮前は $V_1=A\,dx$ で圧縮後は $V_2=A(dx+d\psi)$ です．したがって

$$\rho_0 V_1 = (\rho_0+d\rho)V_2$$

$$\rho_0(A\,dx) = (\rho_0+d\rho)A(dx+d\psi)$$

です．距離 dx に対する変位の変化($d\psi$)は

$$d\psi = \frac{\partial \psi}{\partial x}\,dx$$

と書けるので

$$\rho_0(A\,dx) = (\rho_0+d\rho)A\left(dx+\frac{\partial \psi}{\partial x}\;dx\right)$$

$$\rho_0 = (\rho_0+d\rho)\left(1+\frac{\partial \psi}{\partial x}\right)$$

$$= \rho_0+d\rho+\rho_0\frac{\partial \psi}{\partial x}+d\rho\,\frac{\partial \psi}{\partial x}$$

となります．いま，波によって生じる密度変化($d\rho$)が平衡密度(ρ_0)に比べて小さい場合に話を限定しているので，$d\rho\,(\partial\psi/\partial x)$ は $\rho_0\,(\partial\psi/\partial x)$ に比べて小さくなければなりません．したがって

$$d\rho = -\rho_0\frac{\partial \psi}{\partial x}$$

と近似できます．これを (4.10) に代入すると

$$\rho_0 \frac{\partial^2 \psi}{\partial t^2} = -\frac{\partial[(K/\rho_0)(-\rho_0\,\partial\psi/\partial x)]}{\partial x} = \frac{\partial[K(\partial\psi/\partial x)]}{\partial x}$$

となるので，これをなじみのある形の方程式に再整理すると

$$\rho_0 \frac{\partial^2 \psi}{\partial t^2} = K \frac{\partial^2 \psi}{\partial x^2}$$

が導けます．あるいは

$$\frac{\partial^2 \psi}{\partial x^2} = \frac{\rho_0}{K} \frac{\partial^2 \psi}{\partial t^2} \tag{4.11}$$

と表せます．

弦を伝わる横波の場合と同じように，圧力波の位相速度も古典的な波動方程式((2.5))の定数因子と (4.11) の定数因子を比較することによって決定できます．これらの定数因子を等しいと置けば

$$\frac{1}{v^2} = \frac{\rho_0}{K}$$

となるので，圧力波の位相速度は

$$v = \sqrt{\frac{K}{\rho_0}} \tag{4.12}$$

で与えられます．

予想どおり，圧力波の位相速度は媒質の体積弾性率(K)と慣性(ρ_0)の性質に依存しています．具体的にいえば，物質の体積弾性率が高いほど(つまり，物質がより固いほど)，波の成分はより速く伝播します(なぜなら，K は (4.12) の分子にあるからです)．そして，媒質の密度が高いほど，波の成分はより遅く伝播します(なぜなら，ρ_0 は (4.12) の分母にあるからです)．

例題 4.2　空気中の音速を求めなさい.

音は圧力波ですから，もし空気の体積弾性率と密度の値がわかっていれば，(4.12) を使って空気中の音速を決めることができます．しかし，関心のある領域で，空気圧のほうが体積弾性率よりもすぐに利用できるので，圧力を具体的に含む形に (4.12) を書くほうが便利でしょう.

そうするために，体積弾性率((4.7))の定義を使って，(4.12) を

$$v = \sqrt{\frac{K}{\rho_0}} = \sqrt{\frac{dP/(d\rho/\rho_0)}{\rho_0}} = \sqrt{\frac{dP}{d\rho}} \tag{4.13}$$

のように書き換えます．量 $dP/d\rho$ は平衡圧力(P_0)と平衡密度(ρ_0)に断熱気体法則を使って関係づけることができます．断熱過程は，ある系とその周りの環境との間での熱エネルギーのやりとりがありません．そのため，断熱法則を使うことは，音波による圧縮と膨張の領域が，波の振動とともに熱によってエネルギーを得たり失ったりしない状態を仮定したことになります．これは，典型的な条件下にある空気中の音波に対しては，よい仮定です．なぜなら，熱伝導(分子の衝突と運動エネルギーの移動)によるエネルギーの流れは平均自由行路(衝突の間に分子が動く平均距離)と同程度の距離で生じるからです．平均自由行路の距離は，音波の圧縮領域と膨張領域の間の距離(つまり波長の半分)よりも数桁も小さいものです．そのため，波による空気の圧縮と膨張は，わずかに高めの温度の領域とわずかに低めの温度の領域を生じさせます．波が圧縮領域を膨張させたり，そして，膨張した領域を圧縮させる前に，分子は平衡状態を回復するほど十分遠くまでは動けません．したがって，実際の波の動きは断熱過程であると考えても良いことになります[†3].

断熱法則を適用するために，圧力(P)と体積(V)との関係式

[†3]　ニュートンが初めて偉大な『プリンキピア』で音速の計算を示したとき，一定温度の法則(ボイルの法則)を使ったので，音速の値は約 15% ほど小さく評価してしまいました.

$$PV^{\gamma} = 一定 \tag{4.14}$$

を使いましょう．この γ は定圧モル熱容量と定積モル熱容量の比[*6]を表しています．そして，典型的な条件下の空気では約 1.4 の値をもっています．

体積は密度 ρ に反比例するので，(4.14) は

$$P = (定数)\rho^{\gamma}$$

と書けます．そのため，P を ρ で微分すると

$$\frac{dP}{d\rho} = (定数)\gamma\rho^{\gamma-1} = \gamma\frac{(定数)\rho^{\gamma}}{\rho}$$

となるので，$(定数)\rho^{\gamma}=P$ に注意すると

$$\frac{dP}{d\rho} = \gamma\frac{P}{\rho}$$

のように表せます．これを (4.13) に代入すると

$$v = \sqrt{\gamma\frac{P}{\rho}}$$

となります．ここで，空気に対する典型的な値として $P=1\times10^5$ Pa と $\rho=1.2\ \mathrm{kg/m^3}$ を使うと，音速の値は

$$v = \sqrt{1.4\frac{1\times10^5}{1.2}} = 342\ \mathrm{m/s}$$

です．これは測定値に非常に近い値です．■

4.4　力学的な波のエネルギーとパワー

力学的な波で伝播しているものが厳密に何であるのかという問いに対する答えは，4.1 節を読んでいれば気づいているかもしれません(それは媒質の粒子

[*6] 定圧モル熱容量を $\mathrm{C_p}$，定積モル熱容量を $\mathrm{C_v}$ とすると，$\gamma=\dfrac{\mathrm{C_p}}{\mathrm{C_v}}$ です．

ではありません．なぜなら，粒子は波と一緒に運ばれないからです）．その答えはエネルギーです．この節では，力学的な波のエネルギー量やエネルギー流の割合が，波のパラメータとどのように関係しているかを説明します．

入門的な物理学コースで学んだかもしれませんが，系の力学的エネルギーは運動エネルギー（「動きのエネルギー」とも表現される量）とポテンシャルエネルギー（「位置のエネルギー」とも表現される量）から構成されています．また，運動する物体の運動エネルギーが物体の質量と物体の速さの 2 乗に比例すること，そして，物体のポテンシャルエネルギーは外力が作用する領域での物体の位置に依存することも思い出してください．

ポテンシャルエネルギーにはいくつかのタイプがあります．そして，与えられた問題に対してどのタイプが関係するかは，物体に作用する力の性質によります．重力場（たとえば，恒星や惑星で作られる力の場）内の物体は，重力ポテンシャルエネルギーをもっています．そして，弾性力（たとえば，バネや張られた弦で作られる力）を受けている物体は弾性的ポテンシャルエネルギーをもっています．入門的な物理学コースで覚えておくべきものとして，ほかに**保存力**があります．思い出したでしょうか．物体にはたらく力による仕事が，物体のたどる途中の経路によらず，物体の初めの位置と終わりの位置だけで決まるような力のことを保存力といいます．重力と弾性力は保存力です．一方，摩擦力や抵抗力は非保存力です．なぜなら，そのような散逸力では，より長い経路をとれば，より多くの力学的エネルギーが内部エネルギーに変換されるからです[*7]．同じ経路を逆向きにたどっても，そのエネルギーをとり戻すことはできません．物体が保存力の作用によって位置を変えるとき，物体のポテンシャルエネルギーの変化は保存力によってなされた仕事に等しくなります．

最後に，ポテンシャルエネルギーの基準点の値（ポテンシャルエネルギーがゼロに等しくなる場所）を自由に選んでよいことも思い出してください．このため，ポテンシャルエネルギーの値自体には意味はなく，物理的に重要なもの

[*7] 熱になって力学的エネルギーが減少することです．

はポテンシャルエネルギーの**変化**だけです．

運動エネルギーとポテンシャルエネルギーの概念を，弦を伝わる横波のような力学的な波に適用するのは簡単です．最も一般的なアプローチは，弦の微小部分に対する運動エネルギーとポテンシャルエネルギーを表す式を見つけることです．そうすれば，これらの式からエネルギー密度(つまり，単位長さあたりのエネルギー)が求まります．調和的な波の場合，それぞれの波長での全エネルギーは，運動エネルギーとポテンシャルエネルギーの密度を足し合わせた量を 1 波長にわたって積分すれば求まります．

すでに述べたように，弦の微小部分での運動エネルギー KE (kinetic energy)は微小部分の質量(m)と微小部分の横波の速度(v_{t})の 2 乗で定義されるので

$$\mathrm{KE}_{\text{微小部分}} = \frac{1}{2} m v_{\mathrm{t}}^2$$

です．そして，線密度 μ と長さ dx の微小部分の質量は $m = \mu\, dx$ なので

$$\mathrm{KE}_{\text{微小部分}} = \frac{1}{2} (\mu\, dx) v_{\mathrm{t}}^2$$

となります．これを微小部分の横波の速度 $v_{\mathrm{t}} = \partial y / \partial t$ で書き換えると

$$\mathrm{KE}_{\text{微小部分}} = \frac{1}{2} (\mu\, dx) \left(\frac{\partial y}{\partial t} \right)^2 \tag{4.15}$$

となります．(4.15) から，調和的な波の場合，運動エネルギーは微小部分が平衡位置を通過するとき最大になることがわかります．これは，図 4.3 の $y(x,t)$ と v_{t} のグラフを比べればわかります．そして，予想できると思いますが，運動エネルギーは微小部分が平衡位置から最大変位のときゼロになります．なぜなら，そのとき微小部分の速度は(瞬間的に)ゼロになるからです．

注意すべきことの 1 つは，微小部分の長さを水平な距離 dx と置くことにより，微小部分が平衡位置から変位するときに弦の伸びを考慮しなかったことです．微小部分の運動エネルギーを扱うときは，それで問題ありません．この場合に必要になるのは微小部分の質量で，弦の伸びによって微小部分の長さが増

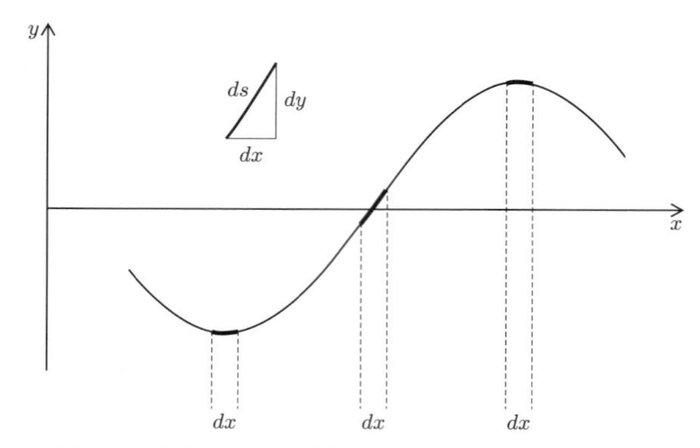

図 4.6　弦を伝わる調和的な波による微小部分の伸び

加すれば，そのぶん線密度が減少するだけでトータルの質量は変わらないからです．一方，微小部分のポテンシャルエネルギーを決めるには，伸びに関する情報が本質的に重要です．なぜなら，ポテンシャルエネルギーは，微小部分の伸びを引き起こす張力がする仕事に関係しているからです．

このような張力がする仕事を計算する場合，最初のステップは，波が弦の微小部分を平衡位置からずらすときに，そのずれで生じる伸びの量を決めることです．その状況を図 4.6 に示しています．この図から，微小部分の長さ ds が弦の傾きに依存することがわかります．水平な辺 dx と垂直な辺 dy をもった直角三角形の斜辺で微小部分の長さ(ds)を近似すれば，長さ ds は

$$ds = \sqrt{dx^2+dy^2}$$

と書けます．

もし dx をゼロに近づけるならば，微小部分の垂直な広がり(dy)は

$$dy = \frac{\partial y}{\partial x}\,dx$$

と書けるので，微小部分の長さは

$$ds = \sqrt{dx^2 + \left(\frac{\partial y}{\partial x}\,dx\right)^2}$$
$$= dx\sqrt{1 + \left(\frac{\partial y}{\partial x}\right)^2}$$

となります．この式は二項定理を使えば，もっと簡単になります．二項定理は x が 1 に比べて小さい限り

$$(1+x)^n \approx 1+nx$$

が成り立つことを述べています．傾き($\partial y/\partial x$)の小さい波動に対して，この近似を適用すると

$$ds = dx\left[1 + \left(\frac{\partial y}{\partial x}\right)^2\right]^{1/2}$$
$$\approx dx\left[1 + \frac{1}{2}\left(\frac{\partial y}{\partial x}\right)^2\right]$$
$$\approx dx + \frac{1}{2}\left(\frac{\partial y}{\partial x}\right)^2 dx$$

となります．ここから，微小部分の伸びの量 $ds-dx$ がわかります．つまり

$$\text{伸びの量} = ds-dx = \frac{1}{2}\left(\frac{\partial y}{\partial x}\right)^2 dx$$

です．

弦をこれだけ伸ばしたときに弾性力(張力)がする仕事を見つけるには，次の関係を利用します．「物体をある量だけ伸ばすときに弾性力がする仕事は伸びの方向の力の成分と伸びの量との積に等しい」という関係です．この場合，弾性力は弦の張力(T)なので，弾性力がする仕事は

$$\text{弾性力がする仕事} = T\left[\frac{1}{2}\left(\frac{\partial y}{\partial x}\right)^2 dx\right]$$

です．これが，微小部分のポテンシャルエネルギー PE (potential energy)の変化分になります．そのため，もし伸びていない微小部分をポテンシャルエネルギーがゼロの状態と定義すれば，微小部分のポテンシャルエネルギー $\mathrm{PE}_{微小部分}$ は

$$\mathrm{PE}_{微小部分} = T\left[\frac{1}{2}\left(\frac{\partial y}{\partial x}\right)^2 dx\right] \tag{4.16}$$

で与えられることになります．

弦の任意の微小部分の力学的エネルギー ME (mechanical energy)は，微小部分の運動エネルギーとポテンシャルエネルギーの和なので

$$\mathrm{ME}_{微小部分} = \frac{1}{2}(\mu\, dx)\left(\frac{\partial y}{\partial t}\right)^2 + T\left[\frac{1}{2}\left(\frac{\partial y}{\partial x}\right)^2 dx\right]$$

です．これが弦の長さ dx に含まれる力学的エネルギーです．力学的エネルギー密度(単位長さあたりのエネルギー)は，この式を dx (水平な微小部分の長さ)で割った量なので

$$\mathrm{ME}_{単位長さ} = \frac{1}{2}\mu\left(\frac{\partial y}{\partial t}\right)^2 + T\left[\frac{1}{2}\left(\frac{\partial y}{\partial x}\right)^2\right] \tag{4.17}$$

です．

物理学の教科書で力学的な波について読むと，エネルギー密度を弦の波の位相速度(v_p)と横波の速度(v_t)を用いて表した式に出会うかもしれません．そのような式を導くには，まずどのような波動関数 $y(x,t){=}f(x{-}v_\mathrm{p}t)$ (つまり，正の x 方向に伝播する波)に対しても，波動関数の時間微分と空間微分から

$$\frac{\partial y}{\partial x} = \frac{-1}{v_\mathrm{p}}\frac{\partial y}{\partial t} \tag{4.18}$$

という関係が成り立つことを思い出してください．この関係を使うと，力学的エネルギー密度は

$$\mathrm{ME}_{単位長さ} = \frac{1}{2}\mu\left(\frac{\partial y}{\partial t}\right)^2 + T\left[\frac{1}{2}\left(\frac{-1}{v_\mathrm{p}}\frac{\partial y}{\partial t}\right)^2\right]$$
$$= \frac{1}{2}\left(\mu + \frac{T}{v_\mathrm{p}^2}\right)\left(\frac{\partial y}{\partial t}\right)^2$$

となります．位相速度 v_p は，弦の張力 T と線密度 μ を使って $v_\mathrm{p}=\sqrt{T/\mu}$ で与えられるので，$\mu=T/v_\mathrm{p}^2$ です．この μ を上のエネルギー密度の式に代入すれば

$$\mathrm{ME}_{単位長さ} = \frac{1}{2}\left(\frac{T}{v_\mathrm{p}^2} + \frac{T}{v_\mathrm{p}^2}\right)\left(\frac{\partial y}{\partial t}\right)^2 = \left(\frac{T}{v_\mathrm{p}^2}\right)\left(\frac{\partial y}{\partial t}\right)^2$$

となります．ここで，$\partial y/\partial t$ は横波の速度 v_t であること（$v_\mathrm{t}=\partial y/\partial t$）に注意すれば，最終的に弦のエネルギー密度は

$$\mathrm{ME}_{単位長さ} = \left(\frac{T}{v_\mathrm{p}^2}\right)v_\mathrm{t}^2 \tag{4.19}$$

と書けます．

弦のエネルギー密度に関するこの式は，弦を伝わる横波のパワーを計算したいときに役立ちます[*8]．しかし，その前に少し時間をとって，これまでに導いてきた一般的な関係式を，調和的な波のような具体的な場合に適用してみましょう．次の例題をみてください．

例題 4.3 **弦を伝わる波の波動関数を $y(x,t)=A\sin(kx-\omega t)$ として，長さ dx の微小部分の運動エネルギー，ポテンシャルエネルギー，力学的エネルギーを求めなさい．**

この波動関数で横波の速度は $v_\mathrm{t}=\partial y/\partial t=-A\omega\cos(kx-\omega t)$ となるので，運動エネルギー（KE）は (4.15) から

$$\mathrm{KE}_{微小部分} = \frac{1}{2}(\mu\,dx)\left(\frac{\partial y}{\partial t}\right)^2 = \frac{1}{2}\mu A^2\omega^2\cos^2(kx-\omega t)dx \tag{4.20}$$

[*8] (4.23) を求めるときに使います．

です．そして，波動関数の傾きは $\partial y/\partial x = Ak\cos(kx-\omega t)$ なので，ポテンシャルエネルギー(PE)は (4.16) から

$$\mathrm{PE}_{\text{微小部分}} = T\left[\frac{1}{2}\left(\frac{\partial y}{\partial x}\right)^2 dx\right] = T\left[\frac{1}{2}A^2k^2\cos^2(kx-\omega t)dx\right]$$

です．この式に，$v_{\mathrm{p}}=\sqrt{T/\mu}$ と $v_{\mathrm{p}}=\omega/k$ の 2 つの関係式から得られる張力 $T=\mu\omega^2/k^2$ を代入すると

$$\mathrm{PE}_{\text{微小部分}} = \left(\mu\frac{\omega^2}{k^2}\right)\frac{1}{2}A^2k^2\cos^2(kx-\omega t)dx$$

から

$$\mathrm{PE}_{\text{微小部分}} = \frac{1}{2}\mu A^2\omega^2\cos^2(kx-\omega t)dx \tag{4.21}$$

となります．

(4.21) と (4.20) の 2 つの式を比べると，微小部分の運動エネルギーとポテンシャルエネルギーは等しいことがわかります．2 つの式を加えると，全エネルギー密度は

$$\mathrm{ME}_{\text{微小部分}} = \mu A^2\omega^2\cos^2(kx-\omega t)dx \tag{4.22}$$

で表されます． ■

(4.21) は，ポテンシャルエネルギーを「位置のエネルギー」として特徴づけることが，なぜ弦を伝わる横波の場合に誤解を与える恐れがあるのかという理由を教えてくれます．多くの学生は「位置のエネルギー」という言葉から，微小部分の変位が平衡位置から最大のときに，ポテンシャルエネルギーが最大になると考えます．これは，バネにおもりがついているような単純な調和振動子の場合には正しいのです．しかし弦を伝わる横波の場合，微小部分のポテンシャルエネルギーを決めるものは，平衡位置(水平な位置)に対する微小部分の相対的な位置ではなくて，平衡時の長さに対する微小部分の長さなのです．伸ば

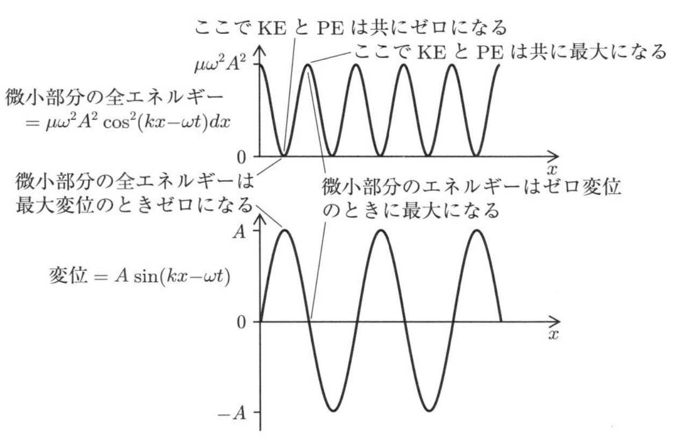

図 4.7　調和的な弦の波のエネルギー

される長さは，微小部分の傾き($\partial y/\partial x$)に依存します．この傾きが，平衡位置を通過するときに最大になることは，図 4.6 からわかります．最大変位にあるときの微小部分は実質的に水平なので，波によって伸ばされません．これは，最大変位時に微小部分がもつポテンシャルエネルギーはゼロであることを意味します．図 4.7 に，弦の微小部分の全エネルギーが x の関数として示されています．

この図 4.7 で気づいてほしい重要な点は，微小部分の力学的エネルギーは全運動エネルギーと全ポテンシャルエネルギーの間で互いに振動しないことです．この振る舞いは，バネにつながったおもりの単振動とは異なります．弦の横波の場合，微小部分の運動エネルギーとポテンシャルエネルギーは両方とも同じ時刻にそれらの最大値に到達します．これは微小部分が平衡位置を通過するときに起こります．しかし，これがエネルギー保存則を破っていると心配する人は，ある微小部分が最大の運動エネルギーとポテンシャルエネルギーをもつ瞬間に，他のある微小部分ではエネルギーはゼロになっていることを忘れないでください．そのため，散逸力が作用しない限り，全エネルギーは保存されています．

水平方向の微小部分(dx)だけではなく，波の全波長に含まれるエネルギー

を求めたい場合は，(4.22) を 1 波長の距離(λ)にわたって積分します．つまり

$$\mathrm{ME}_{1\,\text{波長}} = \int_0^{\lambda} \mu A^2 \omega^2 \cos^2(kx - \omega t)dx$$

です．たとえば，時刻を $t=0$ に選び，定積分の公式

$$\int_0^{\lambda} \cos^2\left(\frac{2\pi}{\lambda}x\right)dx = \frac{\lambda}{2}$$

を使えば計算できます．したがって，弦の横波の 1 波長に含まれる力学的エネルギーは

$$\mathrm{ME}_{1\,\text{波長}} = \frac{1}{2}\mu A^2 \omega^2 \lambda$$

となります．力学的エネルギーは最大変位(A)の 2 乗に比例することに注意してください．この結果は，弦を伝わる横波を使って導きましたが，別の形の力学的な波にも適用できます．たとえば，圧力波のエネルギーは波の最大圧力の 2 乗に比例します．

力学的な波のエネルギー密度と位相速度の式があれば，波の**パワー**(仕事率)をすぐに見つけることができます．パワーはエネルギーの変化率で定義されるので，毎秒あたりのジュール(J/s)，あるいはワット(W)という SI 単位をもっています．そのため，伝播する波のパワーは，単位時間にある場所を通過するエネルギー量を教えてくれます．力学的なエネルギー密度($\mathrm{ME}_{\text{単位長さ}}$)は単位距離 1 メートルあたりの波に含まれるジュール数で，位相速度(v_{p})は 1 秒あたりに波が動くメートル数です．したがって，これらの積が波のパワー P を与えます．つまり

$$P = (\mathrm{ME}_{\text{単位長さ}})v_{\mathrm{p}}$$

です*9．力学的なエネルギー密度は (4.19) で与えられているので，P は

$$P = \left[\left(\frac{T}{v_\mathrm{p}^2}\right) v_\mathrm{t}^2\right] v_\mathrm{p}$$
$$= \left(\frac{T}{v_\mathrm{p}}\right) v_\mathrm{t}^2$$

と書けます．そして，$v_\mathrm{p}=\sqrt{T/\mu}$ を代入すれば，結局，波のパワー P は

$$P = \left(\frac{T}{\sqrt{T/\mu}}\right) v_\mathrm{t}^2$$

より

$$P = \left(\sqrt{\mu T}\right) v_\mathrm{t}^2 \tag{4.23}$$

と表せます．この式に現れた量 $\sqrt{\mu T}$ は非常に重要です．なぜなら，波が伝わる媒質の**インピーダンス**(ふつう Z で表す)を表しているからです．インピーダンスの物理的な意味と，波の透過と反射における役割については 4.5 節で説明しますが，まずは力学的な波のうち，調和的な波のパワーについての例題を解いてみましょう．

例題 4.4　**波動関数 $y(x,t)=A\sin(kx-\omega t)$ をもった力学的な横波のパワーを求めなさい．**

この節の前半で議論したように，このタイプの調和的な波の位相速度は $v_\mathrm{p}=\sqrt{T/\mu}$ です．これを $v_\mathrm{p}=\omega/k$ と組み合わせると $T=\mu\omega^2/k^2$ となります．したがって，波のパワー P は，(4.23) から

---

*9　$\mathrm{ME}_{単位長さ}$ の SI 単位は $\dfrac{\mathrm{J}}{\mathrm{m}}$，$v_\mathrm{p}$ の SI 単位は $\dfrac{\mathrm{m}}{\mathrm{s}}$ なので $\mathrm{ME}_{単位長さ}\times v_\mathrm{p}$ の単位は $\dfrac{\mathrm{J}}{\mathrm{m}}\times\dfrac{\mathrm{m}}{\mathrm{s}}=\dfrac{\mathrm{J}}{\mathrm{s}}=\mathrm{W}$．したがって，$P$ は確かに「単位時間あたりに通過するエネルギー量」の単位をもっており，パワー(仕事率)を表します．ちなみに，P のことを「エネルギーの流れ」(energy flow)ともいいます．

$$P = \left(\sqrt{\mu T}\right) v_{\mathrm{t}}^2 = \left[\sqrt{\mu\left(\mu\frac{\omega^2}{k^2}\right)}\,\right] v_{\mathrm{t}}^2$$
$$= \mu\frac{\omega}{k} v_{\mathrm{t}}^2$$

と書けます．そして，横波の速度 v_{t} は $v_{\mathrm{t}}=-\omega A\cos(kx-\omega t)$ なので

$$P = \mu\frac{\omega}{k}[-\omega A\cos(kx-\omega t)]^2$$
$$= \mu\frac{\omega^3}{k}[A^2\cos^2(kx-\omega t)]$$

となります[*10]． ■

横波の**パワーの平均値**を求めるには，多くのサイクルにわたる $\cos^2$ の平均値が 1/2 であることを思い出しましょう．そうすると，振幅 A の調和的な波のパワーの平均値は

$$P_{\text{平均}} = \mu\frac{\omega^3}{k}\left[A^2\left(\frac{1}{2}\right)\right] = \frac{1}{2}\mu A^2\omega^2\left(\frac{\omega}{k}\right)$$

より

$$P_{\text{平均}} = \frac{1}{2}\mu A^2\omega^2 v_{\mathrm{p}} = \frac{1}{2}ZA^2\omega^2 \tag{4.24}$$

のように表せます．この (4.24) には，$P_{\text{平均}}$ が 2 通りの形で書かれています．その理由は，線密度 μ，位相速度 v_{p}，インピーダンス Z などの弦のパラメータの間の関係（$\sqrt{\mu T}=\sqrt{\mu^2\omega^2/k^2}=\mu v_{\mathrm{p}}$）を強調するためです．

[*10] P の右辺は引数 $kx-\omega t$ の関数，つまり $kx-\omega t=k[x-(\omega/k)t]=k(x-vt)$ より $f(x-vt)$ の形をしているので，エネルギーも波とともに速さ v で正の x 方向に伝播することがわかります．

4.5　波のインピーダンスと反射と透過

前節で，インピーダンスを表す項が力学的な波のパワーの導出から現れましたが，別の方向からこれに行き着けば，インピーダンスの物理的な意味がもう少し明らかになります．この節ではまずその別の方向を考えます．そのあとで，波が 2 つの異なる媒質間を伝播しているときに，何が起こるかを決めるのに，インピーダンスがどのように使われるかを説明します．

インピーダンスの物理的な意味を理解するために，まず，媒質に初期変位を与える力学的な波のソースと，このソースが作る力について考えましょう．力学的な横波の場合，ソース(たとえば，弦の一端を垂直に動かしている，あなたの手)による力は張力の垂直成分より強くなければなりません．平衡位置(水平な位置)からの弦の変位が y で，弦と水平方向とのなす角が θ であれば，張力の垂直成分 F_y は

$$F_y = T\sin\theta \approx T\frac{\partial y}{\partial x}$$

です．任意の単一な進行波に対して，この F_y は (4.18) の $\partial y/\partial t$ を使って

$$F_y = T\left(\frac{-1}{v_{\mathrm{p}}}\right)\frac{\partial y}{\partial t}$$

のように書き換えることができます．そして $\partial y/\partial t = v_{\mathrm{t}}$ より，これは

$$F_y = T\left(\frac{-1}{v_{\mathrm{p}}}\right)v_{\mathrm{t}} = -\left(\frac{T}{v_{\mathrm{p}}}\right)v_{\mathrm{t}}$$

となります．あるいは，$v_{\mathrm{p}} = \sqrt{T/\mu}$ なので，張力の垂直成分 F_y は

$$F_y = -\left(\frac{T}{\sqrt{T/\mu}}\right)v_{\mathrm{t}} = -(\sqrt{\mu T})v_{\mathrm{t}} \tag{4.25}$$

となります．この F_y は，ソースの運動を妨げようとする弦の力です．反対方向に力 $F_{y,\,\text{ソース}}$ を生み出すことにより，ソースはこの「抵抗力」に打ち勝たねばなりません．したがって，波を生み出すのに必要な力は弦の横波の速度に

比例します．波とそれが伝播している媒質との相互作用をモデル化するときに，この事実が重要になります．

(4.25) のもう 1 つ重要な点は，力と横波の速度の間の比例定数が媒質のインピーダンス(Z)だということです．弦を伝わる横波の場合，インピーダンスは弦の 2 つの性質だけに依存することに注意してください．それは，張力 T と線密度 μ で，$Z=\sqrt{\mu T}$ です．

(4.25) を $F_{y,\,\text{ソース}}=-F_y$ で書き換えると，インピーダンスの意味はより明快になります．それは

$$Z=\sqrt{\mu T}=\frac{F_{y,\,\text{ソース}}}{v_{\mathrm{t}}} \tag{4.26}$$

です．つまり，力学的な波において，インピーダンスが教えてくれることは，波によって変位した物質の特定の横波速度を生み出すために必要な力の大きさです．SI 単位でいえば，Z は毎秒 1 メートルの速さで物質を動かすのに必要なニュートン数を与えます．弦を伝わる横波の場合，張力と線密度の積が大きいほど，弦のインピーダンスは高くなります．そのため，高いインピーダンスの弦で特定の横波速度を達成するためには大きな力が必要になります．

しかし，いったんその横波の速度が達成されれば，(4.23) からわかるように，高いインピーダンスの弦のほうが同じ横波の速度をもった低いインピーダンスの弦よりも大きなパワーをもちます．したがって，ある速度をもった力学的な横波を生み出すために必要な力を決めたいとき，そして，そのような力学的な波のパワーを計算したいときは，媒質のインピーダンスが非常に重要になります．しかし，インピーダンスの真の威力が発揮されるのは，異なる性質をもった 2 つの媒質の境界に波が到達するとき波に何が起こるかを考える場合です．

媒質の変化が力学的な波に及ぼす効果は，(4.25) を基にして次のように考えると解析できます．

(1) 媒質(この場合は弦)は波のソースに抵抗力を生む．

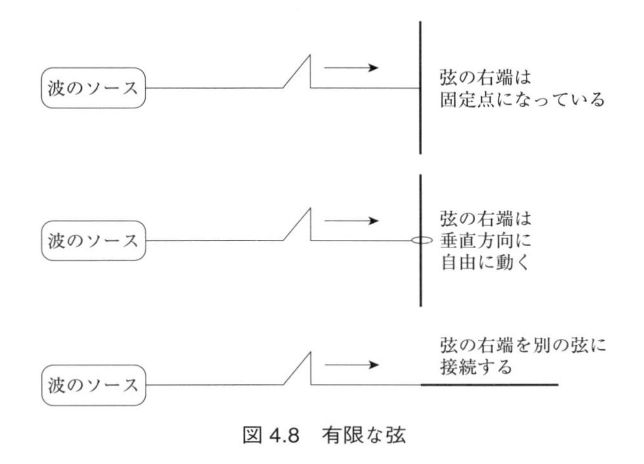

図 4.8　有限な弦

(2) 抵抗力の大きさは，波によって媒質内に生じる横波の速度に比例し，その向きは速度と反対である(したがって，$F_y \propto -v_{\mathrm{t}}$).

(3) 力と横波の速度との比例定数が媒質のインピーダンス(Z)である.

このような考え方は，現実の弦の振る舞いを解析するときに非常に役立ちます．現実の弦は無限に長くはないからです．もし，波のソースが弦の左端にあれば，右端はある有限の距離だけ離れています．右端で，弦は壁に固定してあるかもしれません．あるいは異なる性質(たとえば，μ や T．これは一般に v_{p} と Z が異なることを意味する)をもった他の弦に接続しているかもしれません．このような状況は図 4.8 に示されています．そして，右に進行する波(図に示されているパルスのような波)が右端に到達したときに何が起こるかを知りたければ，右端での力(つまり，無限長の弦の残りの部分によって生じたかもしれない力)の性質を理解する必要があります．

そのために，次のことを考えましょう．弦によって作られる抵抗力は $-v_{\mathrm{t}}$ に比例するので，抵抗力のピークは v_{t} の谷にまっすぐに並びます．これを表現する 1 つの方法は，抵抗力が横波の速度 v_{t} と 180° 位相がずれているというい方です[†4]．しかし前に述べたように，そして図 4.3 からも明らかなよう

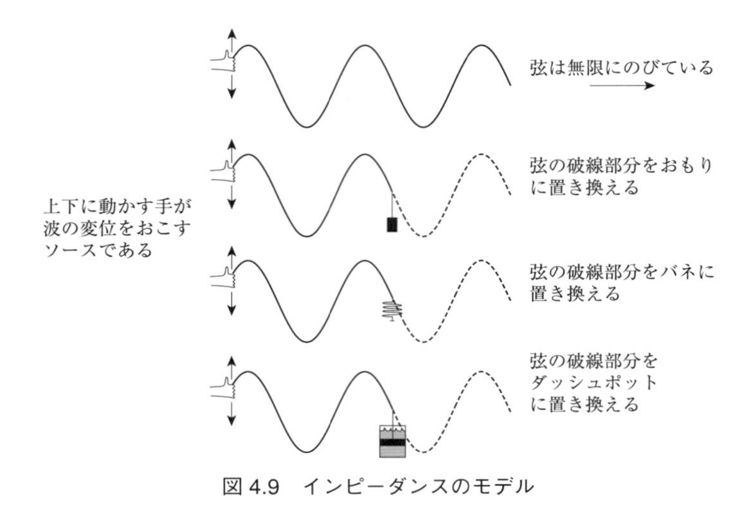

図 4.9　インピーダンスのモデル

に，変位 y と加速度 a_{t} のピーク(山と谷)は v_{t} のゼロの位置と揃っています．抵抗力は $-v_{\mathrm{t}}$ に比例しているので，v_{t} のゼロの位置は抵抗力がゼロの位置です．そのため，変位 y と加速度 a_{t} は抵抗力と位相が $\pm 90°$ ずれていることになります．これがなぜ重要であるかを見るために，図 4.9 に示した状況で考えてみましょう．

この図の一番上に示されている弦は無限長の弦で，波のソースに対して $-Zv_{\mathrm{t}}$ の抵抗力が存在します．この状況では，ソースによって生じた波は右に連続的に伝播します．そして，余分な波は生じません(つまり，もし弦が連続で，すべての部分で同じ性質をもっていれば，反射される波はありません)．

ここで，弦の右側を消すと(つまり，図 4.9 の下側の 3 つの弦の破線部分がなくなっていると想像すると)，何が起こるかを考えてみましょう．明らかに，波は破線の領域に伝播できません．その領域には波を運ぶ媒質がないから，つまり，力学的な波には常にその波を伝播するための媒質が必要だからです．波の右の部分を取り去った場合，弦が無限長であったときと同じように左の部分

[†4] 同じことを別のいい方をすれば，抵抗力は $-v_{\mathrm{t}}$ と同位相であるということです．

の波が振る舞うとは思わないでしょう．なぜなら，消えた部分はもはや抵抗力に寄与しないからです．

ここで問われるべき非常に価値のある質問は「弦のなくなった部分と同じ抵抗力を生み出すには，弦の右端に何を付ければいいだろうか？」というものです．もし，それができるならば，左の部分の波は無限長の弦の場合と厳密に同じように振る舞うでしょう．たとえば，弦の(消された)右の部分の質量を作るために，弦の端におもりを付けることを考えてみましょう．この状況は図 4.9 の上から 2 番目に描かれています．しかし，この方法の難点は，付加された質量によって生じる力が入射波の横波の速度に比例せずに，横波の加速度に比例するということです(なぜなら，ニュートンの運動の法則から，力は加速度に比例するからです)．そして，図 4.3 に示されているように，横波の加速度は横波の速度が最大になる場所でゼロになるので，抵抗力は異なります．そのため，吊したおもりに図の左部分から到達する波は，弦が無限長のときの振る舞いと同じにはなりません．

弦の右端におもりを付ける代わりに，バネを付けることを考えてみましょう．この状況は図 4.9 の上から 3 番目に描かれています．しかしこの方法でも，バネによって生じる力は入射波の横波の速度には比例しません(なぜなら，フックの法則により，バネの力は平衡位置からの変位に比例するからです)．そして，ちょうど加速度の場合と同じように，変位も横波の速度が最大になる場所でゼロになります．そのため，この場合も弦の左の部分の波は，弦が無限長のときの振る舞いと同じにはなりません．

さて，**ダッシュポット**という装置を弦の右端に取り付けたと想像しましょう．ダッシュポットの定義を調べれば，おそらく次のようなことが書いてあるでしょう．「(ダッシュポットは)粘性摩擦(たとえば，流体の中に浸かっているピストン)を使って運動を妨げる力学的な装置で，生じる力は速度の大きさに比例し，力の向きは速度と反対の向きである」．これこそまさしく，いま探しているものです．消した部分をダッシュポットで置き換えることにより，弦の左の部分での抵抗力は，弦が無限長の場合と同じ v_t 依存性をもちます．そして，ダッシュポットによって生じる抵抗力を，無限長の弦の消した部分によって生じる抵抗力の量に厳密に一致するよう調整すれば，弦の左部分の波は無限長の弦があったときとまったく同じ振る舞いをします（ダッシュポットのインピーダンスを，弦のインピーダンスに一致するように調整しているのだと考えることができます）．これは，波のすべてのエネルギーがダッシュポットの中に入ることを意味します．無限長の弦の場合に，右の部分に伝わっていたエネルギーです．

教科書によっては，ダッシュポットが**純抵抗素子**（purely resistive）と書かれているかもしれません．この用語を理解するために少し時間を割いておきましょう．それは，力学的な波と，電気回路で時間変動する電流との間の，非常に役立つアナロジーの基礎になるからです．ダッシュポットが純抵抗素子とよばれる理由は，弦の左端でのダッシュポットの抵抗力が $-v_{\rm t}$ と同位相になっているからです．ちょうど，電気回路の抵抗素子を流れる電流の位相が交流電源の電圧と同位相になるのと同じです．もしあなたが交流（AC）回路を勉強していたら，コンデンサーやコイルのような他の回路素子を流れる電流が，電圧から $\pm 90^\circ$ だけ位相がずれることを覚えているかもしれません[*11]．これが，前述の吊したおもりとバネによって生じる力の位相関係に類似しているのです．

ここに重要なポイントがあります．もし有限長の弦をダッシュポットで止めて，ダッシュポットのインピーダンスを弦のインピーダンスに一致させたとすれば，ダッシュポットは波のエネルギーの完全な吸収装置として作用します．これは，弦があたかも無限長であるかのごとく波の左部分を振る舞わせるようにダッシュポットで作られた抵抗力が正しい振幅と位相をもっていることを意味します．この振る舞いは，波が反射波を作らずに右の方向に伝播する状況と同じです．

[*11]　抵抗器の両端間の電圧（E）は電流（I）と同位相，コイル L（インダクタンス L）の両端間の電圧 E は電流 I よりも 90° **進んでいる．**コンデンサー C の両端間の電圧 E は電流 I よりも 90° **遅れている．**余談ですが，コイル L とコンデンサー C で，I と E のどちらの位相が 90° さきに進むか迷うので，90° 進むほうの文字を先頭に出した語呂合（ごろあ）わせ，たとえば，ELI（エリー：女の子の名前）や ICE（アイス：氷）とすれば覚えやすいでしょう．

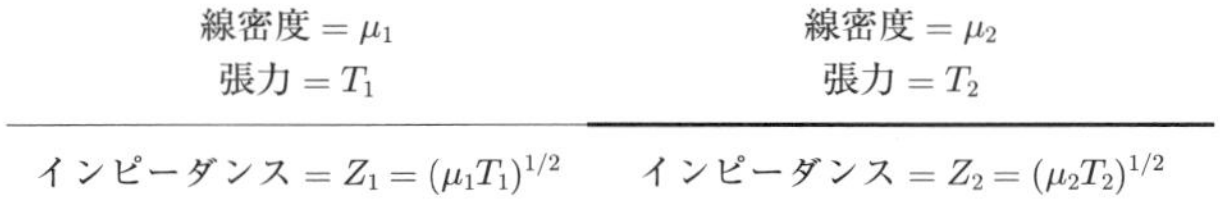

線密度 $= \mu_1$ 張力 $= T_1$	線密度 $= \mu_2$ 張力 $= T_2$
インピーダンス $= Z_1 = (\mu_1 T_1)^{1/2}$	インピーダンス $= Z_2 = (\mu_2 T_2)^{1/2}$

図 4.10　異なる弦の間の境界

しかし，ダッシュポットのインピーダンスを弦のインピーダンスより少し大きめか小さめに調整した場合，波はどのように振る舞うでしょうか．その場合でも抵抗力は $-v_{\rm t}$ に比例しますが，その大きさは無限長の弦の消えた右端で生じる抵抗力とは異なるでしょう．これは，波のエネルギーの一部(全部ではありません)がダッシュポットに吸収され，波のエネルギーの一部が弦の左の部分に反射されて戻ってくることを意味します．この現象は，波が境界を通って部分的に透過し，部分的に反射する振る舞いに酷似しています．そのため，弦の右端がさまざまな終わり方をしているときの波の振る舞いを研究するのに，ダッシュポットのモデルが使われます．

たとえば，弦の右端を固定点にするならば，それは非常に高いインピーダンスをもったダッシュポットを弦に吊しているようなものです．しかし，もし弦の右端を自由にさせておけば，それはゼロ・インピーダンスのダッシュポットを取り付けていることと等価です．ここで，図 4.10 に示すように，1 番目の弦の右端を別の弦に接続している状況を想像しましょう．もし 2 番目の弦の線密度(μ)か張力(T)が 1 番目の弦と異なる値をもっているなら，異なるインピーダンス(これを Z_2 とする)をもっていることになります．この場合，1 番目の弦の右端にインピーダンス(Z_2)のダッシュポットを付けると何が起こるかを考察すれば，波の振る舞いがわかります．

それでは，このように条件が異なる(つまり，弦の端で Z の値が変わる)場合に，波はどのように振る舞うでしょうか．この問題に答えるためには，境界(1 番目の弦の終端点)で次の 2 つの境界条件を課す必要があります．

(1) 弦は連続である．そのため，変位(y)は境界の両側で等しくなければならない(そうでなければ，境界で弦はちぎれる)．

(2) 接線方向の力$(-T\partial y/\partial x)$は境界の両側で等しくなければならない(そうでなければ，境界で無限小の質量の粒子はほとんど無限大の加速度をもつ).

このような境界条件を課すと，反射波の変位(y)に対して

$$y_{\text{反射}} = \frac{Z_1-Z_2}{Z_1+Z_2} y_{\text{入射}}$$

という式が導けます[*12](この式の導出の詳細は，原書のウェブサイトを参照してください)．これは反射波の振幅が，入射波の振幅から係数 $(Z_1-Z_2)/(Z_1+Z_2)$ だけ大きさが変わることを教えてくれます．この係数が**反射係数**[*13]とよばれるもので，r で表します．つまり，反射係数 r は

$$r = \frac{Z_1-Z_2}{Z_1+Z_2} \tag{4.27}$$

で定義されます．もし $r=1$ であれば，反射波は入射波と同じ振幅をもっています．これは，境界で波が完全に反射されることを意味します．つまり，境界は左方向に伝播する波の正確なコピーを作ります．そのため，この場合は弦の全体の波は入射波と反射波の重ね合わせになります．一方，もし $r=0$ であ

[*12] 入射波を $y_{\rm i}(x,t)=f(k_1x-\omega t)$，反射波を $y_{\rm r}(x,t)=g_1(k_1x+\omega t)$，透過波を $y_{\rm t}(x,t)=g_2(k_2x-\omega t)$ とすると，境界の左側の波は $y_1(x,t)=y_{\rm i}+y_{\rm r}=f(k_1x-\omega t)+g_1(k_1x+\omega t)$，右側の波は $y_2(x,t)=y_{\rm t}=g_2(k_2x-\omega t)$ で与えられます．境界 $x=0$ で変位は等しいから $y_1(0,t)=y_2(0,t)$ より $f(-\omega t)+g_1(\omega t)=g_2(-\omega t)$ $\cdots$(a)．また境界 $x=0$ で弦は滑らかに接続しているので $\dfrac{\partial y_1}{\partial x}=\dfrac{\partial y_2}{\partial x}$ より $k_1[f'(-\omega t)+g_1'(\omega t)]=k_2 g_2'(-\omega t)$ $\cdots$(b)．ただしダッシュ$(')$は x に関する微分．式(b)を t で積分して $v_1=\omega/k_1$, $v_2=\omega/k_2$ を使えば，$v_2[-f(-\omega t)+g_1(\omega t)]=-v_1 g_2(-\omega t)$ $\cdots$(c)．2つの式(a)，(c)から $g_1(\omega t)=\dfrac{v_2-v_1}{v_2+v_1}f(-\omega t)$, $g_2(-\omega t)=\dfrac{2v_2}{v_2+v_1}f(-\omega t)$ $\cdots$(d)．式(d)は $x=0$ の解なので，これらを任意の x 座標で書くと，$g_1(k_1x+\omega t)=\dfrac{v_2-v_1}{v_2+v_1}f(k_1x-\omega t)$, $g_2(k_2x-\omega t)=\dfrac{2v_2}{v_2+v_1}f(k_1x-\omega t)$ $\cdots$(e)．張力 T は両方の弦で等しいので，$v_1=\sqrt{T/\mu_1}$, $v_2=\sqrt{T/\mu_2}$ と $Z_1=\sqrt{\mu_1 T}$, $Z_2=\sqrt{\mu_2 T}$ を使って式(e)を書き換えると，$g_1=\dfrac{Z_1-Z_2}{Z_1+Z_2}f$, $g_2=\dfrac{2Z_1}{Z_1+Z_2}f$ です．ここで $f=y_{\text{入射}}$, $g_1=y_{\text{反射}}$, $g_2=y_{\text{透過}}$ だから (4.27) と (4.28) が導けます．

[*13] 原著は amplitude reflection coefficient (振幅反射係数)ですが，慣習にならって「反射係数」とします．

れば，反射波はありません．弦上の唯一の波は，波のソースによって作られた右方向に伝播するオリジナルの波だけです．ところで，(4.27) を注意して見れば，r が負にもなることがわかるでしょう．そのため，たとえば $r=-1$ であれば反射波は入射波と同じ振幅をもちますが，反転していることになります．したがって，弦の全体の波はオリジナルの波と反転して逆向きに伝播する波の重ね合わせになります．このような条件($r=1$ と $r=-1$ の限界値)は極端なケースです．一般には，反射係数の値はこの限界値の間にあります．

特に注意してほしいことは，反射波の振幅を決めるものは 2 番目の媒質のインピーダンスではなく，1 番目と 2 番目のインピーダンスの**差**(Z_1-Z_2)だということです．そのため，もし反射を防ぎたければ，2 番目の媒質のインピーダンスをできるだけ小さくするのではなく，2 番目の媒質のインピーダンスを 1 番目のインピーダンスと一致させなければなりません．

もし，境界を過ぎて伝播する波(**透過波**)について知りたければ，同様な分析(原書のウェブサイトを参照)から

$$y_{\text{透過}} = \frac{2Z_1}{Z_1+Z_2} y_{\text{入射}}$$

となることがわかります．そのため，**透過係数**[*14]を t (時間と混同しないように注意してください)とすれば，透過係数 t は

$$t = \frac{2Z_1}{Z_1+Z_2} \tag{4.28}$$

で定義されます．透過係数 t は，透過波の振幅が入射波の振幅と比べてどれくらい大きさが変わるかを教えてくれます．もし $t=1$ であれば，透過波は入射波と同じ振幅をもっていることになります．しかし，$t=0$ であれば，透過波の振幅はゼロです．これはオリジナルの波が境界を通過しないことを意味します．任意の境界に対して $t=1+r$ なので，t の値は 0 ($r=-1$ のとき)から +2 ($r=+1$ のとき)までの間にあります．

[*14] 原著は amplitude transmission coefficient (振幅透過係数)ですが，慣習にならって「透過係数」とします．

反射係数 r と透過係数 t の式を，右端が固定点につながれている弦に適用しましょう．そのために，この状況は 2 番目の弦のインピーダンスを $Z_2=\infty$ と置くことと等価であると考えます．この場合，反射係数 r は

$$r=\frac{Z_1-Z_2}{Z_1+Z_2}=\frac{Z_1-\infty}{Z_1+\infty}=-1$$

で，透過係数 t は

$$t=\frac{2Z_1}{Z_1+Z_2}=\frac{2Z_1}{Z_1+\infty}=0$$

となります．そのため，入射波は境界を透過できません．そして，反射波は入射波の反転したコピーになります．

一方，弦の右端が自由になっている場合に何が起こるかは，$Z_2=0$ と置くことによって簡単に知ることができます．その場合，反射波は入射波と同じ振幅ですが，反転はしません($r=1$)．

Z_1 と Z_2 から r と t を見つける方法を知っていると，弦が異なる性質(線密度 μ と張力 T)の別の弦に接続されている状況を解析することもできます．$Z=\sqrt{\mu T}$ なので，それぞれの弦のインピーダンスをまず決めなければなりません．それから (4.27) を使って r を見つけ，そして，(4.28) を使って t を見つけます．このような関係式の使い方を例題 4.5 でみてみましょう．

例題 4.5　**線密度 0.15 g/cm で張力 10 N の弦を正の x 方向に最大変位 2 cm で伝播している横波のパルス波があるとします．このパルス波が弦の途中で線密度が 2 倍で同じ張力をもった別の短い弦に到達するとき，何が起こるでしょうか．**

この状況は図 4.11 に示されています．この図 4.11 の上側の図からわかるように，2 つの弦の間に 2 つの境界があります．1 番目(左)の境界で，正の x 方向に伝播しているオリジナルのパルス波はインピーダンス $Z_{軽}$ の媒質からインピーダンス $Z_{重}$ の媒質に入っていきます．そのため，左の境界で右側に動くパルス波に対して，$Z_1=Z_{軽}$ と $Z_2=Z_{重}$ になります．

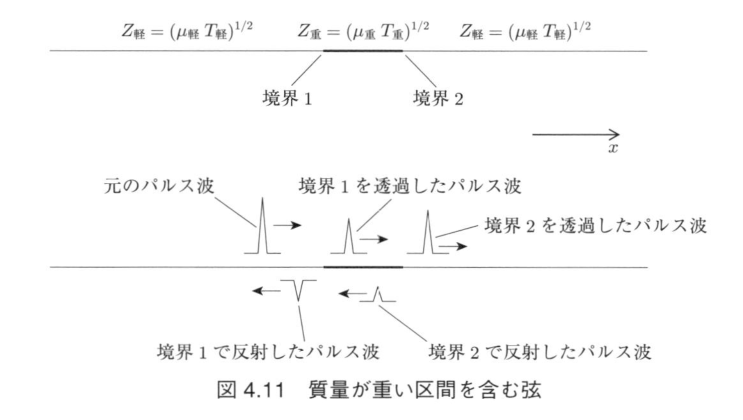

図 4.11　質量が重い区間を含む弦

図 4.11 の下側の図からわかるように，パルス波の一部は左の境界から(左方向へ)反射されます．そして，パルス波の残りは 1 番目の境界を通って(右方向へ)透過します．弦の重い領域を通ったあとは，その透過パルス波は 2 番目(右)の境界に到達します．境界で，透過パルス波はインピーダンス $Z_{重}$ の媒質からインピーダンス $Z_{軽}$ の媒質に入ります．そのため，右端の境界で，右方向に動くパルス波に対しては，$Z_1=Z_{重}$ と $Z_2=Z_{軽}$ です．左の境界で起こったように，パルス波の一部は 2 番目の境界から(左方向へ)反射されます．そして，パルス波の残りはその境界を通って(右方向へ)透過します．

それぞれの境界を通って透過するパルス波の振幅は，インピーダンス Z_1 と Z_2 の適切な値を (4.28) に使えば決定できます．線密度を SI 単位に変換(0.15 g/cm=0.015 kg/m)したあとで，(4.26) を使えば，インピーダンスは

$$Z_1=\sqrt{\mu_{軽}T_{軽}}=\sqrt{(0.015\ \mathrm{kg/m})(10\ \mathrm{N})}=0.387\ \mathrm{kg/s}$$
$$Z_2=\sqrt{\mu_{重}T_{重}}=\sqrt{2(0.015\ \mathrm{kg/m})(10\ \mathrm{N})}=0.548\ \mathrm{kg/s}$$

のように与えられます．これらを使うと，左の境界での透過係数 t は

$$t=\frac{2Z_1}{Z_1+Z_2}=\frac{(2)(0.387)}{0.387+0.548}=0.83$$

です．したがって，軽い弦から重い弦へ伝播するとき，パルス波の振幅はオ

リジナルの値の 83% まで減少します．その減少した振幅のパルス波が右方向に進み，そして 2 番目(右)の境界に到達します．その場合，重い弦が入射波の伝播する媒質になり，軽い弦は透過波の媒質になります．Z_1 は入射波と反射波が伝播する媒質に関するもので，Z_2 は透過波が伝播する媒質に関するものです．そのため，この境界では Z_1=0.548 kg/s と Z_2=0.387 kg/s になります．これから，右の境界での透過係数は

$$t = \frac{2Z_1}{Z_1+Z_2} = \frac{(2)(0.548)}{0.548+0.387} = 1.2$$

となります．これが意味することは，2 つの境界を透過して伝播するとき，パルス波の振幅は 0.83×1.2 (=0.996) の係数で減少するということです．そのため，最終的な振幅は元の 2 cm の約 97% です． ■

反射係数と透過係数は便利ですが，これらは反射の過程と透過の過程についてすべてのことを語っているわけではありません．そのため，もっと情報が必要です．そこで，どのような情報が必要になるのかを考えるために，反射係数(r)を透過係数(t)から引くと何が起こるかを見てみましょう．この引き算をすれば

$$t-r = \frac{2Z_1}{Z_1+Z_2} - \frac{Z_1-Z_2}{Z_1+Z_2} = \frac{2Z_1-Z_1+Z_2}{Z_1+Z_2} = \frac{Z_1+Z_2}{Z_1+Z_2} = 1$$

なので

$$t = 1+r$$

です．この式の意味について考えましょう．Z_2 が Z_1 よりも非常に大きい場合は，反射係数 r は -1 に近づきます．そのため，$t=1+r=1+(-1)=0$ となりますが，これは理にかなっているように思えます．なぜなら，全反射は境界を透過して伝播する波はないことを意味するからです．このとき，透過波の振幅はゼロでなければなりません．

しかし，Z_1 が Z_2 よりも非常に大きい場合はどうなるでしょうか．たとえば，$Z_2=0$ ではどうでしょうか．この場合，$r=+1$ と $t=1+(+1)=2$ です．しかし，入射波の振幅の 100% が反射する($r=1$ なので)ならば，透過波の振幅はなぜ入射波の 2 倍になるのでしょうか．

この問いに対する答えを得るには，反射波と透過波の振幅だけでなく，反射波と透過波が運ぶエネルギーも考えなければなりません．そのためには (4.24) から，波のパワー P が $P \propto ZA^2$ のように，媒質のインピーダンス(Z)と振幅(A)の 2 乗の両方に比例することを思い出してください．そうすれば，透過波のパワーと入射波のパワーとの比で定義される**透過率**[*15](T，張力と混同しないように)は，t が透過振幅と入射振幅との比であることから

$$T = \frac{P_{透過}}{P_{入射}} = \frac{Z_2 A_{透過}^2}{Z_1 A_{入射}^2} = \left(\frac{Z_2}{Z_1}\right) t^2 \tag{4.29}$$

となります．一方，反射波は入射波と同じ媒質(インピーダンス Z_1 の媒質)を伝播するので，**反射率**[*16](R)は

$$R = \frac{P_{反射}}{P_{入射}} = \frac{Z_1 A_{反射}^2}{Z_1 A_{入射}^2} = \left(\frac{Z_1}{Z_1}\right) r^2 = r^2 \tag{4.30}$$

となります．そのため，反射率(R)は反射係数(r)の 2 乗ですが，透過率(T)のほうはインピーダンスの比(Z_2/Z_1)と透過係数(t)の 2 乗の積になります．

したがって，反射波と透過波のパワーを考えれば，$Z_2=0$ の場合，パワーは完全に反射波にあり($R=1$ なので)，透過波にはありません($T=0$ なので)．

R は反射される入射波のパワーの割合を表し，T は透過する入射波のパワーの割合を表すので，和 $R+T$ は 1 に等しくなければなりません(なぜなら，入射波のパワーの 100% は，反射されるか透過するかのどちらかになるからです)．章末の演習問題でこれが証明できます．

[*15] 原著は power transmission coefficient(パワー透過係数)ですが，慣習にならって「透過率」とします．

[*16] 原著は power reflection coefficient(パワー反射係数)ですが，慣習にならって「反射率」とします．

演習問題

4.1 (4.6) の $\sqrt{T/\mu}$ が速度の次元をもつことを示しなさい.

4.2 弦(長さ 2 m, 質量 1 g)が 1 kg のおもりで引っ張られているとき, この弦を伝わる横波の位相速度を求めなさい.

4.3 (4.12) の $\sqrt{K/\rho_0}$ が速度の次元をもつことを示しなさい.

4.4 鋼鉄製の立方体(体積 8 m^3, 質量 63200 kg, 体積弾性率 150 GPa)内部の圧力波の位相速度を求めなさい.

4.5 波長 30 cm, 振幅 5 cm の調和振動的な横波が弦(長さ 70 cm, 質量 0.1 g)を伝播している. この弦が 0.3 kg のおもりで引っ張られているとして, 波の運動エネルギー, ポテンシャルエネルギー, そして, 力学的エネルギーを求めなさい.

4.6 問 4.5 の波が運ぶパワーの平均値を求めなさい. そして, 弦の縦波の最大速度を求めなさい.

4.7 2 つの弦を考えましょう. 弦 A は長さ 20 cm で質量は 12 mg, 弦 B は長さ 30 cm で質量は 25 mg です. それぞれの弦を同じ重さのおもりで引っ張る場合, 2 つの弦の横波の位相速度と弦のインピーダンスを比べなさい.

4.8 問 4.7 の軽い方の弦を一部切り取って, 重い方の弦につないだとしましょう. この場合, 両者の境界で波が反射するとき(「軽いほうから重いほうへ」と「重いほうから軽いほうへ」)の振幅の反射係数 r を求めなさい.

4.9 問 4.8 と同じ設定で, 波が境界を透過するとき(「軽いほうから重いほうへ」と「重いほうから軽いほうへ」)の振幅の透過係数 t を求めなさい.

4.10 問 4.8 と問 4.9 で「軽(重)いほうから重(軽)いほうへ」の透過率 T と反射率 R を加えると, いずれの場合も $T+R=1$ になることを示しなさい.

5
電磁気学の波動方程式

この章は，第 1 章から第 3 章までの諸概念を主要な 3 種の波——力学の波，電磁気学の波，量子力学の波——に応用する 3 つの章の 2 番目です．第 4 章で説明した力学的な波の性質のほうがふつうの観測者にとってわかりやすいかもしれませんが，私たちの身の回りから地球を超えて宇宙のかなたまで観測させてくれるものが電磁波です．そして過去 100 年で，ワイヤレス機器の間の数メートルの距離から，地球と惑星間宇宙船の間の数百万キロメートルの距離まで，電磁波を使って情報を送受信できるようになりました．

まず 5.1 節で，電磁波の性質の復習から始めます．次の 5.2 節でマクスウェル方程式の説明をします．5.3 節で 4 つのマクスウェル方程式から電磁波の波動方程式に至るルートを，そして，5.4 節でこの波動方程式の平面波解について説明します．最後に，電磁波のエネルギーとパワーとインピーダンスの話を 5.5 節で行います．

5.1 電磁波の性質

他のすべての伝播する波と同じく，電磁波も平衡位置からの変動であり，ある場所から別の場所にエネルギーを運びます．しかし，第 4 章で話した力学的な波とは違い，電磁波は伝播するための媒質を必要としません．

では，電磁波が真空を伝播するとき，いったい何がエネルギーを運んでいるのでしょうか．そして，何が波打っているのでしょうか．両方の問いに対する

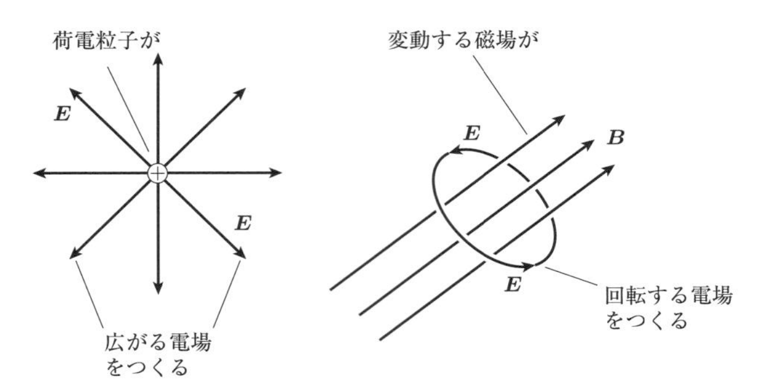

図 5.1　電場のソース

答えは，電場と磁場です．

あなたがまだ場の勉強をしていなくても，電磁波の基礎を理解することはできます．場が力と密接に関係していることを思い出してください．場の定義に，「力が作用する領域」といういい方があります．この表現に従えば，電場は電気力が作用する領域に存在し，磁場は磁気力が作用する領域に存在することになります．このことは，そのような場の存在を検出できる方法のヒントを与えてくれます．つまり，その領域に荷電粒子を置いて，その粒子にはたらく力を測定するのです(磁場を検出するには，荷電粒子を動かさなければなりません)．しかし，たとえ電場や磁場の存在を示す粒子がなくても，そのような場に関係したエネルギーが存在します．要するに，電磁波のエネルギーを運ぶのが場であり，空間と時間に対するそのような場の変化が波打つものとして現れるのです．

電磁波のことを知るために，電場と磁場がどのようにして生成されるかを理解しておくのがよいでしょう．電場のソースの 1 つは電荷です．図 5.1 の左側の図を見るとわかるように，電場($\boldsymbol{E}$)は正電荷の場所から広がっています．そのような**静電場**はすべて，正電荷から始まり，(図には示していませんが)負電荷に終わります．電場と磁場を図に描くときは，いろいろな場所での場の向きを表すのに矢の印が使われます．そして，矢の長さで場の強さを示します．電場の次元は単位電荷あたりの力です．SI 単位では「ニュートン/クーロン」

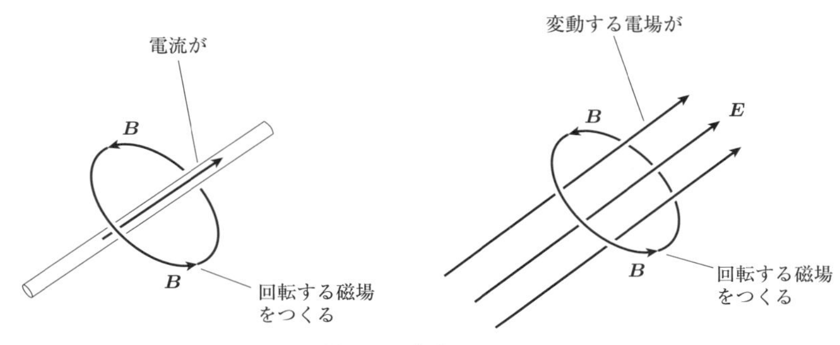

図 5.2　磁場のソース

(N/C)で，「ボルト/メートル」(V/m)と等価です．

電場の別のソースが，図 5.1 の右側の図に示されています．これは時間変動する磁場で，この場合の電場は静電場のように点から発散せず，図のように回転しています．このような**誘導電場**が電磁波の重要な成分になります．

磁場($\boldsymbol{B}$)のソースは図 5.2 に示されています．電荷が静電場を生み出すように，電流は静磁場を生み出します．図 5.2 の左側の図のように**静磁場**は電流の周りを回転しています．そして，「変動する磁場」が「回転する電場」を誘導するのと同じく，図 5.2 の右側の図に示されているように，「変動する電場」も「回転する磁場」を誘導します．このような**誘導磁場**も電磁波の重要な成分です．磁場の次元は，力を電流と長さの積で割ったものです．SI 単位では「ニュートン/アンペア・メートル」(N/A m)で，テスラ(T)と等価です．

電場と磁場は大きさ(どれくらい強いか)と向き(どの向きを指しているか)をもっているので，ベクトルで表されます(ベクトルは文字の上に小さな矢印を $\vec{E}$ と $\vec{B}$ のようにつけるか，あるいは太字 $\boldsymbol{E}$ と $\boldsymbol{B}$ で書かれます)．まだベクトルを習っていない，あるいは忘れてしまったなら，どのようなベクトルも成分(たとえば，E_x，E_y，E_z や B_x，B_y，B_z)と基底ベクトル(たとえば，デカルト座標ではそれぞれ x 軸，y 軸，z 軸の正方向を指している $\hat{\boldsymbol{i}}$，$\hat{\boldsymbol{j}}$，$\hat{\boldsymbol{k}}$)の組み合わせで書けることだけを覚えてください．この書き方を使えば，電場ベクトルは $\boldsymbol{E}=E_x\hat{\boldsymbol{i}}+E_y\hat{\boldsymbol{j}}+E_z\hat{\boldsymbol{k}}$，磁場ベクトルは $\boldsymbol{B}=B_x\hat{\boldsymbol{i}}+B_y\hat{\boldsymbol{j}}+B_z\hat{\boldsymbol{k}}$ と書けます(1.3節にベクトル概念の基礎の復習があります).

電場ベクトルと磁場ベクトルの基本的な振る舞い，そして両者の関係は，マクスウェル方程式として知られる4つの方程式で記述されます．この方程式はガウスやファラデー，アンペールなどの仕事から生まれましたが，これらを統一し，アンペールの法則に決定的な項を加えたのが，スコットランドの卓越した物理学者マクスウェルでした．これから本章でわかるように，その項を付けたおかげでマクスウェル方程式から直接，古典的な波動方程式が導かれます．

マクスウェルの電磁理論が適用できる領域は，物理学で最大級のものといえるでしょう．低振動数で電磁スペクトルの長波長の端がELF*[1]のラジオ波です．これは振動数が数ヘルツの電磁波で，10万キロメートル以上の波長をもっています．より高い振動数，より短い波長では，電磁波は赤外線，可視光，紫外線，X線，そして，ガンマ線として記述されます．これは振動数と波長の大きさで20桁程度の領域をカバーしています(ガンマ線は10^{19} Hzを超える振動数と10^{-11}メートル未満の短い波長をもっています).

次節で，マクスウェル方程式を構成する4つの方程式を1つずつ説明します．

5.2　マクスウェル方程式

マクスウェル方程式は4つのベクトル方程式で，電場のガウスの法則，磁場のガウスの法則，ファラデーの法則，アンペール-マクスウェルの法則で構成されています．これらの方程式は，それぞれ積分形式か微分形式で書かれています．積分形式は，ある領域全体における電場と磁場の振る舞い，あるいは，ある経路1周におけるこれらの振る舞いを記述します．一方，微分形式は特定の場所での電場と磁場の振る舞いを記述します．両方の形式とも電磁

*[1]　extremely low-frequency(非常に低い振動数)の略語です．

波に関連しますが，マクスウェル方程式から波動方程式を導く旅は，微分形式から始めると比較的早く目的地に着けるでしょう．しかし，そのためにはまず「デル」(あるいは「ナブラ」)という記号 $\boldsymbol{\nabla}$ で書かれるベクトル微分演算子の意味を理解しなければなりません．

数学の演算子は，どのような演算をするか指示します．たとえばルート記号 $\sqrt{}$ は，この記号の中に置いたものの平方根をとることを指示する，数学の演算子です．一方，微分演算子は，ある特定の微分をとることを指示します．たとえば，ナブラ記号 $\boldsymbol{\nabla}$ はこれの右側に置いた関数の空間的な偏微分(たとえば $\partial/\partial x$，$\partial/\partial y$，$\partial/\partial z$)の計算を指示する微分演算子です．このような微分がどのように決められたり，組み合わされたりするかは，ナブラ演算子の右隣にくる記号で決まります．ベクトル $\boldsymbol{A}$ の前に記号「$\boldsymbol{\nabla}\cdot$」(ナブラドット)をつけると，デカルト座標では

$$\boldsymbol{\nabla}\cdot\boldsymbol{A} = \frac{\partial A_x}{\partial x} + \frac{\partial A_y}{\partial y} + \frac{\partial A_z}{\partial z} \tag{5.1}$$

のように定義されます．この操作のことを，「$\boldsymbol{A}$ の発散をとる」と表現します．発散の詳しい説明は物理数学の本に載っていますが，基本的なアイデアは流体のアナロジーで理解できます．

このアナロジーでは，発散をとりたい場所に向かって流れ込もうとしている物質の流れを，場のベクトル(たとえば $\boldsymbol{E}$ や $\boldsymbol{B}$)が表していると考えます．あるいは，その場所から流れ出そうとしている物質の流れを表していると考えます(ただし実際には，電場や磁場に物質は流れていません)．このアナロジーから，ある物質がその場所に向かうよりも，その場所から離れる物質が多いように場のベクトルが流れていれば，その場所は正の発散をもっています．もし，ある場所に流れ込む物質が，ある場所から流れ出す物質の量と同じならば，その場所での発散はゼロです．そして，ある場所から離れるよりもその場所に向かって多くの物質が流れ込むならば，その場所での発散は負です．このような流体と流れのアナロジーを続けると，ソース点(たとえば，流体がわき出している場所)は正の発散の場所となります．そして，シンク点(たとえば，流体が

排水口に流れ込んでいる場所)は負の発散の場所になります(このため,「負の発散」を「収束」とよぶことがあります).

流体内の任意の点で,発散の有無を判断するのに役立つ思考実験は,流体に浮かべた「おがくず」を想像することです.もしおがくずを正の発散の場所に置けば,広がっていくでしょう.一方,おがくずを負の発散の領域に置けば,集まってくるでしょう.

この考え方を電場に適用すれば,図 5.1 の左側の図のように,正電荷が存在する場所は電場の正の発散の場所である,と結論できます.

マクスウェル方程式に現れるナブラ演算子の別の用法として,記号「$\nabla\times$」(デルクロス)の組み合わせがあります.ベクトル $\boldsymbol{A}$ の前にこの記号をつけると,デカルト座標では

$$\nabla\times\boldsymbol{A} = \left(\frac{\partial A_z}{\partial y}-\frac{\partial A_y}{\partial z}\right)\hat{\boldsymbol{i}}+\left(\frac{\partial A_x}{\partial z}-\frac{\partial A_z}{\partial x}\right)\hat{\boldsymbol{j}}+\left(\frac{\partial A_y}{\partial x}-\frac{\partial A_x}{\partial y}\right)\hat{\boldsymbol{k}} \quad (5.2)$$

のように定義されます.この操作のことを,「$\boldsymbol{A}$ の回転をとる」と表現します.これの基本的なアイデアも,流れる流体のアナロジーで理解できます.この場合の要点は,着目している点に物質がどれくらい流れ込むか,あるいは流れ出すかということではなく,場がどれくらい強く着目点の周りを回転しているかということです.そのため,渦の中心点は強い回転の場所です.しかし,ソースから放射状に外側に向かっている流れの領域はゼロ回転です.

「発散」の値はスカラー(大きさだけをもった値で,向きはもっていない)ですが,「回転」の値はベクトルになります.それでは,回転ベクトルはどの方向を指すでしょうか.それは流体の回転軸に沿った方向です.そして慣例により,右手の親指以外の指を流体の回転の向きに回すとしたときに,親指が指す向きを正の回転の向きと定義します.

回転を理解するのに役立つ思考実験は,細い棒の先につけた小さな羽根車を着目する場所のベクトル場のなかに仮想的に差し込むことです.もしその場所の回転がゼロでなければ,羽根車は回転します.そして,回転ベクトルの向きは棒に沿っています(つまり,前述した「右手のルール」によって定義される

「正の向き」が回転ベクトルの向きです).

この考え方を図 5.2 の場に適用すると，電流や変動する電場の存在する場所では，磁場の回転がゼロでないことがわかるでしょう.

これらの概念がわかったなら，マクスウェル方程式の微分形式を考える準備はできました．これから，それぞれの式の物理的な意味を簡単に説明しましょう.

(I) 電場のガウスの法則： $\boldsymbol{\nabla}\cdot\boldsymbol{E}=\dfrac{\rho}{\varepsilon_0}$

電場のガウスの法則は「任意の場所での電場($\boldsymbol{E}$)の発散($\boldsymbol{\nabla}\cdot$)はその場所での電荷密度(ρ)に比例する」ことを述べています．このため，静電場の電気力線は正電荷から始まり負電荷で終わります(したがって，静電場の電気力線は正電荷の場所から外側に広がり，負電荷の場所に収束します)．記号 ε_0 は自由空間の誘電率で，あとで電磁波の位相速度やインピーダンスを考えるときに再び登場します.

(II) 磁場のガウスの法則： $\boldsymbol{\nabla}\cdot\boldsymbol{B}=0$

磁場のガウスの法則は「任意の場所での磁場($\boldsymbol{B}$)の発散($\boldsymbol{\nabla}\cdot$)はゼロでなければならない」ことを述べています．これは当然です．なぜなら，明らかに宇宙には孤立した**磁荷**[*2]は存在しないからです．そのため，磁場の磁力線は発散も収束もしません(つまり，磁力線は自分自身に戻るように回転しています).

(III) ファラデーの法則： $\boldsymbol{\nabla}\times\boldsymbol{E}=-\dfrac{\partial\boldsymbol{B}}{\partial t}$

ファラデーの法則は「任意の場所での電場($\boldsymbol{E}$)の回転($\boldsymbol{\nabla}\times$)はその場所での磁場の時間変化率($\partial\boldsymbol{B}/\partial t$)にマイナス記号をつけたものに等しい」ことを示しています．このため，変動する磁場は回転する電場を生みます.

[*2] magnetic charge の訳語です.

(IV) アンペール-マクスウェルの法則： $\nabla\times\boldsymbol{B}=\mu_0\boldsymbol{J}+\mu_0\varepsilon_0\dfrac{\partial\boldsymbol{E}}{\partial t}$

マクスウェルによって修正されたアンペールの法則は「任意の場所での磁場($\boldsymbol{B}$)の回転($\nabla\times$)はその場所での電流密度($\boldsymbol{J}$)と電場の時間変化率($\partial\boldsymbol{E}/\partial t$)[†1]の和に比例する」ことを語っています．これは当然です．なぜなら，回転する磁場は電流と変動する電場の両方で作られるからです．記号 μ_0 は自由空間の透磁率で，この量も電磁波の位相速度やインピーダンスを考えるときに登場します．

注目してほしいのは，マクスウェル方程式が場の空間的な振る舞いとそれらの場のソースとを関係づけていることです．このようなソースは，ガウスの法則に現れる電荷(電荷密度 ρ)，アンペール-マクスウェルの法則に現れる電流(電流密度 $\boldsymbol{J}$)，ファラデーの法則に現れる変動する磁場(時間微分項 $\partial\boldsymbol{B}/\partial t$)，そしてアンペール-マクスウェルの法則に現れる変動する電場(時間微分項 $\partial\boldsymbol{E}/\partial t$)です．

次の 5.3 節で，4 つのマクスウェル方程式から，どのようにして電磁波に対する古典的な波動方程式が導かれるかを説明します．

5.3　電磁波の方程式

4 つのマクスウェル方程式はそれぞれ個別に扱っても，電場と磁場のソースと場の振る舞いの重要な関係を与えてくれます．しかし，これらの方程式の真の威力は，波動方程式を作るために組み合わせると実感できます．

それではまず，ファラデーの法則の両辺の回転をとる[*3]ことから始めましょう．

[†1] この変動する電場の項はマクスウェルがアンペールの法則に加えた**変位電流**です．

[*3] 微分演算子はその右隣にある関数に作用するので，「両辺の回転をとる」という意味は，両辺に左から $\nabla\times$ を掛ける操作のことです．このような操作を「両辺に演算子を作用させる」と表現することがあります．

$$\begin{aligned}\boldsymbol{\nabla}\times(\boldsymbol{\nabla}\times\boldsymbol{E}) &= \boldsymbol{\nabla}\times\left(-\frac{\partial\boldsymbol{B}}{\partial t}\right)\\ &= -\frac{\partial(\boldsymbol{\nabla}\times\boldsymbol{B})}{\partial t}\end{aligned}$$

ここで，$\boldsymbol{\nabla}\times$ の空間微分は時間微分の内側に移しています(これは十分に滑らかな関数に対して許されます[*4])．アンペール-マクスウェルの法則を使って磁場の回転($\boldsymbol{\nabla}\times\boldsymbol{B}$)を書き換えれば，上の式は

$$\begin{aligned}\boldsymbol{\nabla}\times(\boldsymbol{\nabla}\times\boldsymbol{E}) &= -\frac{\partial(\mu_0\boldsymbol{J}+\mu_0\varepsilon_0\ \partial\boldsymbol{E}/\partial t)}{\partial t}\\ &= -\mu_0\frac{\partial\boldsymbol{J}}{\partial t}-\mu_0\varepsilon_0\frac{\partial^2\boldsymbol{E}}{\partial t^2}\end{aligned}$$

となります．電磁波の方程式への最後のステップには，「関数の回転」の回転を計算するために，ベクトル恒等式

$$\boldsymbol{\nabla}\times(\boldsymbol{\nabla}\times\boldsymbol{A}) = \boldsymbol{\nabla}(\boldsymbol{\nabla}\cdot\boldsymbol{A})-\nabla^2\boldsymbol{A}$$

が必要になります．ここで，$\boldsymbol{\nabla}(\boldsymbol{\nabla}\cdot\boldsymbol{A})$ は「$\boldsymbol{A}$ の発散」の勾配(空間的変化)を表しています．そして，$\nabla^2\boldsymbol{A}$ は $\boldsymbol{A}$ の**ラプラシアン**を表しています．ラプラシアンは以下で記述する[*5]ように，2 階の空間偏微分を含むベクトル演算子です．この恒等式を前の式に適用すれば

$$\boldsymbol{\nabla}(\boldsymbol{\nabla}\cdot\boldsymbol{E})-\nabla^2\boldsymbol{E} = -\mu_0\frac{\partial\boldsymbol{J}}{\partial t}-\mu_0\varepsilon_0\frac{\partial^2\boldsymbol{E}}{\partial t^2}$$

となります．左辺の 1 項目を電場のガウスの法則($\boldsymbol{\nabla}\cdot\boldsymbol{E}=\rho/\varepsilon_0$)で書き換えると

$$\boldsymbol{\nabla}\left(\frac{\rho}{\varepsilon_0}\right)-\nabla^2\boldsymbol{E} = -\mu_0\frac{\partial\boldsymbol{J}}{\partial t}-\mu_0\varepsilon_0\frac{\partial^2\boldsymbol{E}}{\partial t^2}$$

---

*4　回転(つまり，空間微分)と時間微分が交換されていますが，この交換が許されるくらい，場が十分に滑らかであることが仮定されています．

*5　(5.4) と (5.6) です．

となりますが，真空中では，電荷密度(ρ)と電流密度($\boldsymbol{J}$)はともにゼロなので

$$0-\nabla^2 \boldsymbol{E} = 0-\mu_0\varepsilon_0 \frac{\partial^2 \boldsymbol{E}}{\partial t^2}$$

となり，結局，自由空間では

$$\nabla^2 \boldsymbol{E} = \mu_0\varepsilon_0 \frac{\partial^2 \boldsymbol{E}}{\partial t^2} \tag{5.3}$$

と書くことができます．これが電場 $\boldsymbol{E}$ に対する波動方程式です．これはベクトル方程式なので，実際には(ベクトル $\boldsymbol{E}$ のそれぞれの成分に対してそれぞれの方程式があるので) 3 つの方程式です．デカルト座標では，これらの方程式は

$$\begin{aligned}
\frac{\partial^2 E_x}{\partial x^2}+\frac{\partial^2 E_x}{\partial y^2}+\frac{\partial^2 E_x}{\partial z^2} &= \mu_0\varepsilon_0 \frac{\partial^2 E_x}{\partial t^2}\\
\frac{\partial^2 E_y}{\partial x^2}+\frac{\partial^2 E_y}{\partial y^2}+\frac{\partial^2 E_y}{\partial z^2} &= \mu_0\varepsilon_0 \frac{\partial^2 E_y}{\partial t^2}\\
\frac{\partial^2 E_z}{\partial x^2}+\frac{\partial^2 E_z}{\partial y^2}+\frac{\partial^2 E_z}{\partial z^2} &= \mu_0\varepsilon_0 \frac{\partial^2 E_z}{\partial t^2}
\end{aligned} \tag{5.4}$$

です．

磁場 $\boldsymbol{B}$ に対する波動方程式は，アンペール-マクスウェルの法則の両辺の回転をとり，それにファラデーの法則を使って $\boldsymbol{E}$ の回転を書き換えれば導けます．つまり，磁場 $\boldsymbol{B}$ に対する波動方程式は

$$\nabla^2 \boldsymbol{B} = \mu_0\varepsilon_0 \frac{\partial^2 \boldsymbol{B}}{\partial t^2} \tag{5.5}$$

となります．これもベクトル方程式なので，成分で表すと

$$\begin{aligned}
\frac{\partial^2 B_x}{\partial x^2}+\frac{\partial^2 B_x}{\partial y^2}+\frac{\partial^2 B_x}{\partial z^2} &= \mu_0\varepsilon_0 \frac{\partial^2 B_x}{\partial t^2}\\
\frac{\partial^2 B_y}{\partial x^2}+\frac{\partial^2 B_y}{\partial y^2}+\frac{\partial^2 B_y}{\partial z^2} &= \mu_0\varepsilon_0 \frac{\partial^2 B_y}{\partial t^2}\\
\frac{\partial^2 B_z}{\partial x^2}+\frac{\partial^2 B_z}{\partial y^2}+\frac{\partial^2 B_z}{\partial z^2} &= \mu_0\varepsilon_0 \frac{\partial^2 B_z}{\partial t^2}
\end{aligned} \tag{5.6}$$

のように，3 つの方程式になります．

電磁波の重要な面は，(5.4) と (5.6) を一般的な波動方程式（第 2 章の (2.11)）

$$\frac{\partial^2 \Psi}{\partial x^2}+\frac{\partial^2 \Psi}{\partial y^2}+\frac{\partial^2 \Psi}{\partial z^2} = \frac{1}{v_{\mathrm{p}}^2}\frac{\partial^2 \Psi}{\partial t^2} \tag{2.11}$$

と比べればわかります．時間微分の前にある定数係数を等しいと置けば，電磁波の位相速度がわかります．つまり

$$\frac{1}{v_{\mathrm{p}}^2} = \mu_0 \varepsilon_0$$

より，位相速度は

$$v_{\mathrm{p}} = \sqrt{\frac{1}{\mu_0 \varepsilon_0}} \tag{5.7}$$

です．したがって，真空中の電磁波の速度は，真空の誘電率（ε_0）と真空の透磁率（μ_0）で決まります．これらの値はコンデンサーやコイルを使って実験的に決めることができます．一般的に認められている値は ε_0=8.8541878×10^{-12} F/m（ファラッド/メートル）と μ_0=4π×10^{-7} H/m（ヘンリー/メートル）です[†2]．これらの値を (5.7) に代入すると

$$v_{\mathrm{p}} = \sqrt{\frac{1}{\mu_0 \varepsilon_0}} = \sqrt{\frac{1}{(8.8541878\times 10^{-12}\ \mathrm{F/m})(4\pi\times 10^{-7}\ \mathrm{H/m})}}$$
$$= 2.9979\times 10^{8}\ \mathrm{m/s}$$

になります．これは真空中の光の速さです．これこそ，マクスウェルに「光は電磁的な変動である」という結論をもたらした驚くべき結果でした．

電磁波は波動方程式を満たすだけではなく，4 つのマクスウェル方程式も満たさなければなりません．2 つの分離した波動方程式（(5.3) と (5.5)）の解にマクスウェル方程式を適用すると，次の節で示すように，これらの解の間の関係が明らかになります．

[†2] F（ファラッド）は電気容量の単位で，$\mathrm{C^2\,s^2/kg\,m^2}$（クーロン ^{2}・秒 ^{2}）/（キログラム・メートル ^{2}）と等価です．そして，H（ヘンリー）はインダクタンスの単位で $\mathrm{m^2\,kg/C^2}$（メートル ^{2}・キログラム/クーロン ^{2}）と等価です．

5.4 電磁波の平面波解

電磁波の方程式にはさまざまな解があります．そして，このような解のなかで非常に重要なものが，平面波です．平面波の場合，位相の一定な面が伝播方向に垂直な平面になります(これがよくわからなければ，先に図5.3を見てください)．この節では，正の z 方向に伝播する電磁的な平面波を考えることにします．したがって，この平面波は位相の一定な面が (x, y) 平面に平行になります．

第2章で説明したように，正の z 方向に伝播する波動方程式の解は $f(kz-\omega t)$ の形をした関数です．そこで，電場に対する解として，次の調和的な関数[†3]

$$\boldsymbol{E} = \boldsymbol{E}_0 \sin(kz-\omega t) \tag{5.8}$$

を使います．$\boldsymbol{E}_0$ は伝播する電場のベクトル振幅を表しています．名前が示唆するようにベクトル振幅はベクトルで，この振幅が大きさと向きの両方をもっていることを意味します．$\boldsymbol{E}_0$ の大きさは電場の振幅(電場の最大値で，$\sin(kz-\omega t)=1$ のときの値)を教えてくれます．そして，$\boldsymbol{E}_0$ の向きは電場がどの向きを指しているかを教えてくれます．

同様に，磁場に対する解は

$$\boldsymbol{B} = \boldsymbol{B}_0 \sin(kz-\omega t) \tag{5.9}$$

と書くことができます．$\boldsymbol{B}_0$ は伝播する磁場のベクトル振幅です．

デカルト座標を用いると，電場のベクトル振幅の成分は

$$\boldsymbol{E}_0 = E_{0x}\hat{\boldsymbol{i}} + E_{0y}\hat{\boldsymbol{j}} + E_{0z}\hat{\boldsymbol{k}} \tag{5.10}$$

[†3] もしあなたが調和的な関数を使って得られた結果は他の波形に適用できないかもしれないと心配しているならば，3.3節でのフーリエ合成の議論を思い出してください．それによれば，うまく定義される関数は調和的な関数の組み合わせから合成できることが保証されています．

で，磁場のベクトル振幅の成分は

$$\boldsymbol{B}_0 = B_{0x}\hat{\boldsymbol{i}}+B_{0y}\hat{\boldsymbol{j}}+B_{0z}\hat{\boldsymbol{k}} \tag{5.11}$$

です．マクスウェル方程式を適用すると，これらの成分について多くのことが学べます．まず，電場のガウスの法則から始めましょう．真空中では $\boldsymbol{\nabla}\cdot\boldsymbol{E}=0$ だと知っているでしょう[*6]．これは

$$\frac{\partial E_x}{\partial x}+\frac{\partial E_y}{\partial y}+\frac{\partial E_z}{\partial z}=0 \tag{5.12}$$

を意味します．しかし，波の位相は (x,y) 平面の全体にわたって一定でなければならないので，電場の成分は x や y で変化することはありません(ただ注意してほしいのは，成分 E_x, E_y がゼロであるといっているわけではなく，単に x や y で変化できない，つまり，x と y の関数ではないことを意味しているだけです)．したがって，(5.12) の初めの 2 つの導関数($\partial E_x/\partial x$ と $\partial E_y/\partial y$)はゼロになるので，電場のガウスの法則は

$$\frac{\partial E_z}{\partial z}=0$$

という式になります．

この式の含意を理解するために，波が z 方向に伝播しているという事実を考えてみましょう．そうすると，この式が語っていることは，もし電場が z 方向の成分をもっていれば，その成分は z のすべての値で同じでなければならないということです[*7](なぜなら，E_z が z で変化すれば，$\partial E_z/\partial z$ を常にゼロにしておくことはできないからです)．しかし，もし E_z が定数ならば，E_z は波の変動に寄与しないので(なぜなら，変動は z と t の関数だから)，結局 E_z をゼロに置くことができます．つまり，平面波の電場は伝播方向の成分をもたないのです．

[*6] 真空中では電荷が存在しないので，電場のガウスの法則 $\boldsymbol{\nabla}\cdot\boldsymbol{E}=\rho/\varepsilon_0$ の右辺の電荷密度 ρ はゼロになります．

[*7] 定数である，という意味です．

磁場のガウスの法則は $\nabla\cdot\boldsymbol{B}=0$ なので，同じ論法によって，z 方向に伝播する平面波に対して B_z もゼロに等しくなければなりません．このように $E_z=0$ と $B_z=0$ であるために，電場と磁場の成分は両方とも，波の伝播方向に対して垂直なものしか残っていません．そのため，電磁的な平面波は横波であることがわかります．

そのような波の可能な成分は

$$E_x = E_{0x}\sin(kz-\omega t), \qquad B_x = B_{0x}\sin(kz-\omega t)$$

$$E_y = E_{0y}\sin(kz-\omega t), \qquad B_y = B_{0y}\sin(kz-\omega t)$$

です．

ガウスの法則で電場と磁場の z 成分が消去できたように，ファラデーの法則も残りの成分間の関係を考察するのに役立ちます．ファラデーの法則は

$$\nabla\times\boldsymbol{E} = -\frac{\partial\boldsymbol{B}}{\partial t}$$

で，「誘導電場の回転」を「磁場の時間変化率」に関係づけます．デカルト座標での回転の定義 (5.2) を使えば，この式の x 成分は

$$\left(\frac{\partial E_z}{\partial y}-\frac{\partial E_y}{\partial z}\right) = -\frac{\partial B_x}{\partial t}$$

です．この式から

$$E_{0y} = -cB_{0x} \tag{5.13}$$

ということがわかります．同様に，ファラデーの法則の y 成分の式から

$$E_{0x} = cB_{0y} \tag{5.14}$$

が導けます．これらの結果を得るのに手助けがほしい人は，章末の演習問題と解答を見てください．このような式は，電場の波動方程式の解と磁場の波動方程式の解との関係を明らかにします．

別の重要な情報がもう 1 つ，(5.13) と (5.14) に含まれています．それは，

電磁的な平面波では，電場と磁場が伝播方向に垂直であるだけでなく，両者も互いに直交しているということです（この理由を知りたい人は，章末の演習問題と解答を参照してください）．

例題 5.1　**平面電磁波が正の z 方向に沿って伝播し，ある場所で電場が正の x 軸に沿った方向を指しています．このとき，波の磁場はその場所でどの方向を指しているでしょうか．**

電場が正の x 軸に沿った方向を指しているので，E_{0x} は正で，$E_{0y}=0$ です．これは磁場が正の y 軸に沿った成分をもっていなければならないことを意味します．なぜなら $B_{0y}=E_{0x}/c$ で，かつ E_{0x} が正だからです．一方，$E_{0y}=0$ は B_{0x}（これは $-E_{0y}/c$ に等しいので）がゼロであることを意味します．B_{0y} が正で B_{0x} がゼロなので，このとき，この場所で $\boldsymbol{B}$ は正の y 軸方向に完全に沿っていなければなりません．■

図 5.3 に，z 方向に伝播する平面電磁波の電場を示しています．この場合，電場の方向に一致するように x 軸を選んでいます．そして，この図は $z=0$ の場所で正の最大値が (x, y) 平面を通る瞬間の波のスナップショットを示しています．図の上側は，矢の密度が電場の強さを表しています．図の下側は，z 軸に沿った電場の強さのグラフを示しています．

図 5.4 は，同時刻の磁場に対するスナップショットです．この図からわかるように，磁場は y 軸に沿った方向を指しています．そして，これは図 5.3 の電場にも伝播方向にも垂直です．図の下側は磁場の強さのプロットです．磁場は正と負の y 軸方向に沿っています．

図 5.3 と図 5.4 の場の強さのプロットを合わせると，図 5.5 のプロットになります．この図 5.5 では，明確にするために，磁場のプロットは電場と同じ振幅をもつようにスケールされています．しかし，場の強さの実際の相対的な大きさは

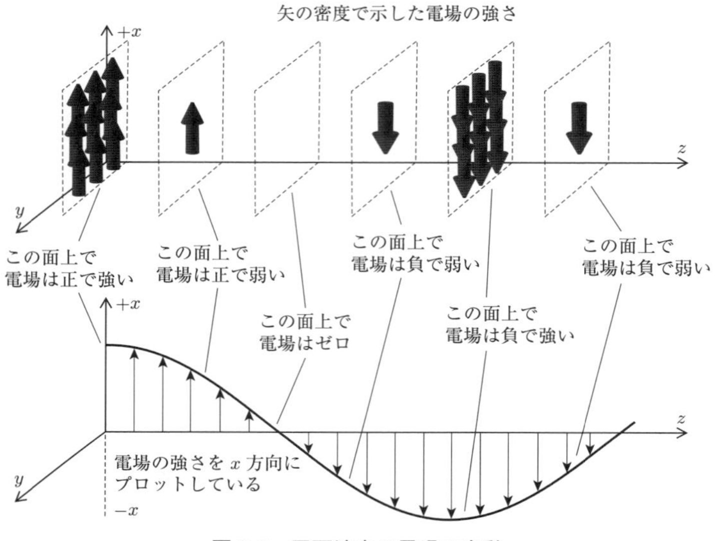

図 5.3　平面波内の電場の変動

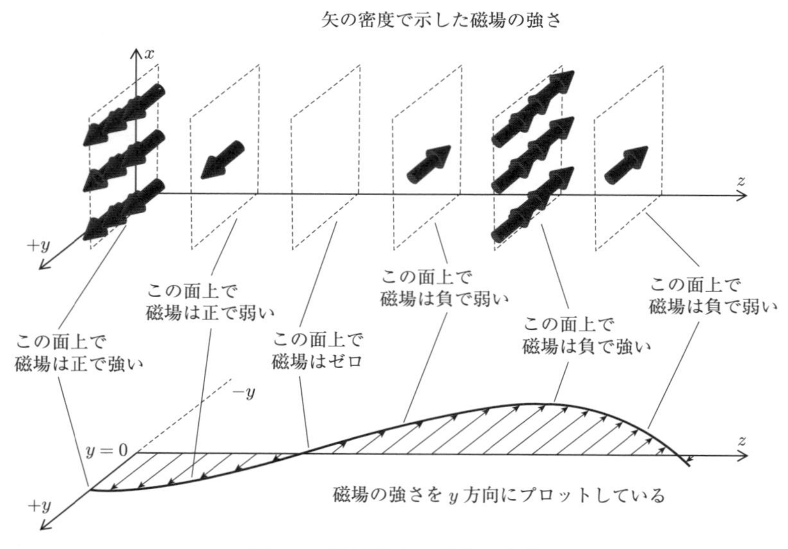

図 5.4　平面波内の磁場の変動

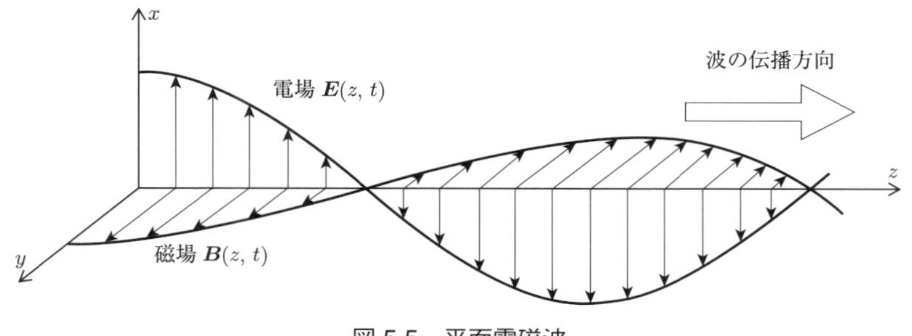

図 5.5　平面電磁波

$$
\begin{aligned}
|\boldsymbol{E}| &= \sqrt{(E_{0x})^2+(E_{0y})^2} = \sqrt{(cB_{0y})^2+(-cB_{0x})^2} \\
&= c\sqrt{(B_{0y})^2+(B_{0x})^2} = c|\boldsymbol{B}|
\end{aligned}
$$

なので

$$
\frac{|\boldsymbol{E}|}{|\boldsymbol{B}|} = c \tag{5.15}
$$

のようになります．これから，電場の強さ（メートルあたりのボルトの単位）は磁場の強さ（テスラの単位）よりも係数 c（毎秒あたりメートルの単位）だけ大きいことがわかります．

電場の向きは波の**偏極**を定義します．もし電場が（いまの場合のように）同じ面にあれば波は**直線偏極**，あるいは平面偏極であるといいます．平面電磁波の電場と磁場の振る舞いを理解すれば，もっと複雑な電磁波も理解できます．たとえば，図 5.6 に示すような振動している**電気双極子**からの放射のプロットを考えてみましょう．

このようなプロットは**放射パターン**とよばれます．ここで曲線は，双極子によって生じた電磁波の電場成分を表しています．このプロットは，3 次元の放射パターンを 2 次元のスライスにしたものです．そのため，全体の場を視覚化するには，このパターンを双極子を通る鉛直軸の周りに回転させながら，想像しなければなりません．

要点は次のようなことです．双極子から遠く離れると（つまり，数波長かそ

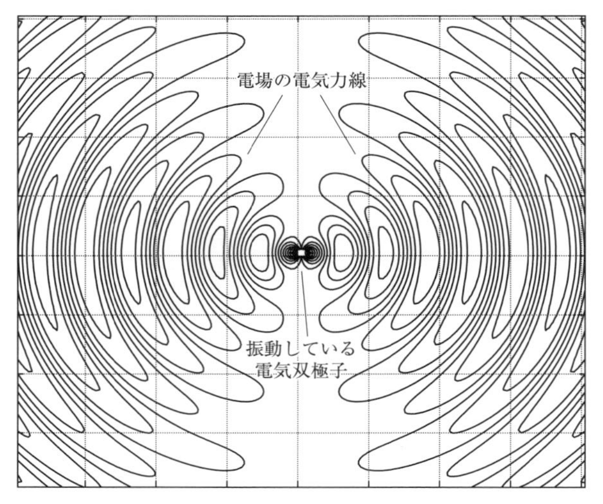

図 5.6　振動する電気双極子からの放射

れ以上の距離のところで)，振動する電気双極子から生じる電磁波はかなりよい近似で平面波に似てくるということです．そのため，波がソースから離れて伝播していくにつれ，電気力線の曲率半径はますます大きくなります．これは位相一定の面がますます平面に近づいていくことを意味します．

しかしこのプロットでは，放射パターンで示されている電気力線が図 5.5 の平面電磁波とどのように関係しているのか，はっきりしません．その関係を理解できるように，図 5.5 の平面電磁波を図 5.7 のように適切に小さくして挿入してみましょう．

この図 5.7 からわかるように，放射プロットで電場が最も強くなっている場所は，電気力線が互いに最も接近している場所です．一方，電気力線が非常に離れた場所では，電場が(ゼロを通りながら)最も弱くなっています．

一般に，放射プロットは磁場の磁力線を含みません．しかし，図 5.7 に挿入されている小さな平面電磁波の図で磁場の方向と大きさを見ることができます．仮想的に，場のパターンを双極子の周りで回転させて 3 次元的な立体図を想像すれば，磁力線はソースの周りを回転しています．そして，マクスウェ

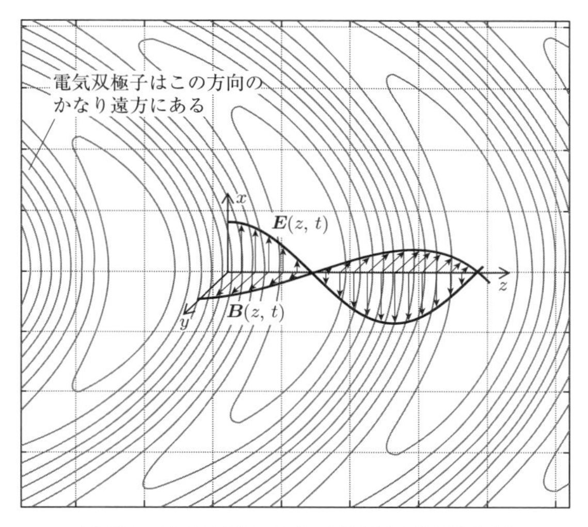

図 5.7 電気双極子からの放射と平面波の場

ル方程式が要請するように，磁力線は自分自身に戻ってきます．

伝播するすべての波と同じように，電磁波もエネルギーを運びます．たとえ完全な真空中を伝播していても，エネルギーを運びます．これは直観に反しているように見えるかもしれません．なぜなら媒質は質量がゼロだからです．しかし，電磁場のエネルギーは電磁場自身の中に含まれているのです．次の節で電磁場のエネルギー，パワー，そしてインピーダンスについて説明します．

5.5 電磁波のエネルギーとパワーとインピーダンス

電場と磁場に蓄えられるエネルギーを理解するために，帯電しているコンデンサーと電流の流れているコイルを考えるのがよいでしょう．その理由は，コンデンサーに蓄えられた電荷が極板間に電場を作り，コイルを流れる電流が磁場を作るからです．このような場に対してなされる仕事の量を計算すれば，電磁場に蓄えられるエネルギーが決定できます[†4]．そして，エネルギーが占めている体積でそのエネルギーを割れば，場に蓄えられているエネルギー密度

(つまり，単位体積あたりのエネルギーで，SI 単位は立方メートルあたりのジュール)がわかります．

真空中の電場に対して，エネルギー密度(ふつう u_E と書きます)は

$$u_E = \frac{1}{2}\varepsilon_0|\boldsymbol{E}|^2 \tag{5.16}$$

です．ここで ε_0 は自由空間の誘電率，$|\boldsymbol{E}|$ は電場の強さです．

一方，真空中の磁場に対して，エネルギー密度(ふつう u_B と書きます)は

$$u_B = \frac{1}{2\mu_0}|\boldsymbol{B}|^2 \tag{5.17}$$

です．ここで μ_0 は自由空間の透磁率，$|\boldsymbol{B}|$ は磁場の強さです．

これらの関係について，2 つのことに注意してください．1 つ目は，エネルギー密度は両方とも，場の強さの 2 乗に比例することです．そのため，場の強さが 2 倍になれば，4 倍のエネルギーを蓄えることになります．2 つ目は，u_E と u_B はエネルギー密度なので，ある領域に蓄えられているエネルギーを知りたいときには，(もしエネルギー密度が体積内で一様であれば)その領域の体積をこれらの量に掛けるか，(もしエネルギー密度が体積内の位置の関数であれば)体積で積分しなければなりません．

ある空間領域に電場と磁場の両方が存在すれば，全エネルギー密度 $u_{全}$ は (5.16) と (5.17) を合わせた

$$u_{全} = \frac{1}{2}\varepsilon_0|\boldsymbol{E}|^2 + \frac{1}{2\mu_0}|\boldsymbol{B}|^2 \tag{5.18}$$

です．

この式の別バージョンとして，電場と磁場の大きさの比を使って $|\boldsymbol{E}|$ か $|\boldsymbol{B}|$ を消去した式に出会うかもしれません．(5.15) から電磁波内で $|\boldsymbol{E}|/|\boldsymbol{B}|=c$ なので，全エネルギーは

---

†4　この詳細は，電磁気学の教科書に書いてあります．

$$u_{全} = \frac{1}{2}\varepsilon_0|\boldsymbol{E}|^2 + \frac{1}{2\mu_0}\left(\frac{|\boldsymbol{E}|}{c}\right)^2$$

と書けます．ここで $c=1/\sqrt{\mu_0\varepsilon_0}$ を使うと，この式は

$$\begin{aligned} u_{全} &= \frac{1}{2}\varepsilon_0|\boldsymbol{E}|^2 + \frac{\mu_0\varepsilon_0}{2\mu_0}|\boldsymbol{E}|^2 \\ &= \frac{1}{2}\varepsilon_0|\boldsymbol{E}|^2 + \frac{1}{2}\varepsilon_0|\boldsymbol{E}|^2 \end{aligned}$$

より

$$u_{全} = \varepsilon_0|\boldsymbol{E}|^2 \tag{5.19}$$

となります．あるいは，(5.18) で $|\boldsymbol{B}|$ ではなく $|\boldsymbol{E}|$ のほうを消去すれば

$$u_{全} = \frac{1}{\mu_0}|\boldsymbol{B}|^2 \tag{5.20}$$

です．したがって，$\boldsymbol{E}$ か $\boldsymbol{B}$ のいずれかが，電磁場に蓄えられている単位体積あたりのエネルギー量を教えてくれます．

すでに知っているように，このエネルギーは波の速さで動きます．自由空間の電磁波の場合，それは真空での光の速さ(c)です．そこで，$u_{全}$ (SI 単位で $\mathrm{J/m^3}$)に c (SI 単位で m/s)を掛けたら何が起こるかを考えてみましょう．このとき，単位は「ジュール/秒・平方メートル」となります[*8]．これは，波が動いている方向に垂直な断面積(1 平方メートル)を通って流れるエネルギーの割合です．そして，単位時間あたりのエネルギー(SI 単位で J/s)はパワー(SI 単位でワット)なので，電磁波の単位面積あたりのパワーの大きさは

$$|\boldsymbol{S}| = u_{全}c$$

となります．パワー密度は**ポインティング・ベクトル**というベクトル($\boldsymbol{S}$)の大きさで表します(ポインティング・ベクトルに関しては，あとでもっと説明し

[*8] 次元は $[u_{全}]=\mathrm{J/m^3}$ と $[c]=\mathrm{m/s}$ なので，$[u_{全}c]=\mathrm{J/m^3}\times\mathrm{m/s}=\mathrm{J/(m^2s)}$ となります．

ます)．

電場の (5.19) を使うと，パワー密度は

$$|\boldsymbol{S}| = \varepsilon_0 |\boldsymbol{E}|^2 c = \varepsilon_0 |\boldsymbol{E}|^2 \sqrt{\frac{1}{\mu_0 \varepsilon_0}}$$
$$= \sqrt{\frac{\varepsilon_0}{\mu_0}} |\boldsymbol{E}|^2 \tag{5.21}$$

となります．そのため，平面電磁波のパワー密度は，波の電場の大きさの 2 乗に比例します．そして，比例定数は伝播する媒質の電気的な性質と磁気的な性質(自由空間では ε_0 と μ_0)に依存します．

別の表現として，パワー密度の時間平均を含んでいるものに出会うかもしれません．これを理解するために，時間変動する電場 $\boldsymbol{E}$ を (5.8) のように $\boldsymbol{E}_0 \sin(kz-\omega t)$ としましょう．そうすると

$$|\boldsymbol{E}|^2 = |\boldsymbol{E}_0|^2 [\sin(kz-\omega t)]^2$$

より，この時間平均は

$$|\boldsymbol{E}|^2_{\text{平均}} = \{|\boldsymbol{E}_0|^2 [\sin(kz-\omega t)]^2\}_{\text{平均}}$$

です．そして，サイン関数の 2 乗($[\sin(kz-\omega t)]^2$)は 1 周期の時間で平均すると 1/2 なので[*9]

$$|\boldsymbol{E}|^2_{\text{平均}} = \frac{1}{2} |\boldsymbol{E}_0|^2$$

となります．ここから，平均パワー密度は

$$|\boldsymbol{S}|_{\text{平均}} = \frac{1}{2} \sqrt{\frac{\varepsilon_0}{\mu_0}} |\boldsymbol{E}_0|^2 \tag{5.22}$$

であることがわかります．次の例題でこれらの式の使い方を説明しましょう．

---

*9　第 1 章の訳注 6 を参照してください．

例題 5.2 晴れた日の地表では，太陽光の平均パワー密度は約 1300 W/m^2 です．太陽光の電場と磁場の平均の強さを求めなさい．

電場の強さの平均値を求めるために，(5.22) を $|\boldsymbol{E}|_{\text{平均}}$ に対して解けば

$$|\boldsymbol{S}|_{\text{平均}} = \frac{1}{2}\sqrt{\frac{\varepsilon_0}{\mu_0}}|\boldsymbol{E}_0|^2$$

$$|\boldsymbol{E}_0| = \sqrt{\frac{2|\boldsymbol{S}|_{\text{平均}}}{\sqrt{\varepsilon_0/\mu_0}}} = \sqrt{2|\boldsymbol{S}|_{\text{平均}}\sqrt{\frac{\mu_0}{\varepsilon_0}}}$$

$$= \sqrt{(2)1300\ \mathrm{W/m^2}\sqrt{\frac{4\pi\times 10^{-7}\ \mathrm{H/m}}{8.8541878\times 10^{-12}\ \mathrm{F/m}}}} \approx 990\ \mathrm{V/m}$$

となります．電場の強さがわかれば，(5.15) から磁場の強さは

$$|\boldsymbol{B}_0| = \frac{|\boldsymbol{E}_0|}{c} = \frac{990\ \mathrm{V/m}}{3\times 10^8\ \mathrm{m/s}} \approx 3.3\times 10^{-6}\ \mathrm{T}$$

となることがわかります． ■

項 $\sqrt{\mu_0/\varepsilon_0}$ は電磁的インピーダンス（ふつう Z で表します）です．これは第 4 章の力学的インピーダンスと似た役割をします．自由空間の電磁的インピーダンスは

$$Z_0 = \sqrt{\frac{\mu_0}{\varepsilon_0}} = \sqrt{\frac{4\pi\times 10^{-7}\ \mathrm{H/m}}{8.8541878\times 10^{-12}\ \mathrm{F/m}}} \approx 377\,\Omega \tag{5.23}$$

です．記号 Ω はオームで，電磁的インピーダンスの SI 単位です．他の物質のインピーダンスは $Z=\sqrt{\mu/\varepsilon}$ で与えられます．ここで，μ は物質の透磁率で，ε は物質の誘電率です．電磁的インピーダンスが異なる物質の境界に電磁波が到達する場合，反射波と透過波の振幅は媒質間のインピーダンスの差に依存します．

自由空間での平面電磁波のパワー密度は，波の電場の強さ $|\boldsymbol{E}|$ と

$$|\boldsymbol{S}| = \frac{|\boldsymbol{E}|^2}{Z_0} \tag{5.24}$$

および，電場の強さの平均 $|\boldsymbol{E}|_{\text{平均}}$ と

$$|\boldsymbol{S}|_{\text{平均}} = \frac{|\boldsymbol{E}|^2_{\text{平均}}}{Z_0} \tag{5.25}$$

のように関係しています．

電磁場のパワー密度に電場と伝播する媒質の特性を関係づける式は有用ですが，エネルギーの伝播する向きに関しては何も語りません．しかし，パワー密度の記号にポインティング・ベクトル $\boldsymbol{S}$ の大きさを使っていることから推測できるように，このベクトルの向きがエネルギーの向きを教えてくれます．

ポインティング・ベクトルは

$$\boldsymbol{S} = \frac{1}{\mu_0}\boldsymbol{E}\times\boldsymbol{B} \tag{5.26}$$

で定義されます．$\boldsymbol{E}$ と $\boldsymbol{B}$ は電場ベクトルと磁場ベクトルで，記号「×」はベクトル積を表しています．ベクトルを掛ける方法にはいくつかありますが，ベクトル積はまさにポインティング・ベクトルに必要なものです．それは，2 つのベクトルのベクトル積をとった結果が，またベクトルとなるからです．そして，そのベクトルの向きがベクトル積の 2 つのベクトルの向きと直交しているからです．

図 5.8 に，ベクトル積の大きさと向きを説明しています．図 5.8 に示すように，ベクトル $\boldsymbol{A}$ と $\boldsymbol{B}$ に対して，ベクトル積の大きさは

$$|\boldsymbol{A}\times\boldsymbol{B}| = |\boldsymbol{A}||\boldsymbol{B}|\sin\theta \tag{5.27}$$

で定義されます．ここで，θ は $\boldsymbol{A}$ と $\boldsymbol{B}$ の間の角度です[*10]．

[*10] $\boldsymbol{A}$ と $\boldsymbol{B}$ の間の角度 θ は 2 つありますが，当然 180° よりも小さいほうをとります．なぜなら，ベクトル積の大きさは $\boldsymbol{A}$ と $\boldsymbol{B}$ の大きさを 2 辺とする平行四辺形の面積なので，θ が 180° より大きいと平行四辺形が定義できないからです．

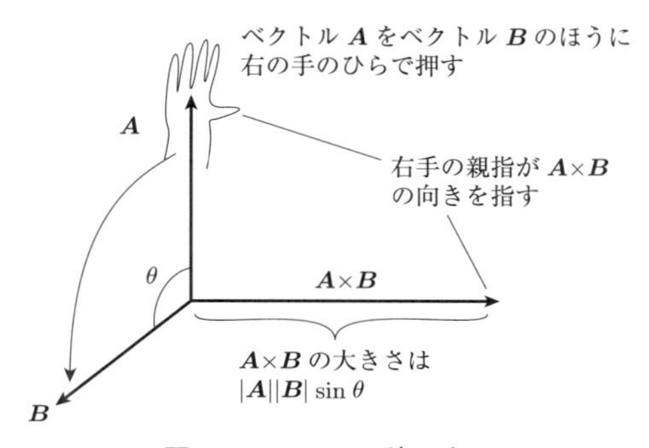

図 5.8　ベクトル積の向き

右手のルールを使えば，ベクトル積 $\boldsymbol{A}\times\boldsymbol{B}$ の向きを決めることができます．そうするためには，図 5.8 のように，右の手のひらを使って，ベクトル積の 1 番目のベクトル(この場合は $\boldsymbol{A}$)を 2 番目のベクトル(この場合は $\boldsymbol{B}$)のほうに押していきます．押しながら，右手の親指を他の指に垂直に保ちます．そのときの親指がベクトル積の向きになります．

注意してほしいことは，ベクトル積 $\boldsymbol{A}\times\boldsymbol{B}$ は $\boldsymbol{B}\times\boldsymbol{A}$ と同じではないことです．なぜなら，ベクトル $\boldsymbol{B}$ をベクトル $\boldsymbol{A}$ のほうに押していくと，その結果は図 5.8 に示している向きとは逆の向きになるからです(ただし大きさは同じです)．したがって，$\boldsymbol{B}\times\boldsymbol{A}=-\boldsymbol{A}\times\boldsymbol{B}$ です．

図 5.5 の電磁波の電場と磁場($\boldsymbol{E}$ と $\boldsymbol{B}$)に右手のルールを適用すれば，ベクトル積 $\boldsymbol{E}\times\boldsymbol{B}$ が波の伝播方向を指していることがわかります(図 5.5 の波の場合は z 軸方向です)．伝播方向は平面電磁波の電場と磁場に直交しているので，ベクトル積はポインティング・ベクトルの正しい向きを与えます．

例題 5.3　**ポインティング・ベクトルの定義 (5.26) を使って，正の z 軸に沿って伝播する平面電磁波のパワー密度ベクトル $\boldsymbol{S}$ を求めなさい．**

図 5.5 と (5.26) から，ポインティング・ベクトルは

$$\begin{aligned}\boldsymbol{S} &= \frac{1}{\mu_0}\boldsymbol{E}\times\boldsymbol{B} \\ &= \frac{1}{\mu_0}|\boldsymbol{E}||\boldsymbol{B}|\sin\theta\ \hat{\boldsymbol{k}}\end{aligned}$$

です．$\boldsymbol{E}$ は $\boldsymbol{B}$ に直交しているので，θ は 90° です．また，$|\boldsymbol{B}|=|\boldsymbol{E}|/c$ であることはわかっています．そのため，これは

$$\begin{aligned}\boldsymbol{S} &= \frac{1}{\mu_0}|\boldsymbol{E}||\boldsymbol{B}|\sin 90^\circ\ \hat{\boldsymbol{k}} = \frac{1}{\mu_0}|\boldsymbol{E}||\boldsymbol{B}|\hat{\boldsymbol{k}} \\ &= \frac{1}{\mu_0}|\boldsymbol{E}|\frac{|\boldsymbol{E}|}{c}\hat{\boldsymbol{k}} = \frac{1}{\mu_0}|\boldsymbol{E}|\frac{|\boldsymbol{E}|}{\sqrt{1/(\mu_0\varepsilon_0)}}\hat{\boldsymbol{k}} \\ &= \frac{\sqrt{\mu_0\varepsilon_0}}{\mu_0}|\boldsymbol{E}|^2\hat{\boldsymbol{k}} = \sqrt{\frac{\varepsilon_0}{\mu_0}}|\boldsymbol{E}|^2|\hat{\boldsymbol{k}} = \frac{|\boldsymbol{E}|^2}{Z_0}\hat{\boldsymbol{k}}\end{aligned}$$

となります．これは，(5.24) から予想される通りの結果です． ■

演習問題

5.1 ある領域の電場(SI 単位)が $\boldsymbol{E}=3x^2y\hat{\boldsymbol{\imath}}-2xyz^2\hat{\boldsymbol{\jmath}}+x^3y^2z^2\hat{\boldsymbol{k}}$ で与えられているとき，$x=2, y=3, z=1$ での電荷密度を求めなさい．

5.2 ある領域の磁場(SI 単位)が $\boldsymbol{B}=3x^2y^2z^2\hat{\boldsymbol{\imath}}+xy^3z^2\hat{\boldsymbol{\jmath}}-3xy^2z^3\hat{\boldsymbol{k}}$ で与えられているとき，$x=1, y=4, z=2$ での電流密度の大きさを求めなさい．

5.3 ある領域の磁場(SI 単位)が $\boldsymbol{B}=3t^2\hat{\boldsymbol{\imath}}+t\hat{\boldsymbol{\jmath}}$ のように時間変動しているとき，その場所で $t=2$ 秒のときの誘導電場の回転ベクトルの大きさと向きを求めなさい．

5.4 正の z 方向に伝わる平面電磁波に対して，ファラデーの法則の x 成分の式を使って，$E_{0y}=-cB_{0x}$ を導きなさい．

5.5 正の z 方向に伝わる平面電磁波に対して，ファラデーの法則の y 成分の式を使って，$E_{0x}=cB_{0y}$ を導きなさい．

5.6 (5.13) 式と (5.14) 式から，$\boldsymbol{E}$ と $\boldsymbol{B}$ が直交することを示しなさい．

5.7 $\sqrt{\dfrac{1}{\mu_0\,\varepsilon_0}}$ が速さの単位をもっていることを示しなさい．

5.8 逆 2 乗則によれば，等方的なソース(つまり，すべての方向に等しく放射するソース)から放射される電磁波のパワー密度は

$$|\boldsymbol{S}| = \frac{P_{透過}}{4\pi r^2}$$

で与えられます．ここで $P_{透過}$ は放射パワー，r はソースと観測者との距離です．この式を使って，20 km 離れた 1000 ワットのラジオ・トランスミッターから生じる電場と磁場の大きさを求めなさい．

5.9 ベクトル $\boldsymbol{A}=8\hat{\boldsymbol{i}}+3\hat{\boldsymbol{j}}+6\hat{\boldsymbol{k}}$ とベクトル $\boldsymbol{B}=12\hat{\boldsymbol{i}}-7\hat{\boldsymbol{j}}+4\hat{\boldsymbol{k}}$ に対して，ベクトル積 $\boldsymbol{A}\times\boldsymbol{B}$ の大きさと向きを求めなさい．

5.10 プラズマ(たとえば地球の電離層)内の電磁波の分散関係は $\omega^2=c^2k^2+\omega_{\mathrm{p}}^2$ で与えられます．ここで c は光速，ω_{p} は**プラズマ振動数**で，粒子濃度に依存する量です．この電磁波の位相速度($\dfrac{\omega}{k}$)と群速度($\dfrac{d\omega}{dk}$)を求め，両者の積が光速の 2 乗に等しくなることを示しなさい．

6
量子力学の波動方程式

この章は，第 1 章から第 3 章までの諸概念を主要な 3 種の波——力学の波，電磁気学の波，量子力学の波——に応用する 3 つの章の 3 番目です．力学的な波は日常生活で最もわかりやすいものです．そして，電磁波は私たちの技術社会にとって最も役立つものです．しかし，最も基礎的なものは量子的な波なのです．この章でわかるように，宇宙にあるすべての物質は特定の条件下で波のように振る舞います．そのため，この波よりも基礎的なものを想像することは難しいのです．

もしあなたが，マクロな世界での生活が量子効果を考えなくてもうまくいっていると考えているならば，古典物理の法則は近似であること，そして，この章で説明する量子的な不思議さのすべてが古典物理とスムーズに重なり合って調和することを理解してください．その不思議さの多くは，物質とエネルギーの波動性と粒子性という二重性から生じています．そして，この章のゴールの 1 つは，このようなことを起こしているのはいったい何であるかをあなたに理解してもらうことです．

この章はまず，6.1 節の波と粒子の特徴の比較から始めます．そして，6.2 節の波と粒子の二重性の議論に入ります．6.3 節と 6.4 節で，シュレディンガー方程式と確率波動関数について話します．最後に，量子的な波束を 6.5 節で説明します．

6.1　波と粒子の性質

現代物理学を勉強する前の学生の多くは，粒子と波は基本的に対象が異なるカテゴリーに属していると考えています．それは理解できることです．なぜなら，粒子と波は，いくつかの非常に異なる性質をもっているからです．それは，空間の占め方，開口部の通り抜け方，そして，他の粒子や波との相互作用の仕方などです．ここで，波と粒子の間の異なる特徴のいくつかをまとめておきましょう．

空間の占め方　粒子は明確な大きさをもつ場所に存在します．たとえば，もしテニスの試合中に時間を一瞬とめられたとしたら，その瞬間のボールの位置にはあいまいさはなく，ボールの位置に関して異を唱える観客はいないでしょう．この性質は，粒子が局在化されることを意味します．なぜなら，粒子は与えられた時刻に特定の場所に存在するからです．一方，波は空間の広い領域に存在します．3.3 節で説明したように，$\sin(kx-\omega t)$ のような調和的な関数は x の全区間，つまり，$-\infty$ から $+\infty$ までの領域に存在します．しかも，1 つのサイクルと別の 1 サイクルを区別する方法もありません．そのため，単一振動数の波は本質的に非局在です．つまり，波はいたる所に存在します．

このような違いは図 6.1 に示されています．この図は，粒子を小さな黒丸で，そして波を曲線で，ある瞬間の様子を描いたものです（つまり粒子と波のスナップショットです）．スナップショットの瞬間に，すべての観測者は粒子が $x=-1$ で $y=4$ の位置に存在することに同意できます．しかし，この瞬間に波はどこにあるのでしょうか．波は $x=-8$ にも $x=0$ にも $x=8$ にも，それ以外のすべての x でも存在します（グラフの左右の描かれていない場所と，ここに挙げた x の間にある場所も含めて）．波の山や谷やゼロ交差点はどれも，ある時刻に特定の場所に存在します．しかし，すべてのサイクルは他のサイクルと正確に同じに見えます．そして，その部分のすべてが波を構成しています．したがって，波は非局在なのです．

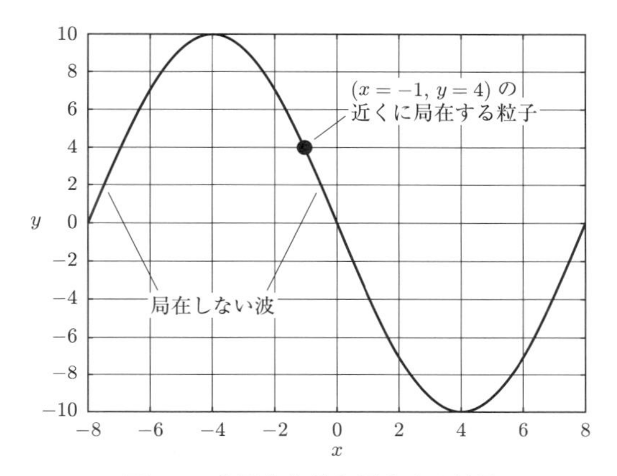

図 6.1　非局在な波と局在する粒子

開口部の通り抜け方　図 6.2 の左側上段の図に示しているように，粒子がその粒子よりも大きな開口部を通るとき，軌道は影響を受けません．開口部が粒子の大きさよりも小さいときだけ，粒子の振る舞いは開口部の存在によって影響を受けます．

しかし，波はまったく異なった振る舞いをします．図 6.2 の右側には，さまざまな大きさの開口部が左から入射する平面波に及ぼす影響を描いています．図 6.2 の右側上段の図は，開口部の口径が波の波長よりもずっと大きい場合で，波はほとんど何も影響を受けずに開口部を通っていきます．しかし，開口部を小さくして口径を波の波長と同じ程度にすると，開口部を通る波の一部はもはや平面波ではありません．図 6.2 の右側中段の図でわかるように，波の位相が一定の波面は少し曲がり，その波は開口部を通った後，広がっていきます．もっと開口部を小さくして，口径が波の波長よりも小さくなると，波面の曲率と波の広がりはもっと大きくなります．この効果は**回折**とよばれます．

他の粒子や波との相互作用の仕方　粒子は他の粒子との衝突によって相互作用し，**運動量**と**エネルギー**の交換が粒子の間で起こります．ボーリングの球がピンに当たったときに起こる現象が，まさにこれです．つまり，系の衝突前の状

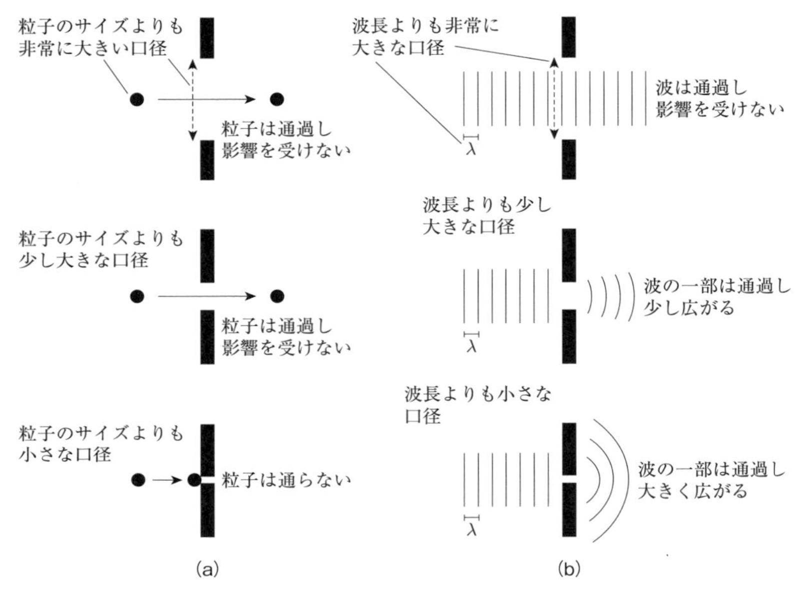

図 6.2　(a)粒子は，開口部を通り抜けられる限り，開口部から影響を受けない．
(b)波は開口部の口径が波長と同程度か，それよりも小さい場合，開口部を通ってから広がる．

態は速い球と静止しているピンで，系の衝突後の状態は，ゆっくり動く球と静止位置から瞬時にはね飛ばされたピンです．保存則[*1]に従えば，球-ピンの系の全運動量と全エネルギーは衝突前後で変わりません．しかし，それぞれの物体のエネルギーと運動量は衝突の結果，変化します．そのような衝突は素早く起こります(変形を生じない理想的な衝突の場合は「瞬時に」起こります)．そして，離散的なエネルギーと運動量の素早い交換が，粒子衝突の顕著な特徴です．

しかし，波は衝突ではなく重ね合わせを介して他の波と相互作用します．3.3 節で説明したように，2 つ以上の波が空間の同じ場所を占拠するとき，合成される波はそこに寄与しているすべての波の和になります．波は，互いに干

*1　運動量の保存則とエネルギーの保存則です．

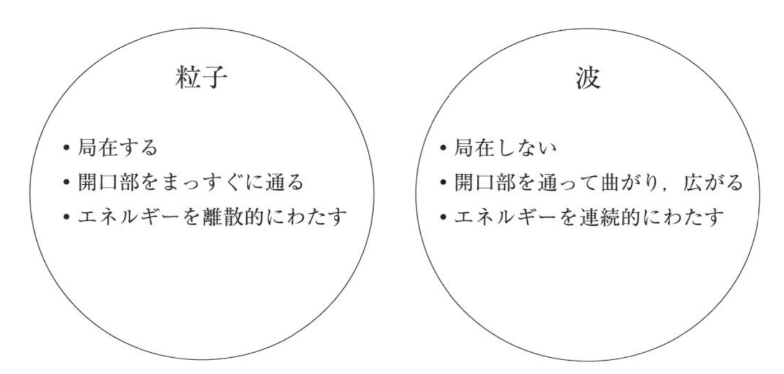

図 6.3　古典的な粒子と波との違いに関するモデル

渉するといわれます．そして，寄与した波よりも合成された波のほうが大きな振幅になる（建設的な干渉*2）か小さな振幅になる（破壊的な干渉*3）かは，寄与するそれぞれの波の相対的な位相に依存します．

波は物体とも相互作用します．そして，そのような相互作用では，波のエネルギーの一部が物体に移ることもあります．たとえば，波の通過によって湖面を上下に揺れているブイを想像してみましょう．波がブイをもち上げるとき，ブイの運動エネルギーと重力の位置エネルギーはともに増加します．ブイの得るエネルギーは波から直接伝わったものです．粒子は衝突するとほとんど瞬間的にエネルギーを交換しますが，波から物体へのエネルギー移動は，長い周期にわたって起こります．エネルギー移動の割合は，波の性質に依存します．

古典力学的なモデルにおける粒子と波のいくつかの違いについて図 6.3 にまとめてあります．一連の斬新な実験と理論的な発展によって，20 世紀の初頭に新しい力学の必要性が認識されてきて，粒子と波の非常に異なる解釈を統合したのが**量子力学**でした．現代物理学では，粒子は波のように振る舞うことができ，そして，波は粒子のように振る舞うことができます．この波と粒子の二重性が次の節のテーマです．

---

*2　constructive interference の訳語で，「プラスの干渉」ともいいます．
*3　destructive interference の訳語で，「マイナスの干渉」や「相殺的な干渉」ともいいます．

6.2　波と粒子の二重性

波と粒子の二重性を理解するには，波の振る舞いが検出できるタイプの実験を粒子に適用するのがよいでしょう．前節で説明したように，古典的な粒子と波との違いの1つは，不透明なバリアーに開けたスリットのような開口部を両者がどのように通るかにあります．もしスリットを通過する粒子の流れ(ただ1個の粒子であっても)が回折を示せば，これらの粒子が波のように振る舞っていることが確認できます．しかし，回折が顕著になるためには，口径の大きさが波の波長と同程度でなければなりません．そのため，回折によって粒子の波動性を検出したければ，粒子の波長に合わせて口径を作らなければなりません．それには，粒子の性質から波長を予言する必要があります．

フランスの物理学者ド・ブロイの仕事のおかげで，その予言は可能です．ド・ブロイは物質波の存在を仮説として1924年に提唱しました．その年よりも約20年ほど前に，アインシュタインは光が波と粒子の両方の特徴をもっていることを示していました．つまり，光がスリットを通るときは波のように振る舞い，光電効果のような相互作用をするときは粒子(これが光子です)のように振る舞うことを示しました．ド・ブロイは，光のもっている「波と粒子の二重性」が，質量をもった電子や他の粒子にも拡張できるというひらめきを得ました．ド・ブロイは学位論文に次のように書いています．「私の基本的なアイデアは，アインシュタインが光と光子の場合に1905年に発見した波と粒子の共存を，すべての粒子に拡張することでした」．

粒子の波長に対するド・ブロイの式を理解するために，振動数 ν と波長 λ をもった光子のエネルギーに対するアインシュタインの関係式

$$E = h\nu = \frac{hc}{\lambda} \tag{6.1}$$

を考えましょう．ここで，h はプランク定数($6.626\times10^{-34}\ \mathrm{m^2\ kg/s}$)，$c$ は光速です．光子は質量をもちませんが，運動量を運ぶことができます．そして，その運動量の大きさ p が光子のエネルギー E と

$$p = \frac{E}{c} \tag{6.2}$$

のように関係します．したがって，光子には，$E{=}cp$ の関係式が成り立つので，これを (6.1) に代入すると

$$E = \frac{hc}{\lambda} = cp$$
$$p = \frac{h}{\lambda}$$
$$\lambda = \frac{h}{p}$$

のような「λ と p の関係式」が得られます．もしも，この関係式が質量をもった粒子に対しても成り立つならば，速さ v で動いている質量 m の粒子の波長は

$$\lambda = \frac{h}{p} = \frac{h}{mv} \tag{6.3}$$

で与えられます．なぜなら，粒子の運動量の大きさは $p{=}mv$ だからです．

ド・ブロイの式 (6.3) の意味を考えてみましょう．波長と運動量は反比例しているので，粒子の運動量が減少すると，粒子の波長は増加します．これが，動いている粒子だけが波動性を示す理由です．つまり，速さゼロのときの波長は無限大になるので，測定ができなくなるからです．また，プランク定数はとても小さいので，h/p を十分に大きくできるように，運動量が十分に小さいときにだけ，波の振る舞いは観測できます．したがって，日常的な物体の波動性は見た目には明らかではありません．なぜなら，日常的な物体の質量は大きいので，物体のド・ブロイ波長は非常に小さくなって，波長の測定ができなくなるからです．

ここで，さまざまな質量をもった物体のド・ブロイ波長の大きさを理解するための，次の 2 つの例題を解いてみましょう．

例題 6.1 速さ 1.5 m/s で歩いている 75 kg の人間のド・ブロイ波長を求めなさい．

この例題の人間は運動量 $p=75\ \mathrm{kg}\times 1.5\ \mathrm{m/s}=113\ \mathrm{kg\,m/s}$ をもっています．そのため，ド・ブロイ波長は

$$\lambda = \frac{6.626\times 10^{-34}\ \mathrm{Js}}{113\ \mathrm{kg\,m/s}} = 5.9\times 10^{-36}\ \mathrm{m} \tag{6.4}$$

となります．■

これは，典型的な固体中の原子間の間隔よりも数十億倍小さいだけでなく，原子核を作っている陽子と中性子よりも数十億倍小さい値です．したがって，人間の質量をもった物体は物質の波の振る舞いを実証する対象としてはふさわしくありません．しかし，非常に低速の，非常に小さい質量の物体ではド・ブロイ波長は十分に大きくなり測定できます．

例題 6.2 50 ボルトの電位差を通過した電子のド・ブロイ波長を求めなさい．

50 ボルトの電位差を通過した後，電子は 50 電子ボルト(eV)のエネルギーをもっています．1 電子ボルトは 1.6×10^{-19} J なので，SI 単位での電子エネルギーは

$$50\ \mathrm{eV}\times\frac{1.6\times 10^{-19}\ \mathrm{J}}{1\ \mathrm{eV}} = 8\times 10^{-18}\ \mathrm{J} \tag{6.5}$$

です．このエネルギーを電子の運動量と関係づけるために，運動エネルギーの非相対論的な式

$$\mathrm{KE} = \frac{1}{2}mv^2 \tag{6.6}$$

を使うことができます．そして，右辺に質量 m を掛けてから右辺を質量 m で割れば

$$\mathrm{KE} = \frac{1}{2}mv^2 = \frac{1}{2m}m^2v^2 = \frac{p^2}{2m} \tag{6.7}$$

となります．この場合，電子のエネルギー(E)はすべて運動エネルギー KE なので，E=KE です．したがって，運動量は

$$p = \sqrt{2mE} \tag{6.8}$$

です．これを，$E=8\times10^{-18}$ J のエネルギーをもった電子に使えば，運動量は

$$\begin{aligned} p &= \sqrt{2\times9.1\times10^{-31}\ \mathrm{kg}\times8\times10^{-18}\ \mathrm{J}} \\ &= 3.8\times10^{-24}\ \mathrm{kg\,m/s} \end{aligned}$$

となるので，これをド・ブロイの式 (6.3) に代入すると，波長は

$$\lambda = \frac{6.626\times10^{-34}\ \mathrm{J\,s}}{3.8\times10^{-24}\ \mathrm{kg\,m/s}} = 1.7\times10^{-10}\ \mathrm{m} \tag{6.9}$$

となります．つまり，0.17 ナノメートルです． ■

これは結晶層の原子間の間隔とほぼ同じですから，そのような結晶層を使えば，動いている電子の波長を実験的に決定できます．

この実験は，1927 年にデヴィッソンとガーマーによって行われました．結晶で散乱される波は回折パターンを生じることがわかっていたので，デヴィッソンとガーマーはニッケル結晶に電子を衝突させて，回折の証拠を探しました．そして，その現象を見つけた彼らは，散乱角と結晶内の原子間隔を使って，電子の波長を計算しました．その結果，実験に使われた電子の速度と質量をもった粒子の波長に対するド・ブロイの予言と，よく一致していました．

これと似ていますが，概念的にはもっと簡単な，**2 重スリット実験**があります．これは光の波動性のデモンストレーションによく使われます．この重要な実験の詳細は光学の教科書に書いてありますが，この実験が粒子の波動性のデモンストレーションにどのように使われるのかを理解するのに次の概要が役立つでしょう．

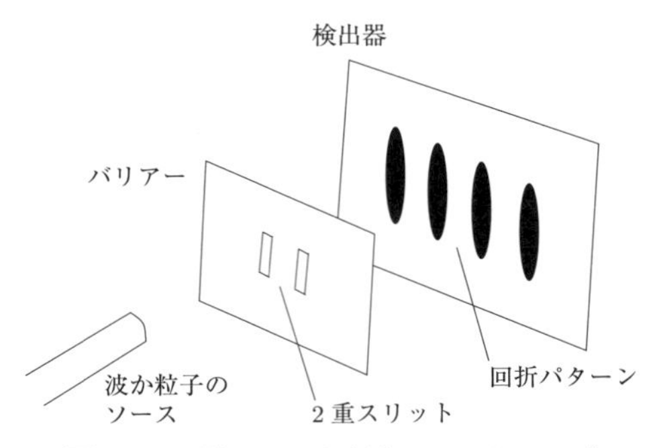

図 6.4　2 重スリット実験のセットアップ

図 6.4 のように 2 重スリットを設置します．波や粒子のソースはバリアーに面しています．バリアーにはわずかに離れた 2 つの小さなスリットが開いています．そして，検出器はバリアーのかなり後方に置いてあります．

まず，ソースが連続的な波の流れをバリアーの方向に放射したときに何が起こるかを考えましょう．波面の一部は左のスリットに到達し，他の一部は右のスリットに到達します．ホイヘンスの原理によれば，波面上のすべての点は，その点から球面状に広がっていく別の波[*4]のソースになります．もしバリアーがなければ，1 つの 2 次元波面上にあるホイヘンス・ソースからの球面波のすべては，重ね合わさって次の波面を作ります．さらにその波面上のすべての点も，ホイヘンス・ソースと考えることができるので，別の球面波を放射して次の下流側の波面になるように重なり合うでしょう．

しかし，波がバリアーにぶつかれば，ほとんどの 2 次波はブロックされ，波面上の 2 つの小さな部分から発した波だけがスリットを通っていきます．そして，波面上のこの 2 つの部分から出た 2 次波が，球面状に広がって検出器に到達します．そこで 2 次波は重なり合って，合成波を作ります．しかし，左スリットから検出器までの距離は，右スリットから検出器までの距離と同じではないので，2 つのスリットからの波は異なる位相をもって検出器に到達

*4　この波を **2 次波**（素元波または要素波）とよびます．

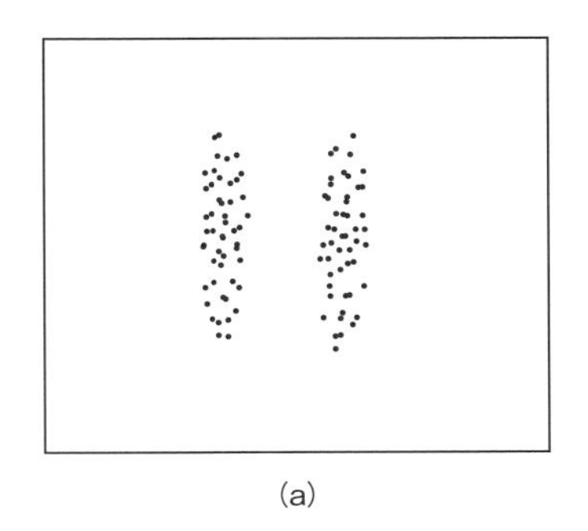

(a)

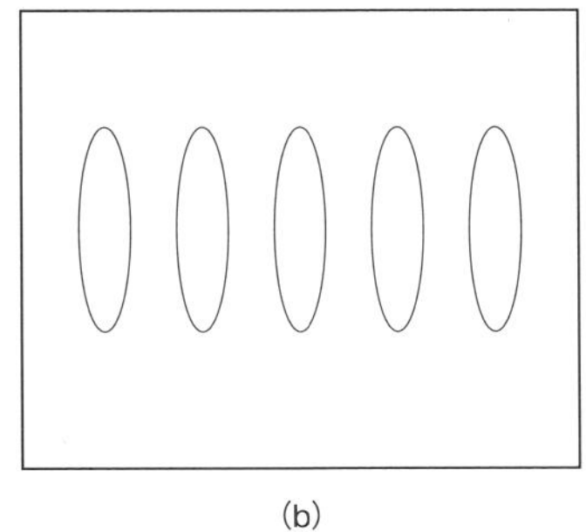

(b)

図 6.5　(a) 2 重スリット実験に対する古典的な粒子の結果と (b) 2 重スリット実験に対する波の結果

します．その位相差によって，2 つの波は足し算されたり引き算されたりするので，干渉は建設的であったり破壊的であったりします．建設的な干渉の点では，明るい縞が現れます．そして破壊的な干渉の点では，暗い縞が現れます．そのような明暗の縞が，波動の顕著な特徴です．

さて，ソースが電子のような粒子の流れをバリアーに発射していると想像しましょう．電子の中にはバリアーにぶつかるものもあれば，スリットを通り抜けるものもあるでしょう．もし電子が波動性をもたない単純な粒子であれば，図 6.5(a)のように，ほぼスリットの形に放射された離散的なエネルギーの集積を検出器は記録します．しかし，動いている電子は波動的な性質ももっているので，図 6.5(b)のように，干渉パターンをつくる連続的なエネルギーの集積が検出器に記録されます．

最後に，電子が(流れではなく) 1 個ずつスリットを通り抜けるときに何が起こるかを考えてみましょう．この場合，検出器は個々の電子を単一の点として記録しますが，そのような点の集積は明暗の干渉縞を作ります．明らかに，1 個の電子は両方のスリットを通って自分自身と干渉しています[*5]．

波と粒子の二重性の現代的な解釈を図 6.6 に示しています．量子力学的な物体は，運動するときに波のように振る舞います．角で曲がったり，小さな開口部から回折したり，干渉したりする現象がこれに含まれます．量子力学的な物

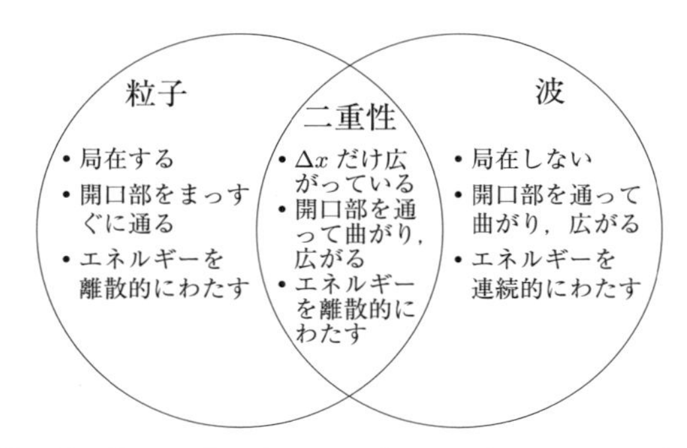

図 6.6　量子的な粒子と波の違いのモデルと，波と粒子の二重性のモデル

体が，エネルギーを放出したり受け取ったりするときには，粒子のように振る舞います．量子力学的な物体は，粒子のように完全に局在した 1 点に存在するものではなく，また波のように完全に非局在で空間全体に広がっているものでもありません．実は，量子力学的な物体は，小さいけれども有限の大きさの空間を占める波束が伝播しているような振る舞いを示します．なぜ，量子力学的な物体がこのように振る舞うのか(たとえば，粒子のように運動しながら，一方で波のように相互作用するのか)を理解するには，シュレディンガー方程式を学ぶのがよいでしょう．これが次の節のテーマです．

6.3　シュレディンガー方程式

電子が波のように振る舞うことを理解しようとするとき，「厳密には何が波になっているのだろうか？」あるいは，「電子はなぜ波のように伝わり，粒子のように相互作用するのだろうか？」と疑問に思うかもしれません．答えは，物質波を支配するシュレディンガー方程式の解である波動関数 $\Psi(x,t)$ の解釈

*5　ここの文章は，あたかも電子が 2 個の粒子に分かれるような印象を与えますが，これは正しい記述ではないでしょう．ミクロの世界では 1 個の電子が異なる 2 つの経路を通る確率があるため，電子はそれらを表す確率振幅をもっているという事実を述べているだけです．なぜ，このような一見奇妙な描像を描くかというと，このような複数の振幅の和(重ね合わせ)を考えなければ，電子の干渉実験が説明できないからです．6.4 節を参照してください．

にあります．

かつて，偉大な物理学者ファインマンは，シュレディンガー方程式をあなたの知っているものから導くことは不可能だといいました．しかし，粒子のエネルギーに対する式[*6]から出発すれば，シュレディンガーの論理的思考を感じ取ることはできます．粒子が非相対論的に動き(つまり，光速に比べてゆっくり動き)，さらに，粒子に作用する力が保存力であれば(したがって，ポテンシャルエネルギーがそれぞれの力と結びついていれば)，粒子の全力学的エネルギー(E)は

$$E = \mathrm{KE} + V = \frac{1}{2}mv^2 + V = \frac{p^2}{2m} + V \tag{6.10}$$

と書けます．KE は粒子の運動エネルギー，V はポテンシャルエネルギーです．

振動数 ν の光子(光の粒子であると考えることができます)はエネルギー $E = h\nu$ ((6.1))をもっているので，シュレディンガーは物質波と結びついたエネルギーに対して，この式を書き換えました．その方法はあとでわかりますが，その前に，振動数 ν の角振動数 ω に対する関係と同じように，プランク定数 h と「換算プランク定数[*7]」$\hbar$ との関係を理解しておくことが大事です．つまり

$$E = h\nu = \left(\frac{h}{2\pi}\right)(2\pi\nu) = \hbar\omega \tag{6.11}$$

のように，E は $\hbar = h/(2\pi)$ と $\omega = 2\pi\nu$ の積で表せます．エネルギーの式 (6.11) を (6.10) の左辺に代入すると

$$\hbar\omega = \frac{p^2}{2m} + V \tag{6.12}$$

となります．ここで，運動量と波長をつなぐド・ブロイの式 (6.3) は

*6　(6.10) の式です．
*7　84 頁の注 16 を参照してください．簡単にプランク定数とよぶのが一般的です．

$$p = \frac{h}{\lambda} = \frac{h}{2\pi/k} = \left(\frac{h}{2\pi}\right)k = \hbar k \tag{6.13}$$

と書けるので，(6.12) は

$$\hbar\omega = \frac{\hbar^2 k^2}{2m} + V \tag{6.14}$$

のようになります．このエネルギー方程式 (6.14) からシュレディンガー方程式を得るために，粒子に付随する物質波が調和的な波動関数 $\Psi(x,t)$（プサイ）として

$$\Psi(x,t) = Ae^{i(kx-\omega t)} = e^{-i\omega t}(Ae^{ikx}) \tag{6.15}$$

のように書けることを仮定します．時間項を空間項から分離するために，指数関数を分けたことに注意してください．そうすると微分をとるのが簡単になるので，この波動関数を (6.14) に適合させてシュレディンガー方程式を導くのが楽になります．

まず考えるべき微分は Ψ を時間(t)で微分するもので

$$\frac{\partial\Psi}{\partial t} = \frac{\partial(e^{-i\omega t})}{\partial t}(Ae^{ikx}) = -i\omega(e^{-i\omega t})(Ae^{ikx}) = -i\omega\Psi \tag{6.16}$$

です．次に，Ψ の x 微分による 1 階微分

$$\frac{\partial\Psi}{\partial x} = e^{-i\omega t}\frac{\partial(Ae^{ikx})}{\partial x} = ike^{-i\omega t}(Ae^{ikx}) = ik\Psi \tag{6.17}$$

と，x による 2 階微分

$$\frac{\partial^2\Psi}{\partial x^2} = e^{-i\omega t}\frac{\partial^2(Ae^{ikx})}{\partial x^2} = (ik)^2 e^{-i\omega t}(Ae^{ikx}) = -k^2\Psi \tag{6.18}$$

を考えます．このような導関数を (6.14) に適合させるための最後のステップは，(6.16) の両辺に $i\hbar$ を掛けることです．つまり

$$i\hbar\frac{\partial\Psi}{\partial t} = (i\hbar)(-i\omega\Psi) = \hbar\omega\Psi$$

として

$$\hbar\omega = \frac{i\hbar}{\Psi}\left(\frac{\partial\Psi}{\partial t}\right)$$

を作ります．そして，これを (6.14) に代入すれば

$$\frac{i\hbar}{\Psi}\left(\frac{\partial\Psi}{\partial t}\right) = \frac{\hbar^2 k^2}{2m} + V$$

となるので，Ψ を払えば

$$i\hbar\left(\frac{\partial\Psi}{\partial t}\right) = \frac{\hbar^2 k^2}{2m}\Psi + V\Psi$$

のような式になります．ここで，(6.18) の $k^2\Psi = -\partial^2\Psi/\partial x^2$ に注意すれば，結局 (6.14) のエネルギー方程式から

$$i\hbar\left(\frac{\partial\Psi}{\partial t}\right) = \frac{-\hbar^2}{2m}\frac{\partial^2\Psi}{\partial x^2} + V\Psi \tag{6.19}$$

が導かれます．これが，**時間依存性のある 1 次元のシュレディンガー方程式**です．2.4 節で述べたように，シュレディンガー方程式は時間に関する偏微分が 2 階ではなく 1 階であるという点において，古典的な波動方程式と異なります．また，定数因子の「i」の存在が，解を一般に複素数にすることにも留意してください．

このような解を考える前に，「時間に依存しない」シュレディンガー方程式に出会う可能性が高いことを知っておいてください．(6.16) を使って時間微分 $\partial\Psi/\partial t$ を $-i\omega\Psi$ に置き換えると，時間に依存しない式を導くことができます．つまり，(6.19) の左辺に代入すると

$$i\hbar(-i\omega\Psi) = \frac{-\hbar^2}{2m}\frac{\partial^2\Psi}{\partial x^2} + V\Psi$$

より

$$\hbar\omega\Psi = \frac{-\hbar^2}{2m}\frac{\partial^2\Psi}{\partial x^2} + V\Psi \tag{6.20}$$

となります．$E = \hbar\omega$ なので，この式は

$$E\Psi = \frac{-\hbar^2}{2m}\frac{\partial^2\Psi}{\partial x^2} + V\Psi \tag{6.21}$$

あるいは

$$(E-V)\Psi = \frac{-\hbar^2}{2m}\frac{\partial^2\Psi}{\partial x^2} \tag{6.22}$$

のように書くことができます．

ここで「時間に依存しない」という用語は，波動関数 Ψ が時間の関数ではないという意味で使われているのではない，という重要な点に気づいてください．波動関数 Ψ は $\Psi(x,t)$ のように x と t との関数です．では，ここではいったい何が時間に依存しないのでしょうか．それは，(6.22) の左辺にあるエネルギー項です．

シュレディンガー方程式の解に飛び込む前に，(6.22) の意味を考えてみましょう．これは基本的にエネルギー保存則を表す式です．つまり，全エネルギーからポテンシャルエネルギーを引いた値が，運動エネルギーに等しいことを述べているだけです．そのため，(6.22) は粒子の運動エネルギーが Ψ の空間 2 階微分，つまり波動関数の曲率に比例することを語っています．x とともに曲率が大きくなるほど，波形はより高い振動数をもつ(より短い距離で振動数は正から負に変わる)，つまり，より短い波長をもつことを意味します．そして，ド・ブロイの式は短い波長ほど高い運動量になることを教えています．

例題 6.3 自由粒子に対する時間に依存しないシュレディンガー方程式を求めなさい．

この文脈での自由の意味は，粒子が外力の影響を受けないことです．そして，力はポテンシャルエネルギーの勾配なので，自由粒子はポテンシャルエネルギーが一定の領域を運動します．ポテンシャルエネルギーのゼロ点の基準は任意なので，自由粒子のシュレディンガー方程式では $V=0$ と置くことができます．このため，(6.22) は

$$E\Psi = \frac{-\hbar^2}{2m}\frac{\partial^2\Psi}{\partial x^2} \tag{6.23}$$

より

$$\frac{\partial^2\Psi}{\partial x^2} = -\frac{2mE}{\hbar^2}\Psi \tag{6.24}$$

のように書けます．自由粒子の全エネルギーはその粒子の運動エネルギーに等しいので，$E=p^2/(2m)$ と置けます．したがって，(6.24)は

$$\frac{\partial^2\Psi}{\partial x^2} = -\frac{p^2}{\hbar^2}\Psi \tag{6.25}$$

となります．これが，**自由粒子のシュレディンガー方程式**です．■

このシュレディンガー方程式を定在波の式(3.2 節の (3.22))と比べてみることは有益です．その式は

$$\frac{d^2X}{dx^2} = \alpha X = -k^2X \tag{3.22}$$

です．これは

$$\frac{p^2}{\hbar^2} = k^2$$

を仮定すれば (6.25) と同じものです．しかし波数は $k=2\pi/\lambda$ なので

$$\frac{p^2}{\hbar^2} = \left(\frac{2\pi}{\lambda}\right)^2$$

より

$$\frac{p}{\hbar} = \frac{p}{h/(2\pi)} = \left(\frac{2\pi}{\lambda}\right)$$

のように表せます．この式の 1 番目と 3 番目から λ は

$$\lambda = \frac{h}{p}$$

となります．これは物質波の波長に対するド・ブロイの式です．自由粒子で

は，振動の振動数とエネルギーは任意の値をとれます．しかし，ポテンシャルエネルギーが変化する領域内の粒子では，振動数とエネルギーは境界条件に依存した特定の値に制限されます．したがって，章末の演習問題でわかるように，ポテンシャル井戸内にある粒子の許容エネルギーは量子化されます．

これは，粒子の波動的な性質は定在波に似ていること，そして，粒子のエネルギーはその定在波の振動数に比例することを意味します．時間に依存しないシュレディンガー方程式の解が定常状態とよばれていても，それは系のエネルギーが時間に対して一定であることを意味するだけで，波動関数が定常であるという意味ではないことに注意してください．

6.4　確率波

シュレディンガーが方程式を書き下したとき，波動関数 $\Psi(x,t)$ が物理的に何を表しているかわからず，これは電子の電荷密度だと推測しました．これは理にかなった推測です．なぜならシュレディンガーは電子が従う式を書き下したからです．そして，電子の集団は空間に広がっているので，電子がどこに集まっているか，あるいは，どこがまばらであるかを知る方法として，単位体積あたりの電荷量（電荷密度）を見積もることができるからです．しかし，マックス・ボルンはこの見方が実験と一致しないことを示して，新しい解釈を提案し，これが現代的な理解になりました[†1]．

現代的な波動関数の解釈とは，粒子を空間のある領域に見いだす確率に関係した**確率振幅**であるというものです．この量が振幅とよばれる理由は，力学的な波のエネルギーを得るために振幅を 2 乗しなければならないように，確率密度 $\mathcal{P}$ を得るためには波動関数を 2 乗しなければならないからです．波動関

†1　実際には，波動関数と電荷密度との対応関係は，コーン-シャム（Kohn-Sham）方程式によって与えられています．そして，この対応関係は密度・関数理論（density-functional theory）の基礎でもあります．そのため，シュレディンガーはまったく見当違いだったわけではありません．

数は一般に複素数なので，確率密度は

$$\mathcal{P}(x,t) = \Psi^*(x,t)\Psi(x,t) \tag{6.26}$$

または

$$\mathcal{P}(x,t) = |\Psi(x,t)|^2 \tag{6.27}$$

のように，波動関数とその複素共役の積になります．1 次元では，確率密度は長さあたりの確率です．2 次元では，確率密度は面積あたりの確率です．3 次元では，確率密度は体積あたりの確率です．いい換えれば，ある時刻に，特定の場所で，粒子を見いだす確率がどのように空間に広がっているかを $\mathcal{P}(x,t)$ が教えてくれるということです．

これが，電子や他の量子力学的な物体では何が波打っているのかという問いの答えです．運動している粒子は，実は運動する確率振幅の集合体です．この粒子が障害物(たとえば，6.2 節で説明した 2 重スリット)にぶつかると，振動している確率振幅は波長に応じて回折します．これが相互作用すると(つまり測定や検出を行うと)，この波動関数は単一な測定結果に収縮します．この結果は離散的なので，粒子的振る舞いと一致します(たとえば，2 重スリットの電子を使った実験で検出器に現れる個々のドットのように)．

それでは，自由粒子の波動関数はどのように書くことができるでしょうか．以前に，複素数の調和的な関数として

$$\Psi(x,t) = Ae^{i(kx-\omega t)} \tag{6.28}$$

を考えました．1.4 節で見たように，この関数は複素数を利用したコサイン波とサイン波の組み合わせです．しかし，この波形を使って空間のどこかに粒子を見いだす確率を計算しようとすると，問題が生じます．$\mathcal{P}(x,t)$ は確率密度を表すので，全空間($x=-\infty$ から $x=+\infty$ まで)で積分すると確率は 1 でなければなりません(なぜなら，空間のどこかで粒子を見いだすチャンスは必ずある，つまり 100% だからです)．しかしながら，(6.28) の波動関数を使うと，

積分は次のようになります．

$$1 = \int_{-\infty}^{\infty} \Psi^*(x,t)\Psi(x,t)dx \tag{6.29}$$

$$1 = \int_{-\infty}^{\infty} A^* A e^{-i(kx-\omega t)} e^{i(kx-\omega t)} dx \tag{6.30}$$

$$1 = A^* A(\infty) \tag{6.31}$$

つまり，発散します*8．

どのような数も，無限大を掛けて1にすることはできませんから，この波形は「規格化できません」(この文脈で規格化とは，粒子を空間のどこかで見いだす確率が100% になるように，波動関数をスケーリングする過程を指しています)．(6.28) の波動関数が規格化できるように修正するには，3.3節で導入したフーリエの概念が役立ちます．量子的な波束を作るためにそれがどのように使われるかを，次節でみてみましょう．

6.5　量子的な波束

粒子は空間に局在しているので，その波も空間的に限定されているはずだと予想するのは理に適っているように思えます．つまり，全空間にわたり一定な振幅をもっているのは単一の波長の波ではなく，**波束**であるはずです．理想的には，この波束は特定の波長(あるいは運動量)で占められているはずです．それならば，ド・ブロイ波の仮説がまだ何とか適用できます．しかし，3.3節で説明したように，異なる(けれども，よく似た)波長をもった波をある程度含めなければ波束は作れません．波長の領域は，波数の領域を意味します(なぜなら $k=2\pi/\lambda$)．そして波数の領域は，運動量の領域を意味します(なぜ

*8　(6.30) の右辺の積分は $e^{-i(kx-\omega t)}e^{i(kx-\omega t)}=1$ に注意すれば，$\int_{-\infty}^{\infty} A^* A\,dx= A^* A \int_{-\infty}^{\infty} dx = A^* A[x]_{x=-\infty}^{x=\infty} = A^* A(\infty-(-\infty)) = A^* A(2\infty) = A^* A(\infty)$ となります．ただし，2∞ は ∞ とします．

なら $p=\hbar k$)．そのため，考えてみるべき問題は，領域 Δx に局在し，運動量 $p=\hbar k_0$ をもって運動する波束が作れるかということです．ただし，k_0 はドミナントな波数[*9]を表しています．

そのような波動関数 $\Psi(x,t)$ は，位置(x)と時間(t)の両方に依存します．しかし，3.2 節で説明したように，変数分離して何が起こるかを見るほうが少し簡単になります．そこで，$\Psi(x,t)=f(t)\psi(x)$ のように書いて，まず空間項 $\psi(x)$ の振る舞いを調べることに集中しましょう．時間項 $f(t)$ の効果は，この節の後半で考えることにします．

波動関数の空間的広がりを制限する 1 つのアプローチは，$\psi(x)$ を 2 つの関数の積として書く方法です．つまり，$g(x)$ は「外側のエンベロープ」を表す関数，そして $f(x)$ は「内側の振動」を表す関数として

$$\psi(x) = g(x)f(x) \tag{6.32}$$

のように書きます．もしエンベロープ関数 $g(x)$ の値が特定の x 領域の外側でゼロになるならば，この波束の振動はこの x 領域内に局在することになります．

たとえば，単一の波長で振動している関数 $f(x)=e^{ikx}$ を考えましょう．図 6.7(a)は $f(x)$ の実部をプロットしたもの(ここでは，$k=10$ としています)で，図からわかるように，この関数は全空間($x=-\infty$ から $x=+\infty$ まで)に広がっています．

ここで，エンベロープ関数 $g(x)$ として

$$g(x) = e^{-ax^2} \tag{6.33}$$

を考えましょう．図 6.7(b)でわかるように，この関数は $x=0$ で $g(x)=1$ のピークに到達します．そして，その両側でゼロまで減少していきます．減少の割合は定数 a の値で決まります(ここでは $a=1$ としています)．

[*9] dominant wavenumber の訳語で，支配的な波数や優勢な波数という意味です．

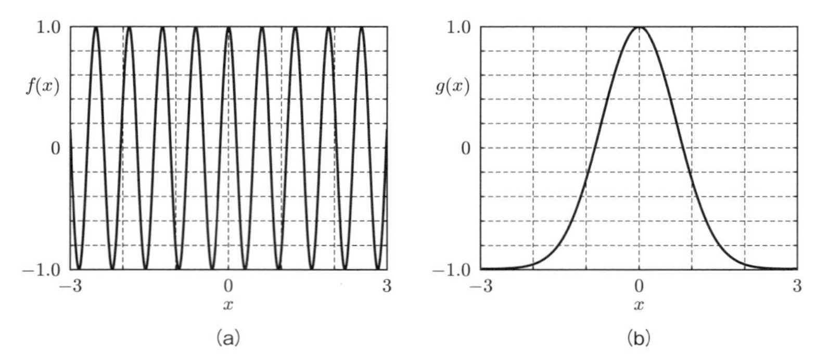

図 6.7　(a) 振動する関数 $f(x)=e^{ikx}$ の実部と (b) エンベロープ関数 $g(x)=e^{-ax^2}$

エンベロープ関数 $g(x)$ に振動関数 $f(x)$ を掛けると，図 6.8 の $f(x)g(x)$ の実部のプロットのように，関数 $f(x)g(x)$ は正方向と負方向の両方に振動しながら減少していきます．この関数はもはや単一の波長をもっていません(もし，単一の波長だけであれば，距離とともにこのような振る舞いはできません)．この波長に関する議論はもっとあとで説明*10しますので，まず $f(x)g(x)$ の確率密度を考えましょう．

$f(x)=e^{ikx}$ と $g(x)=e^{-ax^2}$ なので，波動関数 ψ とその複素共役 ψ^* は

$$\psi = e^{ikx}e^{-ax^2}, \quad \psi^* = e^{-ikx}e^{-ax^2}$$

です．そのため，確率密度は

$$\mathcal{P} = |\psi^*\psi| = \left(e^{-ikx}e^{-ax^2}\right)\left(e^{ikx}e^{-ax^2}\right) = e^{-2ax^2}$$

となります．これを全空間で積分すると

$$\mathcal{P}_{全空間} = \int_{-\infty}^{\infty} e^{-2ax^2}\,dx = \sqrt{\frac{\pi}{2a}}$$

です．それで，$\mathcal{P}_{全空間}=1$ と置くためには，このファクター($\sqrt{\dfrac{\pi}{2a}}$)の逆数で

*10　(6.39) と (6.40) の議論を指します．

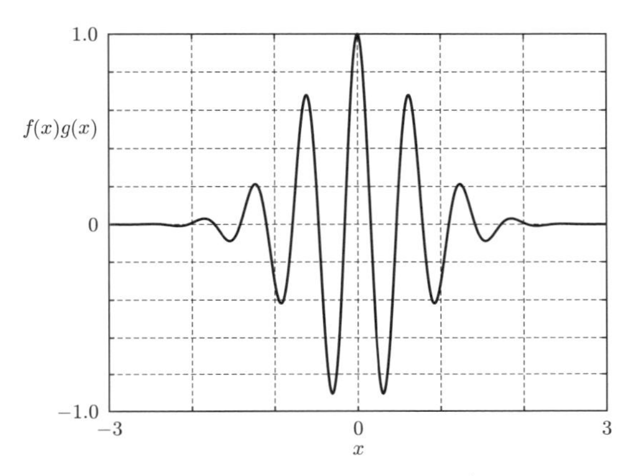

図 6.8　積関数 $f(x)g(x)=e^{ikx}e^{-ax^2}$ の実部

$\psi^*\psi$ をスケールしなければなりません．それは，関数 ψ を $\sqrt{\pi/(2a)}$ の逆数の平方根でスケールすることを意味するので

$$\psi(x)=\sqrt{\frac{1}{\sqrt{\pi/(2a)}}}e^{-ax^2}e^{ikx}=\left(\frac{2a}{\pi}\right)^{1/4}e^{-ax^2}e^{ikx} \tag{6.34}$$

となります．この関数はドミナントな波長で振動しながら，空間的な広がりは限定されていますので，望ましい性質をもっています．そして，全空間で確率が 1 になるように規格化されています．

次の例題で，エンベロープ関数の幅の定数 a が特定の値をもつ場合を考えてみましょう．

例題 6.4　粒子の波動関数が

$$\psi(x)=\left(\frac{0.2}{\pi}\right)^{1/4}e^{-0.1x^2}e^{ikx}$$

で定義されるとき，ある領域（$x=1\ \mathrm{m}\pm0.1\ \mathrm{m}$ の区間）に粒子を見いだす確率を求めなさい．

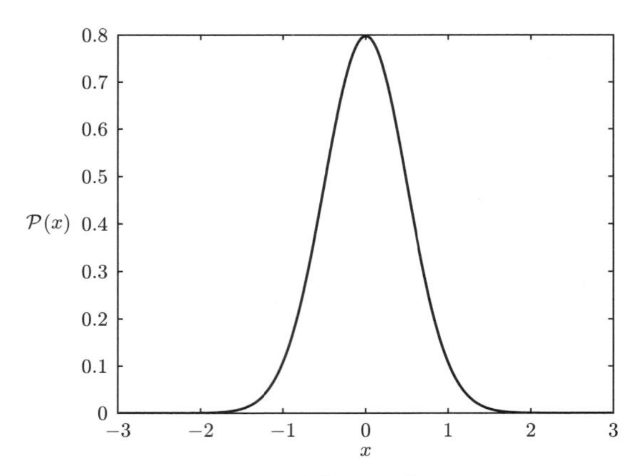

図 6.9　$\psi(x)=(0.2/\pi)^{1/4}\,e^{-0.1x^2}e^{ikx}$ の確率密度

この場合，幅の定数 a は 0.1 なので，確率密度は

$$\psi^*(x)\psi(x) = \left[\left(\frac{0.2}{\pi}\right)^{1/4} e^{-0.1x^2}e^{-ikx}\right]\left[\left(\frac{0.2}{\pi}\right)^{1/4} e^{-0.1x^2}e^{ikx}\right]$$
$$= \left(\frac{0.2}{\pi}\right)^{1/2} e^{-0.2x^2}$$

です．これは，図 6.9 に示すようなガウス分布です．

この波動関数をもった粒子が特定の場所に局在する確率を求めるには，その場所の周りで確率密度を積分しなければなりません．この例題では，x=1 m で粒子を見いだす可能性は，0.1 m 程度の差を含むとして

$$\mathcal{P}(1\pm0.1) = \left(\frac{0.2}{\pi}\right)^{1/2}\int_{0.9}^{1.1} e^{-0.2x^2}\,dx$$
$$= 0.041$$

となります．つまり，4.1% です．　■

この関数を全空間で積分すれば

$$\mathcal{P}_{\text{全空間}} = \left(\frac{0.2}{\pi}\right)^{1/2} \int_{-\infty}^{\infty} e^{-0.2x^2}\, dx = 1$$

となるので，規格化されていることが確認できます．したがって，空間のどこかでこの粒子を見いだす確率は，確かに 100% です．

量子力学を学ぶなら，他にも規格化されていない様々な波動関数に出会うことになりますが，一般に，この例題で示した方法に似たやり方で，それらを規格化できます．もし波動関数に規格化定数(よく A と置きます)をつけて書くならば，確率密度の全空間にわたる積分を 1 と置いてから，A について解きます．次の例題は三角パルス波の波動関数に対して，規格化の方法を示したものです．

例題 6.5　図 6.10 の三角パルス波を規格化しなさい．

この三角パルス波に対する式は次のようになります．

$$\psi(x) = \begin{cases} Ax & 0 \le x \le 0.5 \\ A(1-x) & 0.5 \le x \le 1 \\ 0 & \text{これ以外} \end{cases}$$

確率密度の積分

$$\mathcal{P}_{\text{全空間}} = 1 = \int_{-\infty}^{\infty} \psi^*(x)\psi(x)dx$$

に ψ を代入すると

$$1 = \int_0^{0.5} (A^* x)(Ax)dx + \int_{0.5}^{1} [A^*(1-x)]\,[A(1-x)]dx$$

という式になります．そして，それぞれの積分から A^*A を引き出せば

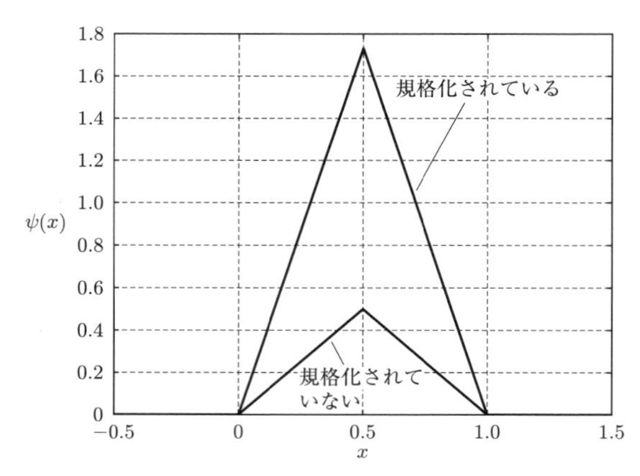

図 6.10　規格化されていない三角パルス波の波動関数と規格化されている三角パルス波の波動関数

$$1 = A^*A\left(\int_0^{0.5} x^2 dx + \int_{0.5}^1 (1-x)^2 dx\right)$$

$$1 = A^*A\left(\frac{1}{24} + \frac{1}{24}\right)$$

となります．この場合，式の中のすべての項は実数なので，$A^*A = A^2$ です．したがって，規格化定数は

$$A^2 = 12$$

より

$$A = \sqrt{12}$$

と決まります．■

図 6.11 は規格化の前と後での確率密度を表しています．要望どおり，規格化された確率密度の面積は 1 です．しかし，規格化された波動関数と確率密度の形は両方とも，規格化されていない場合の形と違いはありません．違うの

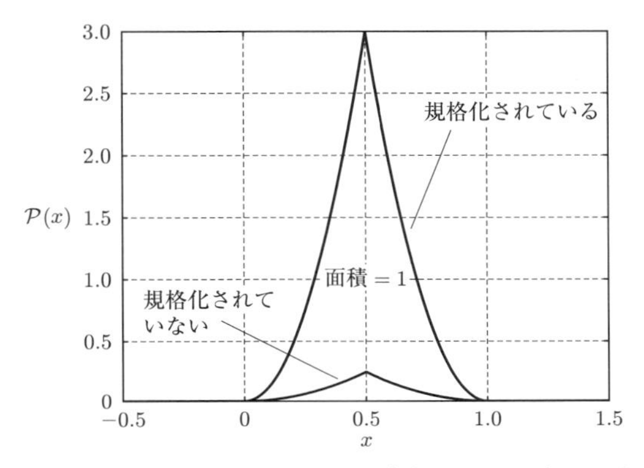

図 6.11　規格化されていない場合と規格化された場合の三角パルス波の確率密度

は，ただそれらのスケールだけです．

これらの例題で説明したテクニックは，空間的に限定された波動関数を作ったり，波動関数を規格化するのに使えますが，このような波形の波数領域(と運動量領域)を理解しておくことも重要です．そのために，振動する関数にエンベロープ関数を掛ける代わりに 3.3 節で説明したフーリエ合成のアプローチで考えてみましょう．このアプローチを使って，組み合わせた関数の振幅を距離とともに望んだ割合で減衰するように，単一な波長の関数 e^{ik_0x} に他の単一な波長の関数を正しい割合で加え合わせれば，空間に局在化した波動関数ができます．これを波動関数 ψ_n の離散セットに対して行う場合は，それぞれの成分の波形の振幅係数を ϕ_n として，組み合わせた波形は

$$\psi(x) = \sum_n \psi_n = \frac{1}{\sqrt{2\pi}} \sum_n \phi_n e^{ikx} \tag{6.35}$$

となります．係数 $1/\sqrt{2\pi}$ を含める理由はあとで明らかになりますが，いまは第 3 章を思い出して，そのような離散的な和の結果は，空間的に周期的でなければならない(つまり，それ自身がある距離ごとに繰り返さなければならない)ということに注意してください．そのため，もし大きな振幅の単一領域だけをもった波動関数を作りたければ，成分の波動関数の間の波数差は無限小で

なければならないので，離散和は次の積分

$$\psi(x) = \frac{1}{\sqrt{2\pi}} \int_{-\infty}^{\infty} \phi(k) e^{ikx}\, dk \tag{6.36}$$

に変わります．ここで，離散係数 ϕ_n は連続関数 $\phi(k)$ に置き換わっています．この関数 $\phi(k)$ が，混合されるそれぞれの波数成分の量を決定します．

もし (6.36) に見覚えがあるとしたら，第 3 章の (3.34) を覚えているからでしょう．この (6.36) はフーリエ逆変換の式なので，空間的波動関数 $\psi(x)$ と波数関数 $\phi(k)$ はフーリエ変換ペアです．したがって，波数関数 $\phi(k)$ は $\psi(x)$ のフーリエ変換から

$$\phi(k) = \frac{1}{\sqrt{2\pi}} \int_{-\infty}^{\infty} \psi(x) e^{-ikx}\, dx \tag{6.37}$$

のように求められます[†2]．$\psi(x)$ と $\phi(k)$ の間のフーリエ変換関係は特別な意味をもっています．すべての共役ペアと同じように，このような関数は不確定性原理に従います．そしてそのことが，ある空間的な波動関数の波数の量を決めるのに役立ちます．

このことを見るために，幅 σ_x をもった一般的なガウス型エンベロープ関数を考えてみましょう．その関数は

$$g(x) = e^{-x^2/(2\sigma_x^2)} \tag{6.38}$$

と書けます．これは本質的に (6.33) と同じエンベロープ関数です．ただし，いまは定数 a の意味は明らかで，$a{=}1/(2\sigma_x^2)$ であり，σ_x はガウス型波動関数の標準偏差です．このエンベロープ関数に，単一な波数で振動する「内側の関数」$f(x){=}e^{ik_0x}$ を掛けて規格化すると[*11]

$$\psi(x) = \left(\frac{1}{\pi\sigma_x^2}\right)^{1/4} e^{-x^2/(2\sigma_x^2)} e^{ik_0x} \tag{6.39}$$

[†2] これが (6.35) に $1/\sqrt{2\pi}$ の係数を含めた理由です．

[*11] $\int \psi^*(x)\psi(x)\, dx{=}1$ となるように，$\psi(x)$ の係数を決めることです．

のような波動関数になります．$\psi(x)$ と $\phi(k)$ はフーリエ変換ペアなので，時間的に限定された波動関数の波数量を $\psi(x)$ のフーリエ変換から決めることができます．

そのフーリエ変換は

$$\begin{aligned}\phi(k) &= \frac{1}{\sqrt{2\pi}}\int_{-\infty}^{\infty}\psi(x)e^{-ikx}\,dx \\ &= \frac{1}{\sqrt{2\pi}}\left(\frac{1}{\pi\sigma_x^2}\right)^{1/4}\int_{-\infty}^{\infty}e^{-x^2/(2\sigma_x^2)}e^{ik_0x}e^{-ikx}\,dx\end{aligned}$$

です．その結果，波数(と運動量)分布を表す波数関数は

$$\phi(k) = \left(\frac{\sigma_x^2}{\pi}\right)^{1/4}e^{-(\sigma_x^2/2)(k_0-k)^2} \tag{6.40}$$

となります[†3]．これが，幅 $\sigma_k{=}1/\sigma_x$ をもった k_0 周りでのガウス分布です．いい換えれば，k_0 のドミナントな寄与と，k_0 近傍の値をもった運動量の分布の寄与です．そして，このような値の広がりは予想どおり，波束がどれだけ空間に広がっているかに依存します．

具体的には，空間的な波動関数が距離とともにより速く減少するほど(つまり，σ_x をより小さくするほど)，波動関数に含まれる波数の広がりはより大きくなります(つまり，σ_k がより大きくならねばなりません)．そして，もし波数の領域がより大きくなれば，運動量の領域もより大きくならねばなりません($p{=}\hbar k$ のために)．

ある広がりをもった場所での波数と運動量の広がりは，厳密にどれくらいになるでしょう．場所に関する不確定性の詳細な分析(ほとんどの量子力学の教科書に書いてあります)から，標準偏差 σ_x をもったガウス型波束に対して，場所の不確定性は $\Delta x{=}\sigma_x/\sqrt{2}$ で，波数の不確定性は $\Delta k{=}\sigma_k/\sqrt{2}$ です．そして $\sigma_k{=}1/\sigma_x$ なので，位置と波数の不確定性の積は

[†3] この積分の結果を導く方法がわからなければ，章末の演習問題 6.7 と解答を参照してください．

$$\Delta x\,\Delta k = \left(\frac{\sigma_x}{\sqrt{2}}\right)\left(\frac{\sigma_k}{\sqrt{2}}\right) = \left(\frac{\sigma_x}{\sqrt{2}}\right)\left(\frac{1}{\sigma_x\sqrt{2}}\right) = \frac{1}{2} \tag{6.41}$$

です．同様に，x と p の不確定性の積は

$$\begin{aligned}\Delta x\,\Delta p &= \left(\frac{\sigma_x}{\sqrt{2}}\right)\left(\frac{\sigma_p}{\sqrt{2}}\right) = \left(\frac{\sigma_x}{\sqrt{2}}\right)\left(\frac{\hbar\sigma_k}{\sqrt{2}}\right)\\ &= \left(\frac{\sigma_x}{\sqrt{2}}\right)\left(\frac{\hbar}{\sigma_x\sqrt{2}}\right) = \frac{\hbar}{2}\end{aligned} \tag{6.42}$$

です．これは，**ハイゼンベルクの不確定性原理**として知られています．そして，第3章で述べた共役変数の間の一般的な不確定性関係の，1つのバージョンです．

ハイゼンベルクの不確定性原理について「場所をより正確に知ろうとするほど，運動量はより曖昧にしか知ることはできない」といった説明を聞いたことがあるかもしれません．これは知るという言葉の特定の解釈に対しては正しいのです．もし，ある粒子の位置を測定し，その後の時間で運動量を測定すれば，それぞれの正確な値を確実に測定することができます．そこで，ハイゼンベルクの不確定性原理について考えるのに，次のようなもっとうまい方法があります．

すべてが同じ状態にある(そのため，すべてが同じ波動関数をもっている)，たくさんの同種粒子を想像しましょう．このような粒子の「アンサンブル」の位置の広がりが小さいならば，すべての粒子の位置を測定すると，非常によく似た値が得られるでしょう．しかし，個々の粒子の運動量を測定すれば，それぞれ非常に異なる値になるでしょう．それは，位置に関して小さな広がりをもった粒子には多くの運動量状態(異なる波数をもった波)が寄与するからです．そして測定のプロセスが，波動関数をそれらの状態の1つにランダムに「収縮させる」からです．逆にいえば，もし粒子間の位置の広がりが大きければ，そのときはわずかな運動量状態しか寄与していません．そのため，運動量の測定値は非常に似ているでしょう．

なぜ量子力学の粒子は，このように奇妙に振る舞うのでしょうか．その理由

は，波と粒子の二重性にあります．つまり，ある位置や運動量をもった粒子を見いだす確率が波動関数に依存するため，2 つの量の関係は波動的な振る舞いによって支配されるのです．

最後に，自由粒子の波動関数の時間発展について考えましょう．そのためには，空間的に局在化している波動関数に時間項を入れなければなりません．上で述べた理由のために，そのような波動関数はドミナントな波数 k_0 と，希望する位置を与えるために組み合わされる付加的な波数領域をもっています．時刻 $t=0$ で，ガウス型波束に対する波動関数 $\Psi(x,0)$ は (6.39) を用いて

$$\Psi(x,0)=\left(\frac{1}{\pi\sigma_x^2}\right)^{1/4}e^{ik_0x}e^{-x^2/(2\sigma_x^2)} \tag{6.43}$$

と書くことができます．ここで，σ_x はガウス型エンベロープの標準偏差です．時刻 t で，この波動関数は

$$\Psi(x,t)=\frac{1}{\sqrt{2\pi}}\int_{-\infty}^{\infty}\phi(k)e^{i[kx-\omega(k)t]}\,dk \tag{6.44}$$

です．ここで，$\phi(k)$ は波数関数で，位置関数のフーリエ変換にあたります．この式では ω を $\omega(k)$ と書いていますが，その理由は角振動数 ω が波数(k)に依存していることを思い出してもらうためです．ドミナントな波数 k_0 の角振動数は $\omega_0=\hbar k_0^2/(2m)$ です．しかし，角振動数は k とともに $\omega(k)=\hbar k^2/(2m)$ のように変化します．

ガウス型波束に対する (6.40) の $\phi(k)$ を $\Psi(x,t)$ の式 (6.44) に代入すると

$$\begin{aligned}\Psi(x,t)=&\left(\frac{\sigma_x^2}{4\pi^3}\right)^{1/4}\int_{-\infty}^{\infty}e^{[-(\sigma_x^2/2)(k_0-k)^2]}e^{i[kx-\omega(k)t]}\,dk\\=&\left(\frac{\sigma_x^2}{4\pi^3}\right)^{1/4}e^{i[k_0x-\omega_0t]}\left(\frac{\pi}{\sigma_x^2/2+i\hbar t/(2m)}\right)^{1/2}\\&\times\exp\left[\frac{-(x-\hbar k_0t/m)^2}{4\left(\sigma_x^2/2+i\hbar t/(2m)\right)}\right]\end{aligned} \tag{6.45}$$

となります．もしこの積分の計算方法がわからなければ，章末の演習問題を見てください．

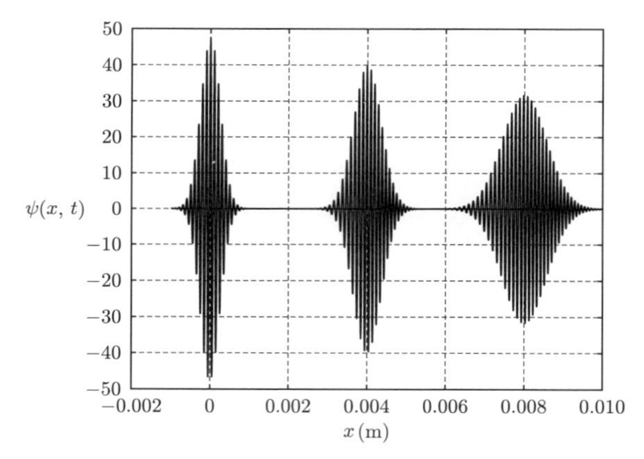

図 6.12　時刻 $t=0$, $t=1$, $t=2$ 秒での波束の実部

この $\Psi(x,t)$ の式は複雑で見た目はうれしくないかもしれませんが，Mathematica（マセマティカ）や MATLAB（マトラボ）や Octave（オクターブ）のような数式処理ソフトが，この波動関数の時間的な振る舞いを探る手助けをしてくれます．たとえば，粒子の質量を陽子の質量(1.67×10^{-27} kg)とし，その速さを 4 mm/s とすれば，この粒子のド・ブロイ波長はほぼ 100 マイクロメートルになります[*12]．標準偏差 250 マイクロメートルをもったガウス型波束を作ると，図 6.12 のような波動関数になります．

この図 6.12 には約 10 mm の空間的領域にわたる，時刻 $t=0$, $t=1$, $t=2$ 秒での波動関数が示されています．粒子のドミナントな波長は約 100 マイクロメートルなので，時刻 $t=0$ の標準偏差内には，中心の最大値の両側に約 2.5 サイクルずつの波長が存在しています[*13]．それぞれの時間で，波束は 4 mm の距離を 1 秒間で進みます．そのため，予想どおり波束の群速度は粒子の速

[*12] $p=mv=(1.67\times10^{-27}\ \mathrm{kg})(4\times10^{-3}\ \mathrm{m/s})=6.68\times10^{-30}\ \mathrm{kg\,m/s}$ と $h=6.626\times10^{-34}$ J s をド・ブロイの式 $\lambda=h/p$ に代入すれば，陽子の波長は $\lambda\approx1\times10^{-4}\ \mathrm{m}=10^{2}\ \mu\mathrm{m}$（マイクロメートル）です($1\ \mu\mathrm{m}=10^{-6}$ m)．

[*13] 波長 λ は 100 μm，標準偏差（ふつう σ で表す）は 250 μm なので，標準偏差内($-\sigma$ から $+\sigma$ の領域 500 μm)には 5 波長($2\sigma/\lambda=500/100=5$)が存在します．したがって，最大値の両側には 2.5 波長（2.5 サイクル）ずつあります．

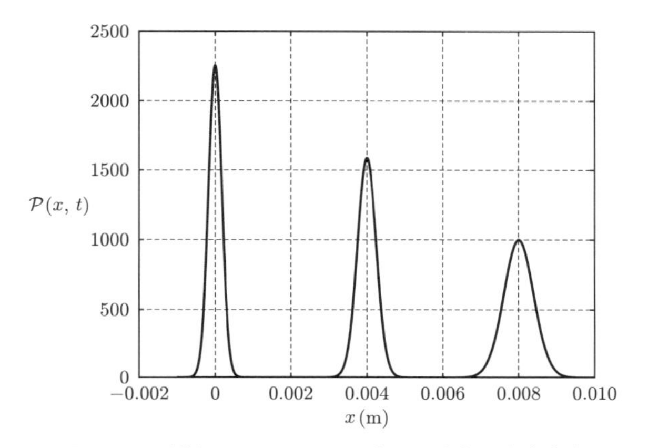

図 6.13　時刻 t=0, t=1, t=2 秒での波束の確率密度

さと等しくなります．

波束を作っている成分波は，すべてわずかに異なる位相速度をもっています．しかし，そのような速度は波束の群速度の半分です．その理由は，ド・ブロイ波の分散関係

$$\omega(k) = \frac{\hbar}{2m}k^2 \tag{6.46}$$

からわかります．波束の群速度($d\omega/dk$)は

$$v_{\mathrm{g}} = \left(\frac{d\omega}{dk}\right) = \frac{\hbar k}{m} \tag{6.47}$$

です．これは古典的な粒子の速さと同じです．一方，位相速度(ω/k)は

$$v_{\mathrm{p}} = \frac{\omega}{k} = \frac{\hbar k}{2m} \tag{6.48}$$

で，これは波束の群速度の半分です*[14]．つまり，粒子の速度の半分です．

図 6.13 は，時間とともに空間を動いている波束の確率密度を表しています．$\Psi(x,t)$ のプロットと確率密度のプロットの両方を見ればわかるように，波束も確率密度も時間の経過とともに広がっています．3.4 節で説明したように，分散は波束を作っている成分波が異なる速さで伝わるときに常に生じま

す．量子的な波の分散関係は k に関して線形ではないので，量子的な物体は分散性をもちます．つまり，波束を構成する成分波の異なる速さが，波束を時間とともに広げていきます．

この章で見てきた物質波はすべて，一定のポテンシャルエネルギー(この値をゼロに置きました)の領域内にある自由粒子でした．これらのすべては e^{ikx} をそれらの基底関数にもっています．第 4 章で注意したように，波は不均一な弦(弦の密度や弦に働く張力が一定ではない)では非正弦的な基底関数をもちます．これはポテンシャルエネルギーの一定でない領域内における物質波にも成り立ちます．そして，原書のウェブサイト上にある「補足資料」に，そのようなケースについての説明があります．

また，巻末および原書のウェブサイト上で，章末の演習問題のそれぞれの解答を見ることができます．そして，このような問題を通して，この章での概念や方程式の理解をチェックすることを強く勧めます．

演習問題

6.1 質量 2.99×10^{-26} kg で，速さ 640 m/s (室温での速さ)で伝播している水分子のド・ブロイ波長を求めなさい．

6.2 質量 1.67×10^{-27} kg の陽子がエネルギー 15 MeV をもっているときのド・ブロイ波長を求めなさい．

6.3 電子のアンサンブルの位置を測定すると，1 マイクロメートルの広がりがありました．このときのアンサンブルがもっている運動量の広がりを求めなさい．

---

*14 群速度は，電子が空間的に局在した波束として伝播する速度なので，古典力学の粒子の速度 $v=\dfrac{p}{m}$ に相当するものです((6.3) を参照)．そのため，群速度 (6.47) の分子を (6.13) で書き換えたら，v_g が古典的な粒子の速度(p/m)に一致することは理に適っています．一方，位相速度は (6.28) のような平面波の伝播する速度です．平面波 (6.28) で表される電子の存在確率は，(6.27) と (6.31) からわかるように，空間のあらゆる場所で同じになります．明らかに，これは古典的な粒子像と矛盾するので，位相速度が (6.48) のように，群速度 (6.47) と異なる値になってもおかしくありません．

6.4 波動関数 $\psi(x)=xe^{-x^2/2}$ を全空間で規格化しなさい．

6.5 波動関数 $\psi(x)$ は区間 $0\leq x\leq \pi/5$ で $\psi(x)=\sin(15x)$ であり，それ以外の区間ではゼロです．この波動関数を規格化しなさい．

6.6 問 6.5 の粒子を，0.1 m と 0.2 m の間に見いだす確率 $\mathcal{P}$ を求めなさい．

6.7 (6.39) の波動関数に対する波数分布が $\phi(k)=\left(\sigma_x^2/\pi\right)^{1/4} e^{-(\sigma_x^2/2)(k_0-k)^2}$ であることを示しなさい．

6.8

(a) 問 6.7 の波数分布が $k_0=6.2\times10^4$ rad/m と $\sigma_x=250\ \mu$m の値をもっている場合，6.1×10^4 rad/m と 6.3×10^4 rad/m との間の波数をもった粒子を見いだす確率を求めなさい（$1\ \mu\text{m}=10^{-6}$ m）．

(b) $\sigma_x=400\ \mu$m の場合と比べなさい．

6.9 ガウス波束（(6.40)）を (6.44) に代入して，(6.45) の $\Psi(x,t)$ が導けることを示しなさい．

6.10 自由粒子とかなり異なる状況は，閉じ込められた粒子の場合です．最も簡単なケースは箱の中の粒子です．つまり，下図のように，無限に深いポテンシャル一定の壁に囲まれている場合です．

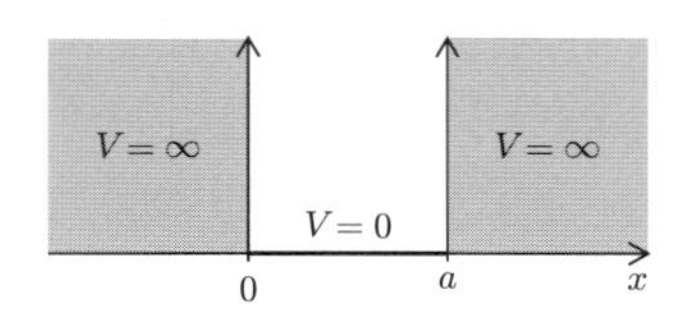

(a) この場合，波動関数は壁面を通過しないので，$\psi(0)=\psi(a)=0$ です．波動関数 $\psi(x)=\sin(n\pi x/a)$ が (6.21) と境界条件を満たすことを示しなさい．n の値も求めなさい．

(b) 波動関数 $\psi(x)$ を規格化しなさい．

(c) 3 つの最小値 n の場合に波動関数をプロットしなさい．そして，弦の定在波の図 3.5 と比較しなさい．

演習問題の解答

（原書のウェブサイト（http://www.danfleisch.com/sgw/）も参照）

[第1章]

1.1 (a) $f=\dfrac{1}{T}=\dfrac{1}{0.02\ \mathrm{s}}=50\ \mathrm{Hz}$，$\omega=2\pi f=314.16\ \mathrm{rad/s}$.

(b) $f=\dfrac{1}{T}=\dfrac{1}{1.5\times10^{-9}\ \mathrm{s}}=6.67\times10^{8}\ \mathrm{Hz}$，$\omega=2\pi f=4.19\times10^{9}\ \mathrm{rad/s}$.

(c) $f=\dfrac{1}{T}=\dfrac{1}{3.33\times10^{-4}\ \mathrm{s}}=3000.00\ \mathrm{Hz}$，$\omega=2\pi f=18849.56\ \mathrm{rad/s}$.

1.2 (a) $T=\dfrac{1}{f}=\dfrac{1}{500\ \mathrm{Hz}}=2\times10^{-3}\ \mathrm{s}$.

(b) $T=\dfrac{1}{f}=\dfrac{1}{5.09\times10^{14}\ \mathrm{Hz}}=1.96\times10^{-15}\ \mathrm{s}$.

(c) $T=\dfrac{2\pi}{\omega}=\dfrac{2\pi}{0.1\ \mathrm{rad/s}}=62.83\ \mathrm{s}$.

1.3 (a) $v=\lambda f=(2\ \mathrm{m})(1.5\times10^{8}\ \mathrm{Hz})=3\times10^{8}\ \mathrm{m/s}$.

(b) $\lambda=\dfrac{v}{f}=\dfrac{340\ \mathrm{m/s}}{9.5\times10^{3}\ \mathrm{Hz}}=0.036\ \mathrm{m}$.

1.4 (a) $\Delta\phi_{一定の\ x}=\omega\,\Delta t=(2\pi f)\,\Delta t=(2\pi)(1\times10^{-5}\ \mathrm{Hz})\,(1.5\times10^{-6}\ \mathrm{s})=0.94\ \mathrm{rad}$.

(b) $\Delta\phi_{一定の\ t}=k\,\Delta x=\left(\dfrac{2\pi}{\lambda}\right)\Delta x=\left(\dfrac{2\pi}{vT}\right)\Delta x=\left(\dfrac{2\pi}{30\ \mathrm{m}}\right)(4\ \mathrm{m})=0.84\ \mathrm{rad}$.

1.5 図形を使った解法は原書のサイトを参照．代数的な解法：$F_x=D_x+E_x=-5+0=-5$, $F_y=D_y+E_y=-2+4=2$ より $\boldsymbol{F}=-5\hat{\boldsymbol{i}}+2\hat{\boldsymbol{j}}$ となるので，大きさは $|\boldsymbol{F}|=\sqrt{F_x^2+F_y^2}=\sqrt{(-5)^2+2^2}=5.39$．角度は $\theta=\arctan\left(\dfrac{F_y}{F_x}\right)=\arctan\left(\dfrac{2}{-5}\right)=-21.8°+180°=158.2°$．ここで 180° を加えたのは arctan の分母が負だから．

1.6 $z=-8-3i$ の場合，$\mathrm{Re}(z)=-8$ と $\mathrm{Im}(z)=-3$ なので，z の大きさは $|z|=\sqrt{[\mathrm{Re}(z)]^2+[\mathrm{Im}(z)]^2}=\sqrt{(-8)^2+(-3)^2}=8.54$，正の実軸からの角度は $\theta=\arctan\left(\dfrac{\mathrm{Im}(z)}{\mathrm{Re}(z)}\right)=\arctan\left(\dfrac{-3}{-8}\right)=20.55°+180°=200.55°$．ここで 180° を加えたのは arctan の分母が負だから．他も同様に求められる．

1.7 $\dfrac{dz}{d\theta}=iz$ を $\dfrac{dz}{z}=i\,d\theta$ と変形してから積分 $\displaystyle\int\frac{dz}{z}=\int i\,d\theta$ を計算すれば，$\ln z=$

$i\theta$ となるから解 z は $z=e^{i\theta}$ である．

1.8 指数関数 $e^{i\theta}$ の級数展開 $e^{i\theta}=1+\frac{i\theta}{1!}+\frac{(i\theta)^2}{2!}+\frac{(i\theta)^3}{3!}+\cdots=1+i\theta-\frac{\theta^2}{2!}-\frac{i\theta^3}{3!}+\cdots=\left(1-\frac{\theta^2}{2!}+\cdots\right)+i\left(\theta-\frac{i\theta^3}{3!}+\cdots\right)$ の右辺を，サインの級数展開 $\sin\theta=\theta-\frac{\theta^3}{3!}+\frac{\theta^5}{5!}+\cdots$ とコサインの級数展開 $\cos\theta=1-\frac{\theta^2}{2!}+\frac{\theta^4}{4!}+\cdots$ で書き換えると，オイラーの公式 $e^{i\theta}=\cos\theta+i\sin\theta$ になる．

1.9 x 項と定数項(1)の符号が同じだから，負の x 方向にシフトする(図 1.19 と図 1.20 を参照)．

1.10 (a) $k=3$, $\omega=1/2$ より $v=\frac{\omega}{k}=\frac{1/2}{3}=\frac{1}{6}$ m/s，正の x 方向．(b) $k=4$, $\omega=20$ より $v=\frac{\omega}{k}=\frac{20}{4}=5$ m/s，負の x 方向．(c) $k=1$, $\omega=2$ より $v=\frac{\omega}{k}=\frac{2}{1}=2.0$ m/s，負の x 方向．

[第 2 章]

2.1 $\frac{\partial f}{\partial x}=6xt^2+1/2$，$\frac{\partial f}{\partial t}=6x^2t+9t^2$．

2.2 $\frac{\partial f}{\partial x}=6t^2$，$\frac{\partial^2 f}{\partial t^2}=6x^2+18t$．

2.3 $\frac{\partial^2 f}{\partial x\,\partial t}=\frac{\partial}{\partial x}\left(\frac{\partial f}{\partial t}\right)=\frac{\partial}{\partial x}(6x^2t+9t^2)=12xt$．微分の順序をかえると，$\frac{\partial^2 f}{\partial t\,\partial x}=\frac{\partial}{\partial t}\left(\frac{\partial f}{\partial x}\right)=\frac{\partial}{\partial t}\left(6xt^2+\frac{1}{2}\right)=12xt$．したがって，同じ結果になる．

2.4 $f(x,t)$ を波動方程式 (2.5) に代入して計算すると，$\frac{\partial^2 f}{\partial x^2}=-k^2 f$，$\frac{1}{v^2}\frac{\partial^2 f}{\partial t^2}=-\frac{\omega^2}{v^2}f$ である．ここで $k^2=\frac{\omega^2}{v^2}$ に注意すれば 2 つの式は等しいので，f は波動方程式を満たす．ちなみに，関数 $f(x,t)=A\,e^{i(kx-\omega t)}$ は引数に着目すれば $f(kx-\omega t)$ の形に書けるから，この $f(x,t)$ が波動方程式の解になることは(計算しなくても)明らかである．

2.5 $A_1\,e^{i(kx+\omega t)}+A_2\,e^{i(kx-\omega t)}$ は $g(kx+\omega t)+f(kx-\omega t)$ の形をしているから，波動方程式の解になる(問 2.4 の解の説明を参照)．

2.6 $\frac{\partial^2 f}{\partial x^2}=2a^2\,(1+2(ax+bt)^2)\,f$，$\frac{1}{v^2}\frac{\partial^2 f}{\partial t^2}=2\frac{b^2}{v^2}\,(1+2(ax+bt)^2)\,f$ より，$v^2=\frac{b^2}{a^2}$ であれば f は波動方程式を満たす．つまり，この f は $v=\pm\frac{b}{a}$ の速度で左右に伝播する波を表している．なお，v が速度の次元をもっていることは，$ax+bt$ が指数の肩に乗っている(つまり無次元量)ことから，a は x の逆次元(1/長さ)，b は t の逆次元(1/時間)をもたねばならない．したがって，b/a は速度の次元 (1/時間)/(1/長さ)=長さ/時間 になる．

2.7 略(詳細は原書のサイトを参照).

2.8 $\omega=2$ rad/s なので周期は $T=\dfrac{2\pi}{\omega}=2\pi/2=\pi$. 位置 x=0.5 m のとき $y_1(x,t)=A\sin(kx+\omega t+\varepsilon_1)=A\sin((1)(0.5)+2t+1.5)=A\sin(2.0+2t)$ と $y_2(x,t)=A\sin(kx+\omega t+\varepsilon_2)=A\sin((1)(0.5)+2t+0)=A\sin(0.5+2t)$ である. したがって, これらを $t=0$ から $t=\pi$ までプロットすればよい(図は略). 同様に, x=1.0 m のとき $y_1(x,t)=A\sin(2.5+2t)$, $y_2(x,t)=A\sin(1.0+2t)$ をプロットすればよい.

2.9 $x=1.0$ m, $t=0.5$ s での $y_1(x,t)$ の偏角は $kx+\omega t+\varepsilon_1=1\cdot1+2(0.5)+1.5=3.5$ rad$=200.5°$, $y_2(x,t)$ の偏角は $kx+\omega t+\varepsilon_2=1\cdot1+2(0.5)+0=2.0$ rad$=114.6°$ rad. 位相ベクトルの図は略(詳細は原書のサイトを参照). 同様に, x=1.0 m, t=1.0 s での $y_1(x,t)$ の偏角は 4.5 rad=257.8°, $y_2(x,t)$ の偏角は 3.0 rad=171.9°.

2.10 $y(x,t)=A\,e^{i(kx-\omega t)}$ を代入して計算すると, $\dfrac{\partial y(x,t)}{\partial x}=iky$, $-\dfrac{1}{v}\dfrac{\partial y(x,t)}{\partial t}=-i\dfrac{-\omega}{v}y=i\dfrac{\omega}{v}y=iky$ より解である($k=\dfrac{\omega}{v}$). 一方, $A\,e^{i(kx+\omega t)}$ の場合は $k=-\dfrac{\omega}{v}$ なので解にならない.

[第 3 章]

3.1 $C\sin(\omega t+\phi_0)=C\sin(\omega t)\cos\phi_0+C\cos(\omega t)\sin\phi_0$ の等式でこの右辺を $A\cos(\omega t)+B\sin(\omega t)$ と書いて, $A=C\sin\phi_0$, $B=C\cos\phi_0$ と置けばよい. したがって, $\tan\phi_0=\dfrac{A}{B}$, $C=\sqrt{A^2+B^2}$ となる.

3.2 第 1 項目の 6 は x 依存性がないので波数 k=0 の項(振幅=6). 第 2 項目の $3\cos(20\pi x-\pi/2)=3\sin(20\pi x)$ は波数 $k=20\pi$ と振幅 3 の項で, $3\sin(20\pi x)=i\left(-\dfrac{3}{2}e^{i20\pi x}+\dfrac{3}{2}e^{-i20\pi x}\right)$ より正の波数成分は $-3/2$, 負の波数成分は $+3/2$. 第 3 項目の $-\sin(5\pi x)$ は波数 $k=5\pi$ と振幅 -1 の項で, $-\sin(5\pi x)=i\left(\dfrac{1}{2}e^{i5\pi x}-\dfrac{1}{2}e^{-i5\pi x}\right)$ より正の波数成分は $+1/2$, 負の波数成分は $-1/2$. 第 4 項目の $2\cos(10\pi x+\pi)=-2\cos(10\pi x)$ は波数 $k=10\pi$ と振幅 -2 の項で, $-2\cos(10\pi x)=\dfrac{-2}{2}e^{i10\pi x}+\dfrac{-2}{2}e^{-i10\pi x}$ より正と負の波数成分はともに -1. 図は略(原書のサイトを参照).

3.3 $f(x)=x^2$ は偶関数だから, フーリエ級数の係数 (3.30) のうちサイン項の係数 B_n はゼロ(ただし $X(x)=x^2$ と置く)である. DC 項は $A_0=\dfrac{1}{2L}\displaystyle\int_{-L}^{L}X(x)dx=\dfrac{1}{2L}\int_{-L}^{L}x^2\,dx=\dfrac{L^2}{3}$. 一方, コサイン項は $A_n=\dfrac{1}{L}\displaystyle\int_{-L}^{L}X(x)\cos\left(\dfrac{n2\pi x}{2L}\right)dx=\dfrac{1}{L}\int_{-L}^{L}x^2\cos\left(\dfrac{n2\pi x}{2L}\right)dx=\dfrac{4L^2}{n^2\pi^2}\cos(n\pi)$ である. ここで $\displaystyle\int x^2\cos(ax)dx=$

$\dfrac{2x}{a^2}\cos(ax)+\left(\dfrac{x^2}{a}-\dfrac{2}{a^3}\right)\sin(ax)$ を使った．

3.4 図3.15の周期三角波は奇関数だから，フーリエ級数の係数(3.30)のうちコサイン項の係数 A_n はゼロである．$-L<x<-L/2$ で $X(x)=-2\left(\dfrac{x}{L}+1\right)$，$-L/2<x<L/2$ で $X(x)=\dfrac{2x}{L}$，$L/2<x<L$ で $X(x)=-2\left(\dfrac{x}{L}-1\right)$ だから，サイン項は $B_n=\dfrac{1}{L}\displaystyle\int_{-L}^{-L/2}-2\left(\frac{x}{L}+1\right)\sin\left(\frac{n2\pi x}{2L}\right)dx+\frac{1}{L}\int_{-L/2}^{L/2}\frac{2x}{L}\sin\left(\frac{n2\pi x}{2L}\right)dx+\frac{1}{L}\int_{L/2}^{L}-2\left(\frac{x}{L}-1\right)\sin\left(\frac{n2\pi x}{2L}\right)dx=\frac{8\sin\left(\frac{n\pi}{2}\right)}{n^2\pi^2}$ となる．詳細な導出過程は原書のサイトを参照．

3.5 $y(x,t)=X(x)T(t)$ と置く．$X(x)$ は例題3.3と同じ $X(x)=\displaystyle\sum_{n=1}^{\infty}B_n\sin\left(\frac{n\pi x}{L}\right)$ である．T の関数形は初期条件 $\dfrac{\partial y(x,t=0)}{\partial t}=0$ から $T(t)=\displaystyle\sum_{n=1}^{\infty}C_n\cos\left(\frac{2\pi vt}{\lambda}\right)=\sum_{n=1}^{\infty}C_n\cos\left(\frac{n\pi vt}{L}\right)$ となる($\lambda=\dfrac{2L}{n}$)．重み係数 C_n を B_n に吸収すれば題意は満たされる(例題3.3と(3.24)の導出方法を参照)．

3.6 問題の図は問3.4の図3.15の三角波の高さ(1)を y_0 に変えただけなので，問3.4の計算式で高さに相当する部分を y_0 に変えればよい．したがって，$B_n=\dfrac{8y_0\sin\left(\frac{n\pi}{2}\right)}{n^2\pi^2}$ である．

3.7 横波の速度 $v(t)$ は(3.24)を t で偏微分した量だから，$\dfrac{\partial y(x,t)}{\partial t}=\displaystyle\sum_{n=1}^{\infty}B_n\frac{n\pi v}{L}\sin\left(\frac{n\pi x}{L}\right)\cos\left(\frac{n\pi vt}{L}\right)$ で与えられる．したがって，v_0 は $t=0$ と置いて $v_0=\displaystyle\sum_{n=1}^{\infty}B_n\frac{n\pi v}{L}\sin\left(\frac{n\pi x}{L}\right)$ である．これを問3.5の y の空間部分 $X(x)$ と比べると，両者の違いは v_0 の $\dfrac{n\pi v}{L}$ だけなので，v_0 に対するフーリエ解析の計算方法は($B_n\dfrac{n\pi v}{L}$ を B_n と読みなおせば)問3.5と同じである．結局，問3.6の B_n の y_0 を v_0 に変えればよいから，$B_n=\dfrac{8v_0\sin\left(\frac{n\pi}{2}\right)}{n^2\pi^2}$ である．

3.8 フーリエ変換の式(3.35)に $T(t)=\sqrt{\dfrac{\alpha}{\pi}}e^{-\alpha t^2}$ を代入すると $F(f)=\displaystyle\int_{-\infty}^{\infty}T(t)e^{-i(2\pi t/T)}\,dt=\sqrt{\frac{\alpha}{\pi}}\int_{-\infty}^{\infty}e^{-\alpha t^2}e^{-i(2\pi ft)}\,dt$．ここで，積分公式 $\displaystyle\int_{-\infty}^{\infty}e^{-ax^2}e^{-2bx}\,dx=\sqrt{\frac{\pi}{a}}e^{\frac{b^2}{a}}$ (ただし $a>0$)に $x=t,\ a=\alpha,\ b=i\pi f$ の置き換えをすると，$F(f)=\sqrt{\dfrac{\alpha}{\pi}}\sqrt{\dfrac{\pi}{\alpha}}e^{\frac{(-i\pi f)^2}{\alpha}}=e^{-\frac{\pi^2}{\alpha}f^2}$ である．結果の式はガウス関数なので，ガウス関数のフーリエ変換もガウス関数であることがわかる．

3.9 フーリエ級数展開 (3.25) のサイン関数とコサイン関数を，オイラーの公式 (1.44) と (1.43) でそれぞれ書き換えると(ただし $\theta=\dfrac{n2\pi x}{2L}$ と置く)，$X(x)=A_0+\sum_{n=1}^{\infty}\left[A_n\dfrac{e^{i\theta}+e^{-i\theta}}{2}+B_n\dfrac{e^{i\theta}-e^{-i\theta}}{2i}\right]=A_0+\sum_{n=1}^{\infty}\left[\dfrac{A_n-iB_n}{2}e^{i\theta}+\dfrac{A_n+iB_n}{2}e^{-i\theta}\right]=\sum_{n=-\infty}^{\infty}C_n e^{i\theta}$ となる．ここで複素フーリエ係数 C_n を $C_0=A_0$，$C_n=\dfrac{A_n-iB_n}{2}$ ($n>0$ のとき)，$C_n=\dfrac{A_n+iB_n}{2}$ ($n<0$ のとき)とすると，複素指数表示 (3.31) となる．

3.10 群速度は $v_{\mathrm{g}}=\dfrac{d\omega}{dk}=\dfrac{d(g\,k)^{1/2}}{dk}=\dfrac{1}{2}(g\,k)^{-1/2}(g)=\dfrac{1}{2}\dfrac{g}{\sqrt{g\,k}}=\dfrac{1}{2}\sqrt{\dfrac{g}{k}}$．位相速度は $v_{\mathrm{p}}=\dfrac{\omega}{k}=\dfrac{\sqrt{g\,k}}{k}=\sqrt{\dfrac{g}{k}}$．この結果から，位相速度は群速度の 2 倍であることがわかる．

[第 4 章]

4.1 張力 T の単位は $\mathrm{N=kg\,m/s^2}$，密度 μ の単位は $\mathrm{kg/m}$ だから，$\sqrt{\dfrac{T}{\mu}}$ の単位は $\sqrt{\dfrac{\mathrm{N}}{\mathrm{kg/m}}}=\sqrt{\dfrac{\mathrm{kg\,m/s^2}}{\mathrm{kg/m}}}=\sqrt{\dfrac{\mathrm{m^2}}{\mathrm{s^2}}}=\dfrac{\mathrm{m}}{\mathrm{s}}$ (速度の次元)．

4.2 張力は $T=mg=(1\,\mathrm{kg})(9.8\,\mathrm{m/s^2})=9.8\,\mathrm{N}$，線密度は $\mu=\dfrac{質量}{長さ}=\dfrac{1\times10^{-3}\,\mathrm{kg}}{2\,\mathrm{m}}=0.5\times10^{-3}\,\mathrm{kg/m}$ だから，位相速度 v は $v=\sqrt{\dfrac{T}{\mu}}=\sqrt{\dfrac{9.8}{0.5\times10^{-3}}}=140\,\mathrm{m/s}$．

4.3 密度 ρ_0 の単位は $\mathrm{kg/m^3}$，体積弾性率 K の単位 Pa は $\mathrm{N/m^2}$ だから，$\sqrt{\dfrac{K}{\rho_0}}$ の単位は $\sqrt{\dfrac{\mathrm{N/m^2}}{\mathrm{kg/m^3}}}=\sqrt{\dfrac{(\mathrm{kg\,m/s^2})/\mathrm{m^2}}{\mathrm{kg/m^3}}}=\sqrt{\dfrac{\mathrm{kg\,m}}{\mathrm{s^2m^2}}\dfrac{\mathrm{m^3}}{\mathrm{kg}}}=\sqrt{\dfrac{\mathrm{m^2}}{\mathrm{s^2}}}=\dfrac{\mathrm{m}}{\mathrm{s}}$ (速度の次元)．

4.4 位相速度 v は $v=\sqrt{\dfrac{K}{\rho}}=\sqrt{\dfrac{150\times10^9\,\mathrm{Pa}}{63200\,\mathrm{kg}/8\,\mathrm{m^3}}}=4357\,\mathrm{m/s}$．

4.5 波数は $k=\dfrac{2\pi}{\lambda}=2\pi/0.3\,\mathrm{m}=20.9/\mathrm{m}$，線密度は $\mu=\dfrac{質量}{長さ}=0.1\times10^{-3}\,\mathrm{kg}/0.7\,\mathrm{m}=1.42\times10^{-4}\,\mathrm{kg/m}$，張力は $T=mg=(0.3\,\mathrm{kg})(9.8\,\mathrm{m/s^2})=2.94\,\mathrm{N}$，そして角振動数は $\omega=k\sqrt{\dfrac{T}{\mu}}=3000\,\mathrm{rad/s}$ となるので，これらを (4.20)，(4.21)，(4.22) に代入すれば $\mathrm{KE}_{微小部分}=1.61(\mathrm{kg\,m/s^2})\cos^2[(20.9/\mathrm{m})x-(3000\,\mathrm{rad/s})t]dx$，$\mathrm{PE}_{微小部分}=1.61(\mathrm{kg\,m/s^2})\cos^2[(20.9/\mathrm{m})x-(3000\,\mathrm{rad/s})t]dx$，$\mathrm{ME}_{微小部分}=3.22(\mathrm{kg\,m/s^2})\cos^2[(20.9/\mathrm{m})x-(3000\,\mathrm{rad/s})t]dx$ を得る．ちなみに，これらの単位は $\mathrm{kg\,m/s^2=N=Nm/m=J/m}$ なので，単位長さ当たりのエネルギーである．これに dx (長さの次元をもつ)が掛かっているから，長さの次元が打ち消し合ってエネル

ギーの次元だけになることがわかる．

4.6 問 4.5 の数値を (4.24) に入れると，パワーの平均値は $P_{平均}=230\,\mathrm{J/s}$．縦波の最大速度は (4.23) から $v_{\mathrm{t}}=\sqrt{\dfrac{P_{平均}}{\sqrt{\mu T}}}=\sqrt{\dfrac{230\,\mathrm{J/s}}{\sqrt{(1.42\times10^{-4}\,\mathrm{kg/m})(2.94\,\mathrm{N})}}}=106\,\mathrm{m/s}$ となる．

4.7 2 つの弦は同じ張力 $T_A=T_B$ だから，位相速度の比は $\dfrac{v_A}{v_B}=\dfrac{\sqrt{T_A/\mu_A}}{\sqrt{T_B/\mu_B}}=\dfrac{\sqrt{\mu_B}}{\sqrt{\mu_A}}=\dfrac{\sqrt{M_B/L_B}}{\sqrt{M_A/L_A}}=\dfrac{\sqrt{25/30}}{\sqrt{12/20}}=1.18$．一方，インピーダンス $Z=\sqrt{\mu T}$ の比は $\dfrac{Z_A}{Z_B}=\dfrac{\sqrt{\mu_A}}{\sqrt{\mu_B}}=\dfrac{1}{1.18}=0.85$．したがって，位相速度の比の逆数がインピーダンスの比になる．

4.8 インピーダンス $Z_1=\sqrt{\mu_1 T_1}$, $Z_2=\sqrt{\mu_2 T_2}$ と張力 $T_1=T_2$ を(4.27)に代入すると，振幅の反射係数 r は $r=\dfrac{\sqrt{\mu_1}-\sqrt{\mu_2}}{\sqrt{\mu_1}+\sqrt{\mu_2}}$．軽い方から重い方の場合，1 番目の弦が A，2 番目の弦が B になるので $r=\dfrac{\sqrt{\mu_A}-\sqrt{\mu_B}}{\sqrt{\mu_A}+\sqrt{\mu_B}}=-0.0819$ (境界での反射波の振幅は入射波に比べて小さくなり，反転する)．重い方から軽い方の場合，1 番目の弦が B，2 番目の弦が A になるので，$r=\dfrac{\sqrt{\mu_B}-\sqrt{\mu_A}}{\sqrt{\mu_B}+\sqrt{\mu_A}}=+0.0819$ (境界での反射波の振幅は入射波に比べて小さくなるが，反転しない)．

4.9 問 4.8 の解と同じ条件を (4.28) に与えれば，軽い方から重い方の場合(1 番目の弦が A，2 番目の弦が B)の振幅の透過係数は $t=\dfrac{2Z_1}{Z_1+Z_2}=\dfrac{2\sqrt{\mu_1}}{\sqrt{\mu_1}+\sqrt{\mu_2}}=\dfrac{2\sqrt{\mu_A}}{\sqrt{\mu_A}+\sqrt{\mu_B}}=0.918$．一方，重い方から軽い方の場合(1 番目の弦が B，2 番目の弦が A)の振幅の透過係数は $t=\dfrac{2\sqrt{\mu_1}}{\sqrt{\mu_1}+\sqrt{\mu_2}}=\dfrac{2\sqrt{\mu_B}}{\sqrt{\mu_B}+\sqrt{\mu_A}}=1.082$ (したがって，透過波の振幅は，初めの入射波の振幅の $(1.082)(0.918)=0.993$ 倍)．

4.10 反射率 (4.30) の $R=r^2$ と透過率 (4.29) の $T=\left(\dfrac{Z_2}{Z_1}\right)t^2$ から，和 $S=R+T$ は $S=r^2+\sqrt{\dfrac{\mu_2}{\mu_1}}\,t^2$ となるので，軽い方から重い方の場合(1 番目の弦が A，2 番目の弦が B)は $S=r^2+\sqrt{\dfrac{\mu_B}{\mu_A}}\,t^2=(-0.0819)^2+\sqrt{\dfrac{25/30}{12/20}}\,(0.918)^2=0.9999\approx1$，重い方から軽い方の場合(1 番目の弦が B，2 番目の弦が A)は $S=r^2+\sqrt{\dfrac{\mu_A}{\mu_B}}\,t^2=(0.0819)^2+\sqrt{\dfrac{12/20}{25/30}}\,(1.082)^2=0.9999\approx1$．なお，和が 1 ($S=R+T=1$)になることは，$r^2+\left(\dfrac{Z_2}{Z_1}\right)t^2=\left(\dfrac{Z_1-Z_2}{Z_1+Z_2}\right)^2+\left(\dfrac{Z_2}{Z_1}\right)\left(\dfrac{2Z_1}{Z_1+Z_2}\right)^2=\left(\dfrac{Z_1+Z_2}{Z_1+Z_2}\right)^2=1$ のように，定義から直接示すこともできる．

[第5章]

5.1 電場がわかっているので電荷密度ρはガウスの法則$\rho=\varepsilon_0\nabla\cdot\boldsymbol{E}$から求まる．右辺の「電場の発散」は$\nabla\cdot\boldsymbol{E}=\dfrac{\partial E_x}{\partial x}+\dfrac{\partial E_y}{\partial y}+\dfrac{\partial E_z}{\partial z}=6xy-2xz^2+2x^3y^2z$のようになる．これに座標の値$x=2$, $y=3$, $z=1$を代入すれば$\rho=\varepsilon_0(6xy-2xz^2+2x^3y^2z)=(8.85\times10^{-12})[6(2)(3)-2(2)(1^2)+2(2^3)(3^2)(1)]=1.56\times10^{-9}\ \mathrm{C/m^3}$となる．

5.2 電流密度$\boldsymbol{J}$は$\boldsymbol{J}=\dfrac{\nabla\times\boldsymbol{B}}{\mu_0}$から求まる．右辺の「磁場の回転」は$\nabla\times\boldsymbol{B}=\left(\dfrac{\partial B_z}{\partial y}-\dfrac{\partial B_y}{\partial z}\right)\hat{\boldsymbol{i}}+\left(\dfrac{\partial B_x}{\partial z}-\dfrac{\partial B_z}{\partial x}\right)\hat{\boldsymbol{j}}+\left(\dfrac{\partial B_y}{\partial x}-\dfrac{\partial B_x}{\partial y}\right)\hat{\boldsymbol{k}}=\hat{\boldsymbol{i}}(-6xyz^3-2xy^3z)+\hat{\boldsymbol{j}}(6x^2y^2z+3y^2z^3)+\hat{\boldsymbol{k}}(y^3z^2-6x^2yz^2)$となるので，$x=1$, $y=4$, $z=2$を代入して$\nabla\times\boldsymbol{B}=\hat{\boldsymbol{i}}(-448)+\hat{\boldsymbol{j}}(576)+\hat{\boldsymbol{k}}(160)\ \mathrm{T/m}$となる．磁場の回転の大きさは$|\nabla\times\boldsymbol{B}|=\sqrt{(-448)^2+(576)^2+(160)^2}=747\ \mathrm{T/m}$なので，電流密度の大きさは$|\boldsymbol{J}|=\dfrac{|\nabla\times\boldsymbol{B}|}{\mu_0}=\dfrac{747}{4\pi\times10^{-7}}=5.94\times10^8\ \mathrm{A/m^3}$となる．

5.3 誘導電場の回転は$\nabla\times\boldsymbol{E}=-\dfrac{\partial\boldsymbol{B}}{\partial t}$から求まる．右辺の$\dfrac{\partial\boldsymbol{B}}{\partial t}=6t\hat{\boldsymbol{i}}+\hat{\boldsymbol{j}}$より$\nabla\times\boldsymbol{E}=-6t\hat{\boldsymbol{i}}-\hat{\boldsymbol{j}}$だから，$t=2$のとき$\nabla\times\boldsymbol{E}=(-12\hat{\boldsymbol{i}}-\hat{\boldsymbol{j}})\ \mathrm{V/m^2}$．したがって，誘導電場の回転ベクトルの大きさは$|\nabla\times\boldsymbol{E}|=\sqrt{(-12)^2+(-1)^2}=12.04\ \mathrm{V/m^2}$．誘導電場の回転ベクトルの向きは$\theta=\arctan\dfrac{-1}{-12}=4.8^\circ+180^\circ=184.8^\circ$となる（$180^\circ$を加えたのは arctan の分母が負だから）．

5.4 z方向に伝播する平面電磁波$E_z=0$，$E_y=E_{0y}\sin(kz-\omega t)$，$B_x=B_{0x}\sin(kz-\omega t)$を用いて，ファラデーの法則の$x$成分$\left(\dfrac{\partial E_z}{\partial y}-\dfrac{\partial E_y}{\partial z}\right)=-\dfrac{\partial B_x}{\partial t}$を書き換えると，左辺$(-kE_{0y}\cos(kz-\omega t))$=右辺$(-(-\omega)B_{0x}\cos(kz-\omega t))$となる．したがって，$-kE_{0y}=\omega B_{0x}$より$E_{0y}=-cB_{0x}$を得る．

5.5 問5.4の解と同様な計算をファラデーの法則のy成分$\left(\dfrac{\partial E_x}{\partial z}-\dfrac{\partial E_z}{\partial x}\right)=-\dfrac{\partial B_y}{\partial t}$に行えば，左辺$(kE_{0x}\cos(kz-\omega t))$=右辺$(\omega B_{0y}\cos(kz-\omega t))$となる．したがって，$kE_{0x}=\omega B_{0y}$より$E_{0x}=cB_{0y}$を得る．

5.6 スカラー積$\boldsymbol{E}\cdot\boldsymbol{B}$を計算すれば，$\boldsymbol{E}\cdot\boldsymbol{B}=E_xB_x+E_yB_y=E_{0x}B_{0x}\sin^2(kz-\omega t)+E_{0y}B_{0y}\sin^2(kz-\omega t)=(cB_{0y})B_{0x}\sin^2(kz-\omega t)+(-cB_{0x})B_{0y}\sin^2(kz-\omega t)=c(B_{0y}B_{0x}-B_{0x}B_{0y})\sin^2(kz-\omega t)=0$なので，$\boldsymbol{E}$と$\boldsymbol{B}$は直交する．

5.7 真空の誘電率ε_0の単位は$\dfrac{\text{ファラッド}}{\text{メートル}}=\dfrac{\mathrm{F}}{\mathrm{m}}=\dfrac{\mathrm{C/V}}{\mathrm{m}}=\dfrac{\mathrm{C}/\dfrac{\mathrm{Nm}}{\mathrm{C}}}{\mathrm{m}}=\dfrac{\mathrm{C^2}}{\mathrm{Nm^2}}$．一方，真空の透磁率$\mu_0$の単位は$\dfrac{\text{ヘンリー}}{\text{メートル}}=\dfrac{\mathrm{H}}{\mathrm{m}}=\dfrac{\mathrm{Vs^2}}{\mathrm{C}}=\dfrac{\dfrac{\mathrm{Nm}}{\mathrm{C}}\mathrm{s^2}}{\mathrm{C}}=\dfrac{\mathrm{Nms^2}}{\mathrm{C^2m}}=\dfrac{\mathrm{Ns^2}}{\mathrm{C^2}}$．した

がって $\sqrt{\dfrac{1}{\mu_0\,\varepsilon_0}}=\sqrt{\dfrac{\mathrm{Nm^2}}{\mathrm{C^2}}\dfrac{\mathrm{C^2}}{\mathrm{Ns^2}}}=\dfrac{\mathrm{m}}{\mathrm{s}}$ となり，速さの単位をもっている．

5.8 $|\boldsymbol{S}|=\dfrac{P_{透過}}{4\pi r^2}=\dfrac{1000}{4\pi(2\times10^4)^2}=1.99\times10^{-7}\,\mathrm{W/m^2}$ を (5.24) に代入すれば，電場の大きさは $|\boldsymbol{E}|=\sqrt{Z_0|\boldsymbol{S}|}=\sqrt{(377)(1.99\times10^{-7})}=8.66\times10^{-3}\,\mathrm{V/m}$ である．磁場の大きさは(5.15)より $|\boldsymbol{B}|=\dfrac{|\boldsymbol{E}|}{c}=\dfrac{8.66\times10^{-3}}{3\times10^8}=2.89\times10^{-11}\,\mathrm{T}$ である．

5.9 $\boldsymbol{A}\times\boldsymbol{B}=(A_yB_z-A_zB_y)\hat{\boldsymbol{i}}+(A_zB_x-A_xB_z)\hat{\boldsymbol{j}}+(A_xB_y-A_yB_x)\hat{\boldsymbol{k}}=54\hat{\boldsymbol{i}}+40\hat{\boldsymbol{j}}-92\hat{\boldsymbol{k}}$ より，ベクトル積の大きさは $|\boldsymbol{A}\times\boldsymbol{B}|=\sqrt{(54)^2+(40)^2+(-92)^2}=113.93$．いま $\boldsymbol{A}\times\boldsymbol{B}$ を $\boldsymbol{C}$ と書くと，$\boldsymbol{C}=C_x\hat{\boldsymbol{i}}+C_y\hat{\boldsymbol{j}}+C_z\hat{\boldsymbol{k}}$ と x 軸との角度 θ_x の値はスカラー積 $\boldsymbol{C}\cdot\hat{\boldsymbol{i}}=C_x=|\boldsymbol{C}||\hat{\boldsymbol{i}}|\cos\theta_x=C\cos\theta_x$ から求まる．つまり，$\theta_x=\arccos\left(\dfrac{C_x}{C}\right)=\arccos\left(\dfrac{54}{113.93}\right)=61.7°$ である．同様に，$\boldsymbol{C}$ と y 軸との角度 θ_y は $\theta_y=\arccos\left(\dfrac{\boldsymbol{C}\cdot\hat{\boldsymbol{j}}}{|\boldsymbol{C}|}\right)=\arccos\left(\dfrac{C_y}{C}\right)=\arccos\left(\dfrac{40}{113.93}\right)=69.4°$．$\boldsymbol{C}$ と z 軸との角度 θ_z は $\theta_z=\arccos\left(\dfrac{\boldsymbol{C}\cdot\hat{\boldsymbol{k}}}{|\boldsymbol{C}|}\right)=\arccos\left(\dfrac{C_z}{C}\right)=\arccos\left(\dfrac{-92}{113.93}\right)=143.9°$ である．

5.10 電磁波の位相速度は $v_\mathrm{p}=\dfrac{\omega}{k}=\dfrac{\sqrt{c^2k^2+\omega_\mathrm{p}^2}}{k}=\sqrt{c^2+\dfrac{\omega_\mathrm{p}^2}{k}}$ で，群速度は $v_\mathrm{g}=\dfrac{d\omega}{dk}=\dfrac{d\sqrt{c^2k^2+\omega_\mathrm{p}^2}}{dk}=\dfrac{1}{2}\dfrac{2c^2k}{\sqrt{c^2k^2+\omega_\mathrm{p}^2}}=\dfrac{c^2}{\sqrt{c^2+\dfrac{\omega_\mathrm{p}^2}{k}}}$ である．したがって $v_\mathrm{p}\times v_\mathrm{g}=c^2$ となることがわかる．

[第 6 章]

6.1 水分子の運動量は $mv=(2.99\times10^{-26}\,\mathrm{kg})\times(640\,\mathrm{m/s})=1.91\times10^{-23}\,\mathrm{kg\,m/s}$ だから，ド・ブロイ波長は $\lambda=\dfrac{h}{mv}=\dfrac{6.626\times10^{-34}\,\mathrm{Js}}{1.91\times10^{-23}\,\mathrm{kg\,m/s}}=3.46\times10^{-11}\,\mathrm{m}$ である．

6.2 単位変換 $1\,\mathrm{eV}=1.6\times10^{-19}\,\mathrm{J}$ を使えばエネルギー E は $E=15\,\mathrm{MeV}=(15\times10^6\,\mathrm{eV})\dfrac{1.6\times10^{-19}\,\mathrm{J}}{1\,\mathrm{eV}}=2.4\times10^{-12}\,\mathrm{J}$ となるので，運動量 p は $p=\sqrt{2mE}=\sqrt{2\times1.67\times10^{-27}\,\mathrm{kg}\times2.4\times10^{-12}\,\mathrm{J}}=8.95\times10^{-20}\,\mathrm{kg\,m/s}$．したがって，ド・ブロイ波長は $\lambda=\dfrac{h}{p}=\dfrac{6.626\times10^{-34}\,\mathrm{Js}}{8.95\times10^{-20}\,\mathrm{kg\,m/s}}=7.4\times10^{-15}\,\mathrm{m}$ である．

6.3 $\Delta x\,\Delta p\geq\dfrac{\hbar}{2}$ と $\Delta x=1\mu\mathrm{m}$ より，運動量の広がり Δp は $\Delta p\geq\dfrac{\hbar}{2\Delta x}=\dfrac{6.626\times10^{-34}\,\mathrm{Js}}{4\pi(1\times10^{-6}\,\mathrm{m})}=5.3\times10^{-29}\,\mathrm{kg\,m/s}$ である．

6.4 規格化定数 A は $1=\int_{-\infty}^{\infty}\Psi^*(x,t)\Psi(x,t)dx=\int_{-\infty}^{\infty}(Axe^{-x^2/2})(Axe^{-x^2/2})dx=$

$A^2\int_{-\infty}^{\infty}x^2e^{-x^2}dx=\dfrac{A^2\sqrt{\pi}}{2}$ から，$A^2=2/\sqrt{\pi}$ となるので $A=(2/\sqrt{\pi})^{1/2}$ である．ただし積分公式 $\int_{-\infty}^{\infty}x^2e^{-x^2}dx=\sqrt{\pi}/2$ を使った．

6.5 規格化定数 A は $1=\int_{-\infty}^{\infty}\Psi^*(x,t)\Psi(x,t)dx=\int_0^{\pi/5}(A\sin(15x))(A\sin(15x))dx$ $=A^2\int_0^{\pi/5}\sin^2(15x)dx=\dfrac{A^2\pi}{10}$ から，$A^2=10/\pi$ となるので $A=\sqrt{10/\pi}$ である．ただし $\int_0^{\pi/5}\sin^2(15x)dx=\pi/10$ を使った．

6.6 区間 a,b の間に粒子を見いだす確率は $\mathcal{P}=\int_a^b\psi^*(x)\psi(x)dx$ だから，$\mathcal{P}=\int_{0.1}^{0.2}(\sqrt{10/\pi}\sin(15x))(\sqrt{10/\pi}\sin(15x))dx=\dfrac{10}{\pi}\int_{0.1}^{0.2}\sin^2(15x)dx$．この定積分は $\int_{0.1}^{0.2}\sin^2(15x)dx=0.057$ となるので $\mathcal{P}=\dfrac{10}{\pi}(0.057)=0.18\approx18\%$ である．

6.7 $\phi(k)$ に対するフーリエ変換は $\phi(k)=\dfrac{1}{\sqrt{2\pi}}\int_{-\infty}^{\infty}\psi(x)e^{-ikx}\,dx=\dfrac{1}{\sqrt{2\pi}}\left(\dfrac{1}{\pi\sigma_x^2}\right)^{1/4}\int_{-\infty}^{\infty}e^{-x^2/(2\sigma_x^2)}e^{ik_0x}e^{-ikx}\,dx$ のように書ける．まずこの被積分関数 $e^{-x^2/(2\sigma_x^2)}e^{i(k_0-k)x}=e^{-x^2/(2\sigma_x^2)}e^{i(\Delta k)x}$ の指数関数の肩を $e^{-(\sqrt{a}x-\frac{b}{2\sqrt{a}})^2+\frac{b^2}{4a}}$ のように変形する($a=1/(2\sigma_x^2)$, $b=i\Delta k$)．ここで，変数変換 $u=\sqrt{a}x-\dfrac{b}{2\sqrt{a}}$ をする($du=\sqrt{a}dx$)と，積分の計算は $\int_{-\infty}^{\infty}e^{-x^2/(2\sigma_x^2)}e^{ik_0x}e^{-ikx}\,dx$ $=\dfrac{1}{\sqrt{a}}e^{\frac{b^2}{4a}}\int_{-\infty}^{\infty}e^{-u^2}du=\dfrac{\sqrt{\pi}}{\sqrt{a}}e^{\frac{b^2}{4a}}$ となる(積分公式 $\int_{-\infty}^{\infty}e^{-u^2}du=\sqrt{\pi}$)．したがって $\phi(k)=\left[\dfrac{1}{\sqrt{2\pi}}\left(\dfrac{1}{\pi\sigma_x^2}\right)^{1/4}\right]\left[\dfrac{\sqrt{\pi}}{\sqrt{a}}e^{\frac{b^2}{4a}}\right]=\left(\dfrac{\sigma_x^2}{\pi}\right)^{1/4}e^{-\frac{\sigma_x^2}{2}(k_0-k)^2}$ となるので (6.40) に一致する．

6.8 (a) 区間 a,b の間に粒子を見いだす確率 $\mathcal{P}_{ab}=\int_a^b\phi^*(k)\phi(k)dk=(\sigma_x^2/\pi)^{1/2}\int_a^b e^{-\sigma_x^2(k_0-k)^2}dk$ だから，これに数値を入れて計算すれば $\mathcal{P}=((250\times10^{-6})^2/\pi)^{1/2}\int_{6.1\times10^4}^{6.3\times10^4}e^{-(250\times10^{-6})^2(6.2\times10^4-k)^2}dk=0.288\approx29\%$ である．(b) $\sigma_x=400\times10^{-6}$ の場合，同様の計算をすれば $\mathcal{P}=0.476\approx48\%$ である．

6.9 $u=k-k_0$ として，$\Psi(x,t)$ の被積分関数 $e^{[-(\sigma_x^2/2)(k_0-k)^2]}e^{i[kx-\omega(k)t]}$ を e^{-Au^2-Bu+C} と書き換える($A=\dfrac{\sigma_x^2}{2}+\dfrac{i\hbar t}{2m}$, $B=-ix+\dfrac{i\hbar k_0t}{m}$, $C=ixk_0-\dfrac{i\hbar k_0^2t}{2m}$)．そして積分 $I=\int_{-\infty}^{\infty}e^{-Au^2-Bu+C}du=e^C\int_{-\infty}^{\infty}e^{-Au^2-Bu}du$ の計算に公式 $\int_{-\infty}^{\infty}e^{-Au^2-Bu}du=\sqrt{\dfrac{\pi}{A}}e^{\frac{B^2}{4A}}$ を使うと，$I=\sqrt{\dfrac{\pi}{A}}e^{\frac{B^2}{4A}}e^C=\sqrt{\dfrac{\pi}{A}}e^{\frac{B^2}{4A}}e^{i(xk_0-\omega(k_0)t)}$

となる．したがって，$\Psi(x,t) = \left(\frac{\sigma_x^2}{4\pi^3}\right)^{1/4} I = \left(\frac{\sigma_x^2}{4\pi^3}\right)^{1/4} \sqrt{\frac{\pi}{A}} e^{\frac{B^2}{4A}} e^{i(xk_0 - \omega(k_0)t)}$ を整理すると (6.45) の $\Psi(x,t)$ に一致する．

6.10

(a) $V=0$ と $\frac{\partial^2 \psi}{\partial x^2} = -\left(\frac{n\pi}{a}\right)^2 \sin\left(\frac{n\pi x}{a}\right)$ より，(6.21) は $E = \frac{\hbar^2 n^2 \pi^2}{2ma^2}$ となる．そして定数 E は $\frac{\mathrm{J^2 s^2}}{\mathrm{kg\,m^2}} = \frac{\mathrm{J^2}}{\mathrm{kg\,m^2/s^2}} = \frac{\mathrm{J^2}}{\mathrm{J}} = \mathrm{J}$ のようにエネルギーの単位をもっている（任意の n, a に対して）．したがって，ψ は (6.21) を満たしている．境界条件 $\psi(a) = \sin\left(\frac{n\pi a}{a}\right) = \sin(n\pi) = 0$ より，n の値は整数である．(b) 規格化定数 A は $1 = \int_{-\infty}^{\infty} \Psi^*(x,t)\Psi(x,t)dx = A^2 \int_0^a \sin^2\left(\frac{n\pi x}{a}\right)dx = \frac{A^2 a}{2}$ より $A = \sqrt{\frac{2}{a}}$ である．ここで $\int_0^a \sin^2\left(\frac{n\pi x}{a}\right)dx = \frac{a}{2}$ を使った．(c) 略．詳細は原書のサイトを参照．

関連文献

[1] Brigham, E., *The Fast Fourier Transform and Its Applications*, Prentice-Hall 1988.

[2] Crawford Jr., F., *Waves*, Berkeley Physics Course, Vol. 3, McGraw-Hill 1968（高橋秀俊訳『波動』(バークレー物理学コース)丸善出版，2011）.

[3] Freegarde, T., *Introduction to the Physics of Waves*, Cambridge University Press 2012.

[4] French, A., *Vibrations and Waves*, W. W. Norton 1966（平松惇・安福精一訳『MIT 物理 振動・波動』培風館，1986）.

[5] Griffiths, D., *Introduction to Quantum Mechanics (2nd ed.)*, Pearson Prentice-Hall 2004.

[6] Hecht, E., *Optics (4th ed.)*, Addison-Wesley 2002（尾崎義治・朝倉利光訳『ヘクト 光学Ⅰ，Ⅱ，Ⅲ』丸善，2003，2004）.

[7] Lorrain, P., Corson, D., and Lorrain, F., *Electromagnetic Fields and Waves (3rd ed.)*, W. H. Freeman and Company 1988.

[8] Morrison, M., *Understanding Quantum Physics*, Prentice-Hall 1990.

[9] Towne, D., *Wave Phenomena*, Courier Dover Publications 1967.

索　引

さ行

た行

な行

は行

ま行

や行

ら行

ダニエル・フライシュ (Daniel Fleisch)
オハイオ州ウィッテンバーグ大学の物理学教授．主な研究分野は電磁気学，宇宙物理学．著書に *A Student's Guide to Maxwell's Equations*(『マクスウェル方程式』岩波書店)，*A Student's Guide to Vectors and Tensors*(『物理のためのベクトルとテンソル』岩波書店)，*A Student's Guide to the Mathematics of Astronomy*(『算数でわかる天文学』岩波書店，共著)．
☞ http://www.danfleisch.com/

ローラ・キナマン (Laura Kinnaman)
モーニングサイド大学の物理学講師．主な研究分野は化学物理学の数値解析．

河辺哲次
九州大学名誉教授．1949年福岡市生まれ．東北大学工学部原子核工学科卒，九州大学大学院理学研究科博士課程修了(理学博士)．その後，高エネルギー物理学研究所(KEK)助手，九州芸術工科大学教授，九州大学大学院教授．この間，コペンハーゲン大学のニールス・ボーア研究所に留学．専門は素粒子論，場の理論におけるカオス現象，非線形振動・波動現象．著書に『スタンダード 力学』(裳華房)ほか．訳書に『マクスウェル方程式』『物理のためのベクトルとテンソル』『算数でわかる天文学』(以上，岩波書店)，『量子論の果てなき境界』(共立出版)．

波動――力学・電磁気学・量子力学
ダニエル・フライシュ，ローラ・キナマン

2016年4月5日　第1刷発行
2022年8月4日　第2刷発行

訳　者　河辺哲次(かわべてつじ)

発行者　坂本政謙

発行所　株式会社 岩波書店
〒101-8002 東京都千代田区一ツ橋 2-5-5
電話案内 03-5210-4000
https://www.iwanami.co.jp/

印刷製本・法令印刷

ISBN 978-4-00-005841-4　　Printed in Japan